高职高专"十三五"规划教材

机械工程基础

（第2版）

主　编　韩淑敏

副主编　陈元民　胡　宪　毕长飞

北　京

冶金工业出版社

2024

内容简介

本书按照高职高专应用型人才的培养目标和教学要求编写，结合生产实际，突出应用性，形成易教易学的教学特色，同时强调素质教育和以能力培养为本位的教育理念。本书主要涉及高职高专电气电子等非机械类需要了解的机械基础知识。

全书共10个项目，内容包括常用金属材料及热处理、金属热加工基础、机械传动概述、常用机构、常用机械传动装置、常用机械零件、轮系、机械加工基础知识、机械加工技术、特种加工等。

本书可作为高职高专院校、继续教育学院、成人高校等非机械类专业学生学习机械基础课程的教材，也可供企业相关人员岗位培训、自学用书和工程技术人员参考。

图书在版编目(CIP)数据

机械工程基础/韩淑敏主编. —2版. —北京：冶金工业出版社，2018.1（2024.2重印）

高职高专"十三五"规划教材

ISBN 978-7-5024-7598-7

Ⅰ.①机…　Ⅱ.①韩…　Ⅲ.①机械工程—高等职业教育—教材　Ⅳ.①TH

中国版本图书馆CIP数据核字（2017）第257554号

机械工程基础（第2版）

出版发行　冶金工业出版社　**电　话**　(010)64027926
地　址　北京市东城区嵩祝院北巷39号　**邮　编**　100009
网　址　www.mip1953.com　**电子信箱**　service@mip1953.com

责任编辑　杨盈园　美术编辑　彭子赫　版式设计　孙跃红
责任校对　郭惠兰　责任印制　禹　蕊
北京虎彩文化传播有限公司印刷
2010年1月第1版，2018年1月第2版，2024年2月第2次印刷
787mm×1092mm　1/16；12.75印张；307千字；196页
定价31.00元

投稿电话　(010)64027932　投稿信箱　tougao@cnmip.com.cn
营销中心电话　(010)64044283
冶金工业出版社天猫旗舰店　yjgycbs.tmall.com
(本书如有印装质量问题，本社营销中心负责退换)

第2版前言

本书是在第 1 版的基础上根据高职高专教育电气电子等非机械类专业人才培养目标的要求，结合当前高职高专教学改革的经验，总结各高职院校对第 1 版教材的使用意见修订而成的。

本书各项目开头都有知识目标和能力目标，明确了各项目的教学要求。根据国家对职业教育的“少学时，宽内容”的要求，按照“以应用为目的，以够用为度，以讲清概念、强化应用为教学重点”的原则，精选教学内容编写而成，其内容广泛，深浅适度。在编写过程中，我们力图准确把握高职高专职业教育的培养目标和本课程的教学基本要求；深入研究和充分吸收近年来国内外职业教育的课程改革、教材建设经验；尝试改革课程体系和知识结构，联系生产实际，更新课程内容；着眼培养学生的工程意识、专业技能、钻研精神、务实精神、创新精神和创业能力；采用新标准、新名词、新图样，反映成熟的新理论、新技术、新方法、新工艺；着力体现本课程的综合性、实践性和创新性的特征。

本书由辽宁地质工程职业学院韩淑敏教授担任主编，陈元民、胡宪、毕长飞担任副主编。第 2、3、4、7 项目由辽宁地质工程职业学院韩淑敏编写，第 8、9 项目由陈元民编写，第 1、5 项目由毕长飞编写。第 6 项目由胡宪编写，第 10 项目由杨明珠编写。全书由韩淑敏负责审核。“辽宁五一八内燃机配件有限公司教授级高级工程师杨和岐对教材的编写提供了一定的技术支持，在此深表感谢。”

尽管我们在教材特色建设中作出了很大努力，但由于编者的能力和水平有限，书中难免存有不妥之处，敬请各教学单位和广大读者在使用本书时多提宝贵意见，以便下次修订时改进。

本书配套的教学课件读者可从冶金工业出版社官网（http://www.cnmip.com.cn）教学服务栏目中下载。

编者

2017 年 6 月

第2版前言

编者

2017年8月

第1版前言

本书按照高职高专应用型人才的培养目标，根据国家对职业教育的“少学时，宽内容”的要求，按照“以应用为目的，以够用为度，以讲清概念、强化应用为教学重点”的原则，精选教学内容编写而成，其内容广泛，深浅适度。

在编写过程中，我们力图把握高职高专职业教育的培养目标、人才基本规格和本课程的教学基本要求；深入研究和充分吸收近年来国内外职业教育的课程改革、教材建设经验；尝试改革课程体系和知识结构，联系生产实际，更新课程内容；着眼培养学生的工程意识、专业技能、钻研精神、务实精神、创新精神和创业能力；采用新标准、新名词、新图样，反映成熟的新理论、新技术、新方法、新工艺；着力体现本课程的综合性、实践性和创新性的特征。

本书由辽宁地质工程职业学院韩淑敏担任主编，陈元民、仲安担任副主编。第1、2、5、6、7、11章由辽宁地质工程职业学院韩淑敏编写，第3、4章由仲安编写，第9、10章由陈元民编写，第8章由毕长飞、孙树东编写，附录由辽宁地质工程职业学院杨明珠和辽宁机电学院李涛编写。参加审核的有崔作兴教授、韩淑敏副教授和孙树东高级工程师。

限于编者的能力和水平，书中难免有不妥之处，希望广大读者批评指正。

编者

2009年9月

目　录

项目一　常用金属材料及热处理

知识目标

1. 掌握常用的金属材料的种类。
2. 了解金属材料的力学性能和工艺性能。

能力目标

1. 识别常用的金属材料。
2. 知道常用的热处理方法。

课题 1.1　常用金属材料及性能

一、常用金属材料

常用金属材料主要指钢、铸铁、有色金属等，它们具有良好的性能，是工业领域的主要材料。

（一）钢

含碳量小于 2%的铁碳合金都称为钢。钢的品种很多，性能各异，钢的分类如图 1-1 所示。

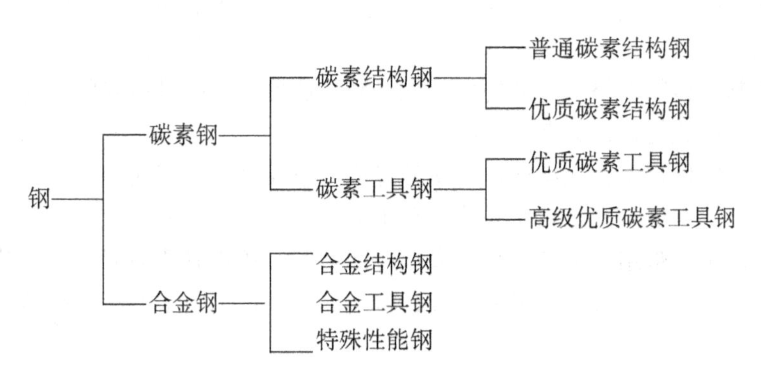

图 1-1　钢的分类

按照化学成分，钢可分为碳素钢和合金钢：

（1）碳素钢。碳素钢是指含碳量小于 2.11%，含有少量硅、锰、硫、磷等杂质元素的铁碳合金。碳是钢中除铁以外最主要的成分，对钢的性能影响最大。硅、锰是有益元素，对钢有一定的强化作用。硫、磷是铁矿石带入钢中的，是有害杂质，含量必须严格限制。

碳素钢具有良好的力学性能和工艺性能，且冶炼方便，价格便宜，故在机械制造、建筑、交通运输等许多工业领域中得到广泛应用。

碳素钢按碳含量的不同，分为低碳钢、中碳钢和高碳钢。

1）低碳钢：含碳量在0.25%以下。强度低，塑性、韧性好，易于成型，焊接性好，常用于制作冲压件、焊接件及强度要求不高的机械零件。

2）中碳钢：含碳量在0.25~0.60%之间。具有较高的强度，并兼有一定的塑性、韧性，适用于制作受力较大的机械零件。

3）高碳钢：含碳量在0.60%以上。具有较高强度、硬度和弹性，焊接性不好，切削性差，主要用于制造具有较高强度、耐磨性和弹性零件。

按照质量，可分为普通钢、优质钢和高级优质钢。

按用途又可将碳钢分为结构钢和工具钢。

1）结构钢：主要用于制造机械零件和工程构件。这类钢一般属于低碳钢和中碳钢。

2）工具钢：主要用于制造各种刀具、量具和模具等。这类钢一般属于高碳钢。

（2）合金钢。合金钢是在碳素钢的基础上，在炼钢过程中有意向钢中加入某种或某几种元素（称合金元素）而形成的钢。

按用途分为合金结构钢、合金工具钢和特殊性能钢。

1）合金结构钢：用来制造承受载荷较重的或截面尺寸较大的重要机械零件。

2）合金工具钢：用于制作刀具、模具、量具等。

3）特殊性能钢：具有特殊的物理或化学性能，用于制作有特殊性能要求的零件，如不锈钢就属于特殊性能钢。

（二）铸铁

铸铁是含碳量大于2.11%的铁碳合金。工业上常用的铸铁含碳量为2.5%~4%。由于铸铁含有较多的碳和杂质，其力学性能一般说来比钢差，不能锻造。最常用的铸铁品种是灰铸铁。在灰铸铁中的石墨虽然削弱了基体组织的连续性，使其抗拉强度、塑性及韧性等指标降低，但却使铸铁获得了优良的切削性能和减震性。石墨是很好的固体润滑剂，还可以吸附润滑油，因此铸铁还具有很好的耐磨性。

铸铁熔点比钢低得多，流动性好，冷却过程中收缩小，这就使熔炼设备和生产工艺比铸钢相对简单，成本也较低。因此，铸铁在工业上应用非常广泛。

在实际生产中，根据化学成分和石墨形态的不同，铸铁有普通灰铸铁、孕育铸铁、合金铸铁、可锻铸铁、球墨铸铁等很多品种，每一品种又根据力学性能列出若干牌号，以供不同条件下使用。

（三）有色金属

工程上，将除钢铁以外的金属或合金，称为非铁金属或有色金属，如铜、铝、钼、镁、钛等。有色金属具有某些特殊的物理、化学和力学性能，如铜具有良好的导电、导热、抗蚀、抗磁等性能；铝、镁、钛等合金密度小，强度高，具有优异的耐腐蚀性能。因此，有色金属是工业生产中不可缺少的重要工程材料。

二、金属材料的力学性能

金属材料在外力作用下所表现出来的特性称为力学性能。机械零件设计和选材主要依据的是材料的力学性能，它包括强度、塑性、硬度、冲击韧性、疲劳强度等。

（一）强度

强度是指金属材料在外力作用下，抵抗塑性变形和断裂的能力。强度特性的指标主要是屈服强度和抗拉强度。屈服强度代表材料抵抗微量塑性变形的能力。屈服强度以符号σs 表示，单位为 MPa。抗拉强度是指材料抵抗断裂的能力。抗拉强度以符号σb 表示，单位为 MPa。

（二）硬度

硬度是指金属材料抵抗硬物体压入其表面的能力，是衡量材料软硬的依据。材料的硬度是用专门的硬度试验计测定的。常用的硬度试验指标有布氏硬度、洛氏硬度和维氏硬度。

布氏硬度以 HB 表示，洛氏硬度以 HRA、HRB、HRC 表示，维氏硬度以 HV 表示。

（三）塑性

塑性是指金属材料在外力作用下发生塑性变形而不断裂的能力。常用的塑性指标是伸长率（用符号 δ 表示）和断面收缩率（用符号 ψ 表示）。伸长率和断面收缩率的数值越大，则材料的塑性越好。

材料的塑性好，就易于锻压、冷压和冷拔等压力加工，易于保证零件安全工作，不易发生零件的突然脆断。一般伸长率 δ 达 5%，断面收缩率 ψ 达 10% 即可满足绝大多数零件的使用要求。

（四）冲击韧性

冲击韧性是指金属材料抵抗冲击载荷而不被破坏的能力。冲击韧性用冲击韧度 A_K 来表示。A_K 的值越大，材料的韧性就越好，在受到冲击时越不容易断裂。A_K 值高的材料称为韧性材料，A_K 值低的称为脆性材料。

（五）疲劳强度

疲劳强度是指材料抵抗疲劳断裂的能力，即材料经无数次应力循环或达到规定的循环次数才断裂的最大应力。

疲劳破坏是机械零件失效的主要原因之一。在机械零件失效中 60%~70%属于疲劳破坏，而且疲劳破坏前没有明显的变形就突然断裂，所以往往会造成重大事故。因此，在设计零件和选择材料时，要考虑材料疲劳断裂的抗力。

三、金属材料的工艺性能

金属材料的工艺性能是指在制造机械零件及工具的过程中，金属材料加工成型的难易程度。按加工工艺的不同可分为铸造性、锻造性、焊接性、热处理性能和切削加工性能。通常前三种加工方法称为热加工，而切削加工称为冷加工。工艺性能的好坏直接影响材料的加工难易程度、加工后的工艺质量、生产效率及加工成本。

（一）铸造性能

铸造性能是指金属熔化成液态后能否铸成优质铸件的性能。金属材料中，铸造铝合金、青铜的铸造性优于铸铁和铸钢，铸铁优于铸钢；铸铁中灰铸铁的铸造性能最好。衡量金属铸造性的指标有流动性、收缩性和偏析倾向。

（二）锻造性能

锻造性能是指金属材料在压力加工时的难易程度。也称压力加工性能。材料的塑性好、强度低，锻造性就好。锻造性不仅与金属材料的塑性和塑性变形抗力有关，而且与材料的成分和加工条件有关。如钢的锻造性能较好，碳钢比合金钢锻造性好，低碳钢比高碳钢的锻造性好；铜合金和铝合金在冷态下具有很好的锻造性；青铜、铸铝和铸铁等几乎不能锻造。

（三）焊接性能

焊接性能是指材料在一定的焊接工艺条件下，获得优良焊接接头的难易程度。焊接性能的确定主要包括两个方面：一是焊接接头出现各种裂纹的可能性；二是焊接接头在使用过程中的可靠性。焊接性能好的材料，易于用一般的焊接工艺焊接，而焊接性能差或不好的材料，必须采用特定的焊接工艺。实际焊接结构所用的材料大多是钢材。低碳钢具有良好的焊接性，而高碳钢、铸铁的焊接性不好。某些工程塑料也有良好的可焊性，但与金属的焊接机制及工艺方法不同。

（四）热处理性能

所谓热处理就是通过加热、保温、冷却的方法使材料在固态下的组织结构发生改变，从而获得所要求性能的一种工艺。常用的热处理方法有退火、正火、淬火、回火及表面热处理（表面淬火和表面化学热处理）等。

在生产上，热处理既可用于提高材料的力学性能及某些特殊性能，也可用于改善材料的加工工艺性能，如改善切削加工、拉拔挤压加工和焊接性能等。

（五）切削加工性能

切削加工性能是指材料接受切削加工的难易程度。切削加工性能主要用切削速度、加工表面的粗糙度和刀具的使用寿命来衡量。切削加工性好的金属材料对切削刀具的磨损量小，切削用量大，加工表面的粗糙度数值小。灰铸铁比钢切削性能好，碳钢比高合金钢切削性好。

课题 1.2　热处理基础

一、概述

热处理是将金属在固态下进行不同的加热、保温和冷却，通过改变材料的内部组织，以得到所需性能的一种工艺方法。热处理在机械制造中占有十分重要的地位。在各种机床上约有 60%～70%的零件、汽车和拖拉机上 70%～80%的零件都要进行热处理。零件进行铸造、锻造、焊接等热加工后产生的内应力及表面硬化，都必须经过热处理来消除。

零件加工过程中，热处理作为独立的工序常穿插在毛坯制造和切削加工某些工序之间进行。其作用主要有：一是消除工件或毛坯在上一道工序加工过程中产生的组织缺陷并改善工艺性能，为后工序的实施做准备。这一目的可以通过退火、正火等方法实现。通常又将为此目的进行的热处理称为预备热处理；二是使材料的机械性能提高，达到零件的最终使用要求。这一目的可以通过淬火、回火、表面淬火和化学热处理等方法实现。这类热处理又称为最终热处理。

根据方法不同，常用的热处理工艺可分为整体热处理（如退火、正火)、表面热处理(如表面淬火)、化学热处理（如渗碳、渗氮)。

二、热处理一般工艺过程和加热设备

随着科学技术的发展，热处理方法也日益繁多。但各种热处理方法都包含加热、保温、冷却三个阶段。调整这三个阶段的工艺参数，就可以使金属材料内部组织发生不同的变化，从而得到不同的性能。

（一）加热

金属加热到一定的温度，原始组织发生转变，以便给以后冷却过程中进一步发生变化做好准备。加热的温度由材料的种类、成分和热处理的目的决定。生产中使用了各种形状和级别的加热炉。最常用的有箱式电炉、并式电炉和盐浴炉（见图 1-2)。箱式电炉结构简单、价格便宜；并式电炉可实现轴杆类零件垂直吊挂加热，以防止变形，装炉、出炉时也容易实现吊车作业；盐浴炉采用熔盐作加热介质，加热迅速、均匀，控制温度精确，还可有效地防止氧化、脱碳等加热缺陷。

（二）保温

保温是在达到规定的加热温度后保持一定时间，使零件内、外层温度和组织均匀的过程。

（三）冷却

冷却是获得材料或零件所需要组织的关键一环。可通过炉内控温冷却、炉内自然冷却、炉外空气中自然冷却、吹风或喷雾冷却、在水或油以及熔盐中冷却等各种方法，使工件得到需要的冷却速度。

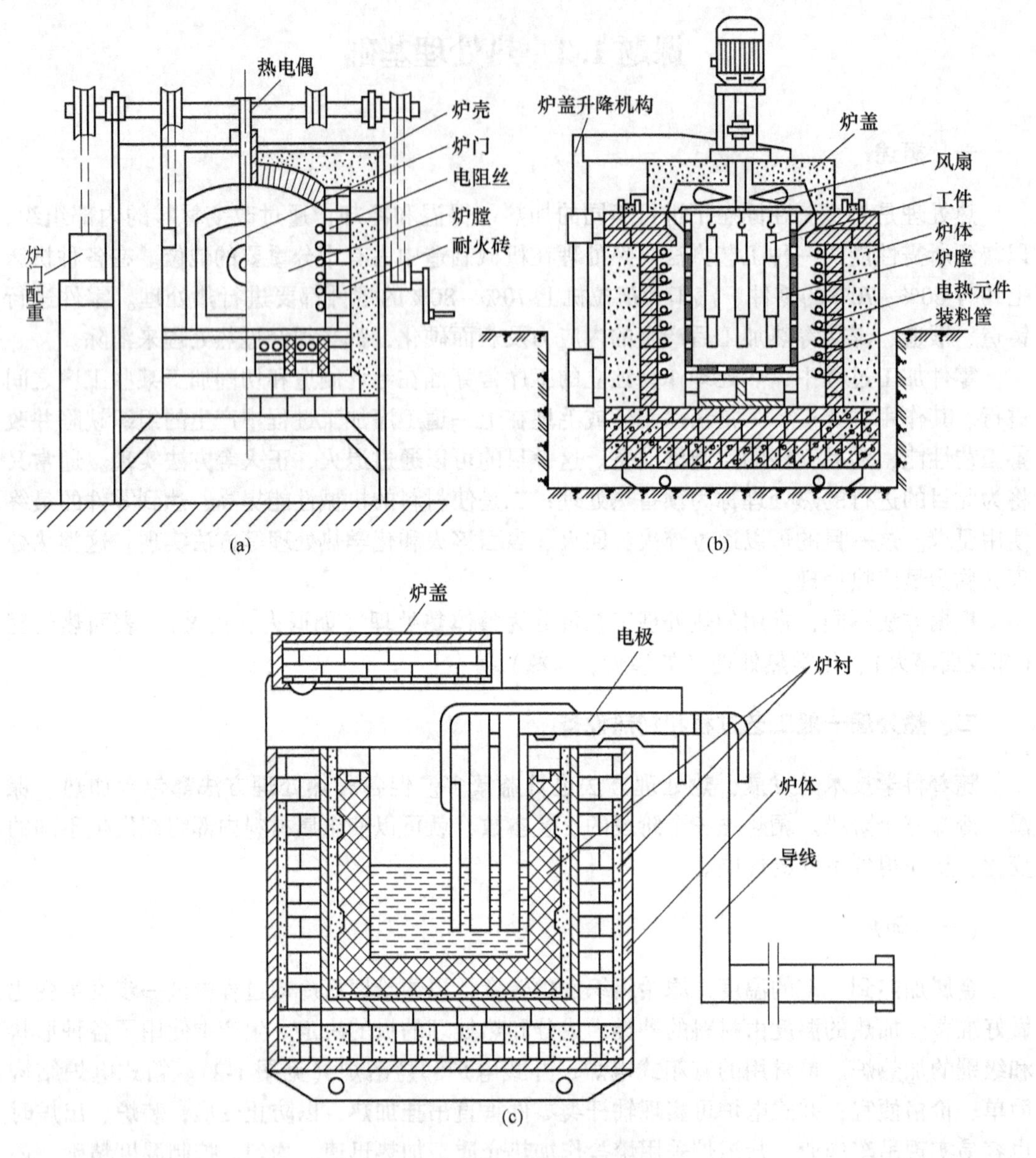

图 1-2　常用的热处理加热炉

(a) 箱式电炉；(b) 井式电炉；(c) 盐浴炉

三、常用热处理方法

常用的热处理方法有退火、正火、淬火、回火及表面淬火和化学热处理等几种方法。

（一）退火和正火

(1) 退火是把工件加热到一定温度，保温一段时间，然后随炉缓慢冷却的热处理工艺。退火主要用于铸件、锻件和焊接件。

退火的目的之一是均匀组织，细化晶粒；其二是消除工件的内应力；其三是降低工件硬度，便于切削加工。工具钢件有时硬度较高，切削加工困难，经退火后可使硬度降低，易于切削加工。

常用的退火方法有消除中碳钢铸件缺陷的完全退火、改善高碳钢切削加工性能的球化退火和去除大型铸、锻件应力的去应力退火等。

(2) 正火。正火是把钢件加热到一定温度，保温后在空气中冷却的热处理工艺。正火的作用和退火相似，所不同的是正火冷却速度较快，得到的组织结构较细，力学性能（强度、硬度）也有所提高。

对于低碳钢工件，通常用正火而不用退火，这不仅可获得较满意的力学性能和切削加工性，而且生产率高，又不占用设备。对于一般结构零件，可采用正火作为最终的热处理。对于高碳钢件，正火是为以后的淬火做准备，以防淬火时工件开裂。

（二）淬火和回火

(1) 淬火。淬火是将工件加热到某一温度，保温后在水中或油中快速冷却的热处理工艺。

淬火的目的是提高钢件的硬度和耐磨性，所以它是强化钢的主要方法。各种工具，如刀具、量具和模具，以及许多机械零件都需要进行淬火处理。

淬火后的零件，虽然硬度和耐磨性提高了，但塑性、韧性下降并产生了内应力，为了消除内应力，淬火后的零件应及时回火。

碳钢工件淬火，一般用水冷却。水便宜，而且冷却能力较强。水中溶有少量的食盐后，冷却能力会显著增加。合金钢淬火，则用油冷却，油的冷却能力较低。

(2) 回火。回火是淬火后的工件，重新加热到一定的温度，保温后在空气中冷却的热处理工艺。

生产中，工件的淬火和回火是紧密联系的工序。回火是淬火后紧接着进行的一种工艺操作，通常也是工件进行热处理的最后一道工序。因此，把淬火和回火的联合工艺称为最终热处理。淬火后回火的主要目的是减小内应力、降低脆性和调整工件的力学性能。

回火操作主要是控制回火温度。回火温度愈高，工件的韧性愈好，内应力愈小，但硬度和强度下降得愈多。

根据回火温度不同，回火可分为低温回火、中温回火、高温回火三种。低温回火不会降低钢的硬度，但能消除一定的内应力，各种量具和刃具常采用低温回火处理；中温回火后具有较高的弹性极限和较高的韧性，主要用于各种弹簧和模具的热处理；高温回火后的组织具有强度、硬度、塑性和韧性都较好的综合力学性能，将淬火加高温回火相结合的热处理称为调质处理，主要用于齿轮、轴类零件等。

（三）表面淬火

表面淬火是将工件快速加热，使表层迅速达到淬火温度，而不等心部升温就快速冷却的热处理工艺。工件经表面淬火后能获得表面层硬度高、耐磨，心部韧性好的性能。主要用于曲轴、花键轴、齿轮、凸轮等。零件在表面淬火前，应进行正火或调质处理，表面淬火后还应进行低温回火。

常用的表面淬火方法有火焰加热表面淬火和感应加热表面淬火。火焰加热表面淬火是用氧-乙炔火焰喷向工件表面，使其迅速加热到淬火温度，随后喷水（或浸入水中）冷却的淬火方法。感应加热表面淬火是将工件放在通有一定频率电流的线圈内加热，然后喷水冷却的淬火方法。

（四）化学热处理

化学热处理是把零件置于某种化学介质（如碳、氮等）中，经过加热、保温后，使介质中的元素渗入零件表层，从而改变其表层的化学成分、组织和性能的热处理工艺。化学热处理的主要目的是提高工件表层的硬度、耐磨性和抗疲劳强度，而心部仍具有较高的强度和韧性，使零件在交变载荷、冲击载荷和严重磨损条件下仍能正常工作。

和其他热处理方法相比较，化学热处理的特点是除组织变化外，表面层的化学成分也发生变化。

常用的化学热处理是渗碳、渗氮和碳氮共渗。一般渗碳和碳氮共渗后，还需进行淬火和回火处理。适合进行渗碳的是低碳钢，如20Cr、20Cr等。通常把这类钢称为渗碳钢。

复习思考题

1-1 常用金属材料有哪些？
1-2 金属材料的力学性能指标有哪些？
1-3 金属材料的工艺性能有哪些？
1-4 何谓热处理？热处理的目的是什么？
1-5 热处理一般的工艺过程是什么？
1-6 常用的热处理方法有哪些？
1-7 什么叫退火、正火、淬火？
1-8 淬火的目的是什么？表面淬火和普通淬火有什么区别？

项目二　金属热加工基础

知识目标

1. 熟悉铸造的整个工艺过程。
2. 掌握砂型铸造和特种铸造的特点。
3. 熟悉锻造、冲压的工艺过程。
4. 熟悉焊接材料及焊接方法。

能力目标

1. 具有对典型铸件选择合理的铸造方法的能力。
2. 具有对典型锻件选择合理的锻造方法的能力。
3. 初步具有选择焊接方法的能力。
4. 初步具有选择毛坯材料和制造方法的能力。

铸造、锻造和焊接是金属材料热加工的三种不同方法，是机械制造生产中不可缺少的基本加工方法。它们除提供少量的零件成品外，主要是生产毛坯，供切削加工使用。

课题2.1　铸　　造

铸造是人类掌握比较早的一种金属热加工工艺，距今已有约几千年的历史。早期的铸件大多数是农业生产、宗教、生活等方面的工具或用具。进入20世纪，铸造的发展速度很快。目前，铸造已经发展成为机械制造工业的基础工艺之一。

一、铸造的基础知识

铸造是将金属熔炼成符合一定要求的液体并浇进铸型里，经冷却凝固、清整处理后得到有预定形状、尺寸和性能的铸件的工艺过程。铸造的成型原理如图2-1（a）所示，铸件的典型结构与工艺过程如图2-1（b）和图2-1（c）所示。

（一）铸造的分类

铸造的方法很多，按生产方法的不同，铸件大致可分为砂型铸造和特种铸造两大类。目前最常用和最基本的铸造方法是砂型铸造。

1. 砂型铸造与工艺过程

砂型铸造俗称“翻砂”，过程是把经过特殊制备的型砂，装在模型周围捣实，取出模

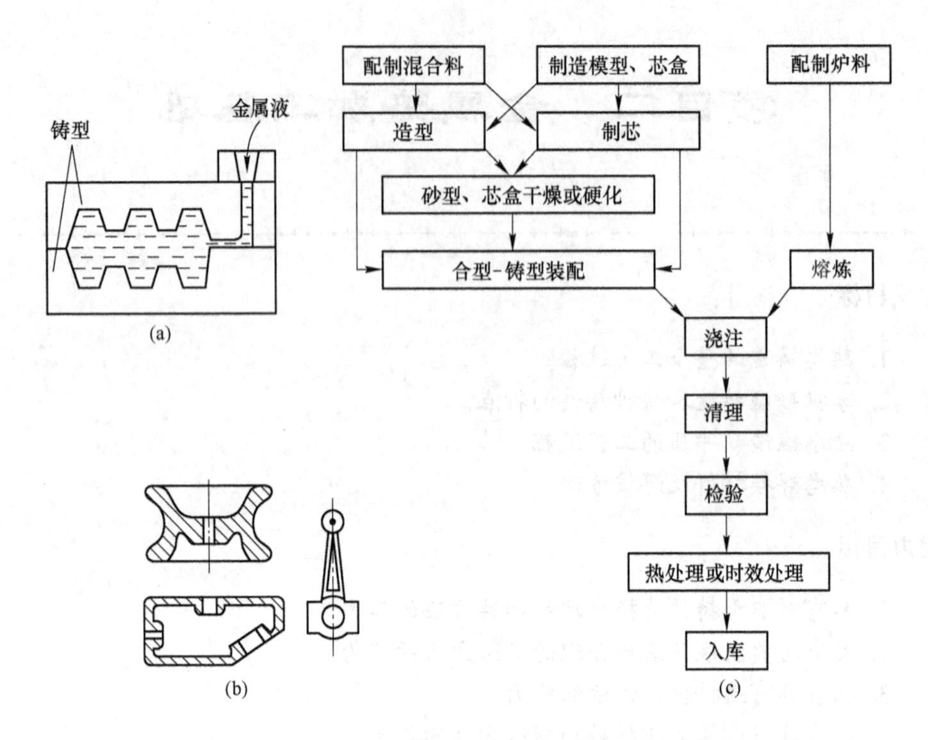

图 2-1　铸造的成型原理与铸件的工艺过程

（a）成型原理；（b）铸件的典型结构；（c）铸件的工艺过程

型，在砂中留下空腔（铸型），之后将熔化的金属液浇入铸型，金属在铸型中冷凝后，把型砂（铸型）打掉，便得到了金属铸件的过程。铸件的砂型铸造工艺过程如图 2-2 所示。

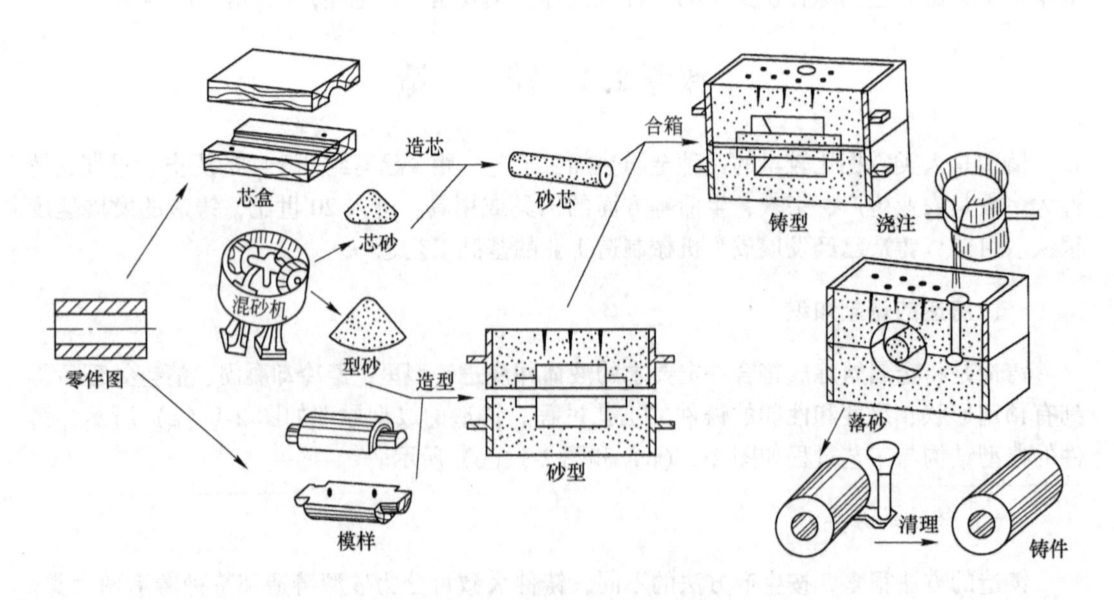

图 2-2　铸件的砂型铸造工艺过程

2. 特种铸造

砂型铸造以外的其他铸造方法一般称为特种铸造。

特种铸造按照造型材料的不同，又可分为两大类：一类以天然矿产砂石作为主要造型材料，如熔模铸造、实型铸造、陶瓷型铸造等；另一类以金属作为主要铸型材料，如金属型铸造、离心铸造、低压铸造等。

（二）铸造的特点

1. 优点

（1）可以铸造各种形状（外形、内腔）复杂的铸件，如箱体、机架、床身、气缸体等。

（2）铸件的尺寸与质量几乎不受限制，小至几毫米、几克，大至十几米、数百吨的铸件均可铸造。

（3）可以铸造任何金属和合金铸件。

（4）铸造生产设备简单，投资少，铸造用原材料来源广泛，因而铸件成本低廉。

（5）铸件的形状、尺寸与零件接近，因此减少了切削加工的工作量，可节省大量金属材料。

由于铸造具有上述优点，所以被广泛应用于机械零件的毛坯制造，在各种机械和设备中，铸件在质量上占有很大的比例。如拖拉机及其他农业机械，铸件的质量比达 40%～70%，金属切削机床、内燃机达 70%～80%，重型机械设备则可高达 90%。

2. 缺点

（1）铸造生产工序繁多，工艺过程较难控制，因此铸件易产生缺陷。如气孔、缩孔、夹渣和砂眼等。

（2）铸件的尺寸均一性差，尺寸精度低。

（3）与相同形状、尺寸的锻件相比，铸件内在质量差，承载能力不及锻件。

（4）铸造生产的工作环境差，温度高，粉尘多，劳动强度大。

二、砂型铸造

（一）模样和型芯盒

1. 模样和型芯盒

用来形成铸型型腔的工艺装备称为模样。制造砂型时，使用模样可以获得与零件外部轮廓相似的型腔。

用来制造型芯或其他种类耐火材料芯所用的工艺装备称为型芯盒。型芯盒的内腔与型芯的形状和尺寸相同。在铸型中，型芯形成铸件内部的孔穴。

模样与型芯盒多用木材制造，大批量生产时，模样与型芯盒则常用金属制造。

2. 制造模样和型芯盒时应考虑的问题

制造模样和型芯盒时，应考虑以下几个问题：

（1）分型面。选择分型面时必须使模型能从型砂中取出，并使造型方便和有利于保证铸件的质量，如图 2-3 所示的连接筒零件，当选定 *a-a* 为分型面时，不但制模和起模方便，而且铸件全在下箱，不会造成错箱。

（2）加工余量。铸件需要切削加工的表面，均需留出加工余量，如图 2-3（b）所示，

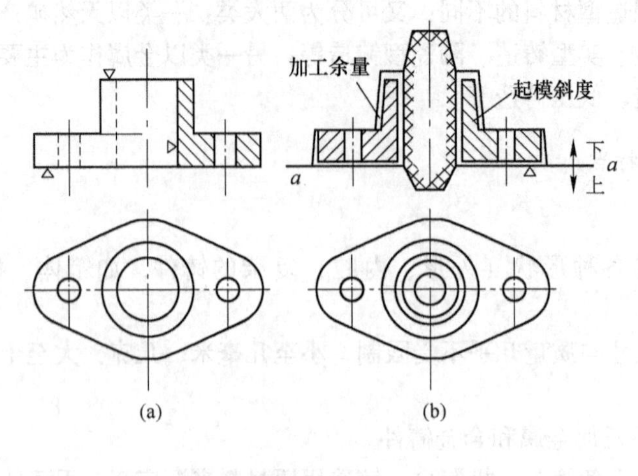

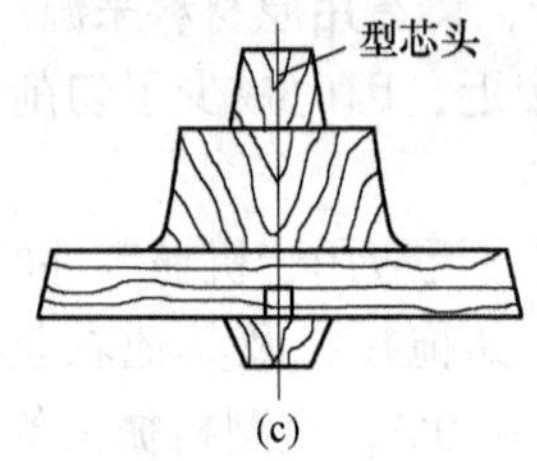

图 2-3　连接筒
(a) 零件图；(b) 加工余量；(c) 型芯头

其大小依铸造合金的种类、铸件的形状、尺寸和加工精度而异。大铸件、铸钢件及形状复杂的铸件，其加工余量较大。

(3) 型芯头。铸件上直径大于 25mm 的孔需用型芯铸出。为了在型砂中安放型芯，在模型的相应部分应做出突出的型芯头。垂直安放的型芯，为了防止在安放型芯及合箱时碰坏型砂，型芯头的端部应有斜度，如图 2-3（c）所示。

(4) 起模斜度。为了便于从型砂中取出模样或由型芯盒中取出型芯，凡垂直于分型面的表面都应做出起模斜度。

(二) 造型材料

造型材料包括型砂和芯砂，它们由砂、黏接剂和水混合而成。常用的黏接剂有黏土、水玻璃和油脂。若黏接剂是黏土，则称为黏土砂；若黏接剂是水玻璃，则称为水玻璃砂；若黏接剂是油脂，则称为油砂。

型砂和芯砂在浇注和凝固过程中，要承受熔融金属的冲刷、静压力和高温的作用，并要排出大量气体，型芯则要承受凝固时的收缩压力，因此型砂应具有以下几方面的性能要求：

(1) 为了制造各种形状的空腔，型砂应具有很好的可塑性。

(2) 为防止型腔在制造、修理、搬动、浇注时受力破坏，型砂应具有一定的强度。

(3) 为排除型砂及液体金属中的气体，型砂应具有良好的透气性。

(4) 为防止高温下铸件产生黏砂，型砂应具有耐火性。

（5）为使铸件冷凝时自由收缩，型砂在此时应能自动崩散，即有一定的退让性。

（三）造型

造型是利用模样和砂箱等工艺装备将型砂制成铸型的方法。按照操作方法的不同，造型方法可分为手工造型和机器造型。手工造型装备简单，但对工人技术水平要求高。机器造型生产效率高，质量较好。

1. 手工造型

手工造型的基本工序是填砂、紧砂、起模和合型。在工序操作中，紧砂工序和起模工序是用手工方式进行的，其特点是模样、砂箱及专用设备投资少，生产准备时间短，但铸件质量较差，劳动生产效率低，而且劳动强度大，因此主要用于单件、小批量生产。手工造型常用工具如图 2-4 所示。

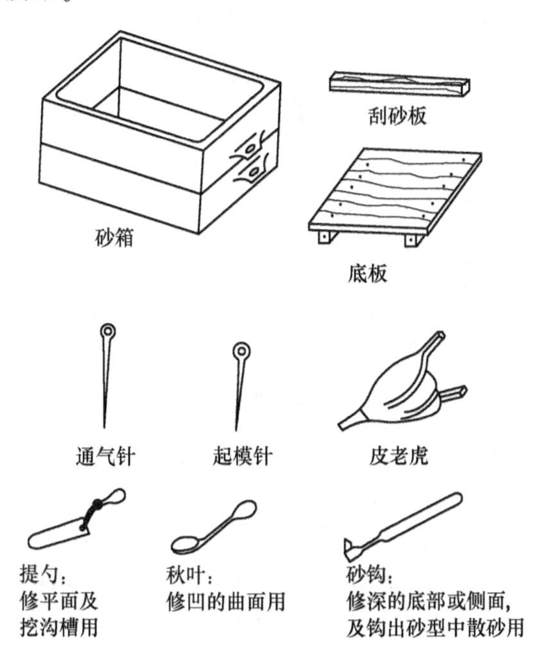

图 2-4　手工造型常用工具

（1）手工造型的基本过程。

1）造上型。首先安放下砂箱于底板上，将模样大端朝下置于砂箱内的合适位置，然后分批加砂舂实，舂实示意图如图 2-5 所示。

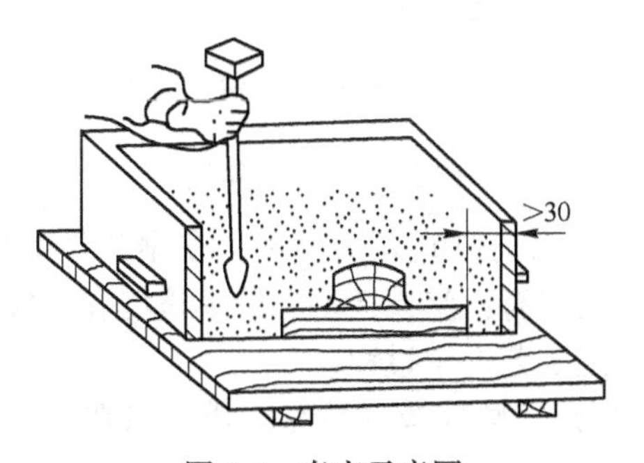

图 2-5　舂实示意图

2）造下型。将造好的下型翻转（如图 2-6 所示）并在其上安放好上砂箱后，便可撒分型砂（撒分型砂的作用是防止上下型黏在一起而无法取出模样），然后将模样上方型砂处用通气针扎出气孔。

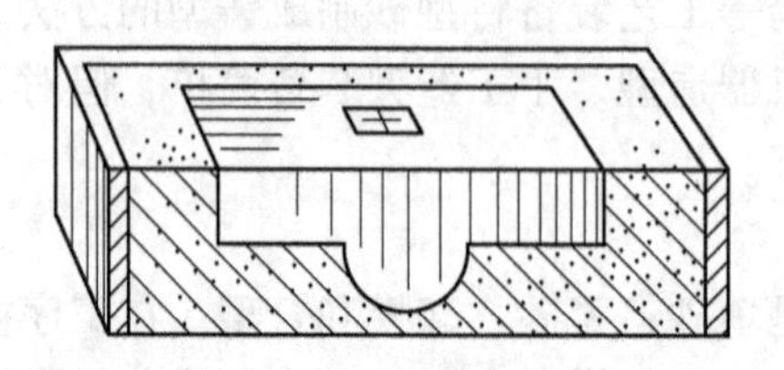

图 2-6　翻转下型

3）起模。打开铸型，将起模针插入模样重心部位，并用木棒在 4 个方向轻击起模针下部以使模样松动，此过程也称靠模，如图 2-7 所示。

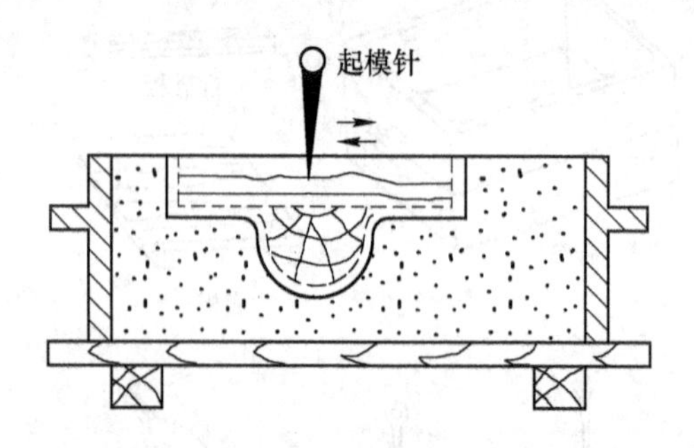

图 2-7　起模图

4）下芯与合型。下芯前应仔细检查型芯尺寸，型芯排气道是否合乎要求。下芯时先找正位置再缓缓放入，并检查是否偏芯和有无散砂落入型腔内。用泥条填塞芯头与芯座的间隙，以防浇注时金属液从其间流出或堵塞型砂的排气道。合型前将型腔和浇注系统内的散砂吹净，合型时上型保持水平，对正合箱线（见图 2-8）缓缓落下，然后用箱卡（或压铁）将上下箱卡紧以防浇注时跑火，最后用盖板盖住浇道以防砂粒落入型腔。

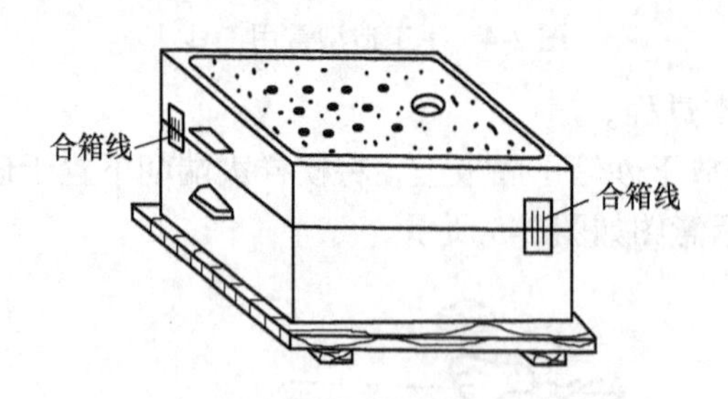

图 2-8　对正合箱线

（2）手工造型的方法。手工造型的方法很多，根据铸件的尺寸、形状、材料和生产批量等要求，在一般生产中主要有：整模造型、分模造型和刮板造型等。下面主要介绍这几种造型方法，以便了解铸造工艺的全过程。

1）整模造型。整模造型是用整体模样造型，模样只在一个砂箱内（下箱），分模面是平面。

整模造型操作方便，铸件不会由于上下砂型错位而产生错位缺陷，它用于制造形状比较简单的铸件。图 2-9 所示为整模造型过程。

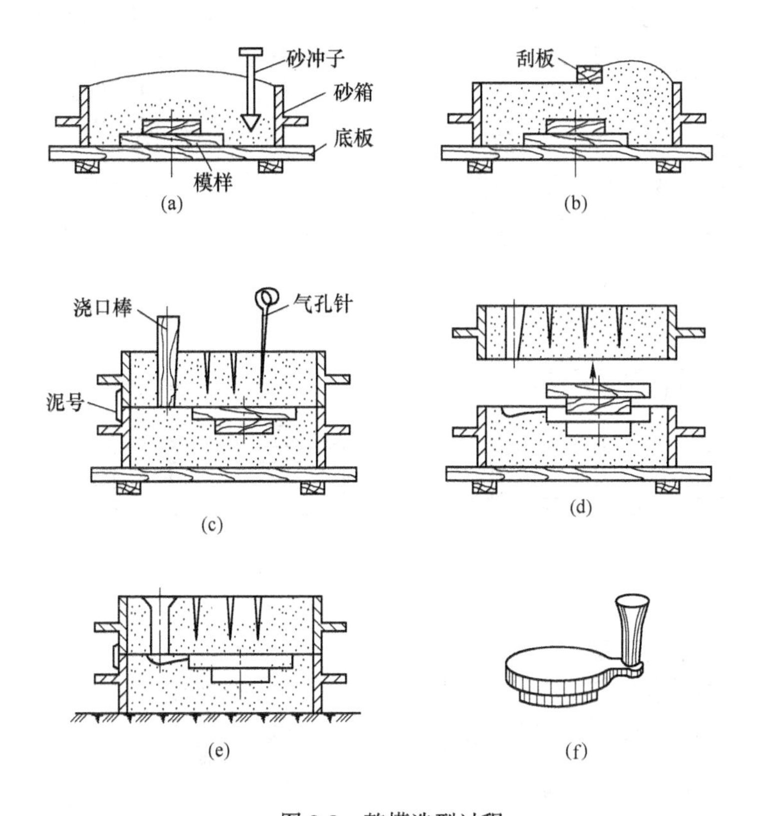

图 2-9　整模造型过程

(a) 造下型，填砂、舂实；(b) 刮平，翻下型；(c) 造上型，扎气孔、做泥号；(d) 敞上型，起模、开浇口；(e) 合型；(f) 落砂后带浇口的铸件

2）分模造型。分模造型的分模面通常与分型面重合，两半模样靠销钉定位，造型操作较为简单。这种将模样在某一方向上沿最大截面分开，并在上下砂箱造出型腔的造型方法称为分模造型，分模造型在生产上应用最广，图 2-10 所示为套筒铸件的分模造型过程。

3）刮板造型。刮板造型是不用模样而用刮板操作的造型方法。造型时根据砂型型腔的表面形状引导刮板作旋转、直线或曲线运动。刮板的运动形式很多，最常用的是绕垂直轴旋转的刮板，称为立式刮板。刮板造型的特点是可以节省制造模样的材料和工时，缩短生产准备时间。但刮板造型只能手工操作，对工人的技术水平要求较高，且生产效率低，主要应用于批量较小、尺寸较大的回转体铸件的生产，如带轮、齿轮、飞轮等。图 2-11 所示为刮板造型过程。

2. 机器造型

用机器完成紧砂和起模或至少完成紧砂操作的造型工序称为机器造型。它是现代化铸造生产的基本方式，可以大大提高劳动生产效率，改善劳动条件，提高铸件精度和表面质量。在大批量生产中，尽管机器造型所需要的专用砂箱、模板和设备等投资较大，但铸件的成本能明显降低，尤其现代化的生产是按行业、专业化组织生产，为铸造生产的机械化

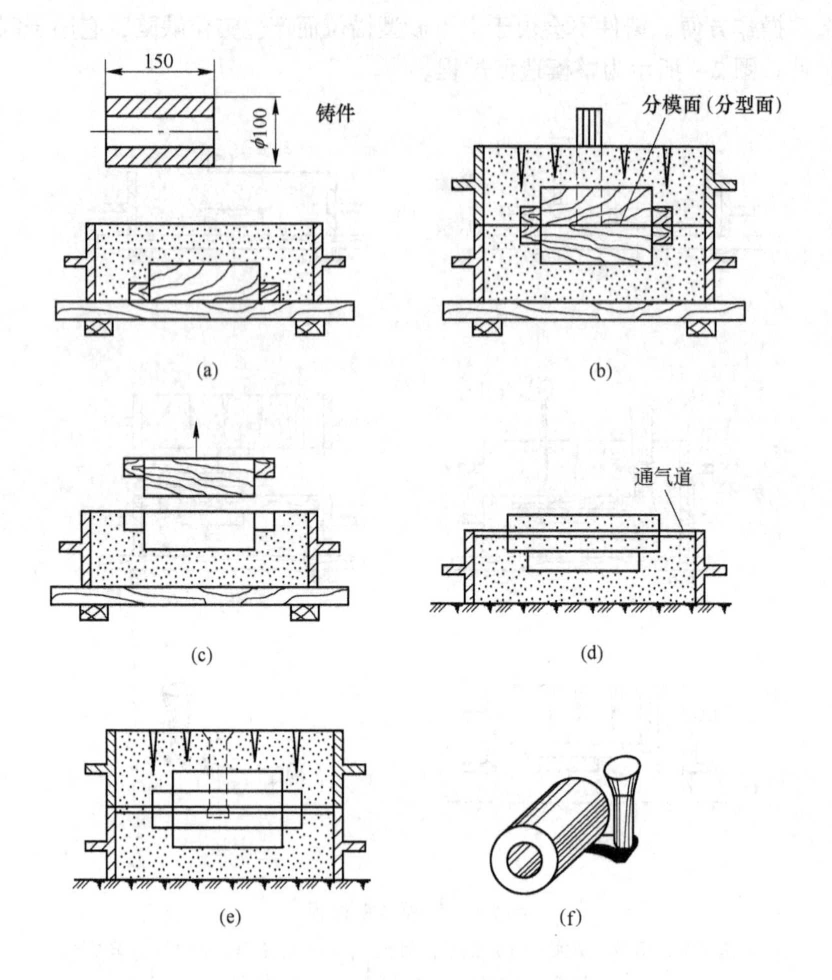

图2-10　套筒的分模造型过程
(a) 造下型；(b) 造上型；(c) 敞上型，起模；
(d) 开浇口，下芯；(e) 合型；(f) 带浇口的铸件

提供了广阔的前景。

(1) 紧砂方法。常用的紧砂方法有压实法、振实法、抛砂法和射砂法等几种形式，其中振压方法应用最广，图2-12所示为振压式造型机。造型时，把单面模板固定在造型机的工作台上，扣上砂箱，加型砂；当压缩空气进入振实活塞底部时，便将其上的砂箱举起一定的高度，此时排气孔接通；振实活塞连同砂箱在自重的作用下复位，完成一次振实。重复多次直到型砂紧实为止。再使压实气缸进气，压实活塞带动工作台连同砂箱一起上升，与造型机上的压板接触，将砂箱上部较松的型砂压实而完成紧砂的全过程。如图2-12 (a) 所示。

(2) 起模方法。常用的起模机构有顶箱、落箱和翻转三种。图2-12 (b) 所示为顶箱起模方法。

(四) 造芯

制造型芯的过程称为造芯。型芯主要用来形成铸件的内腔或局部外形，型芯的制造工

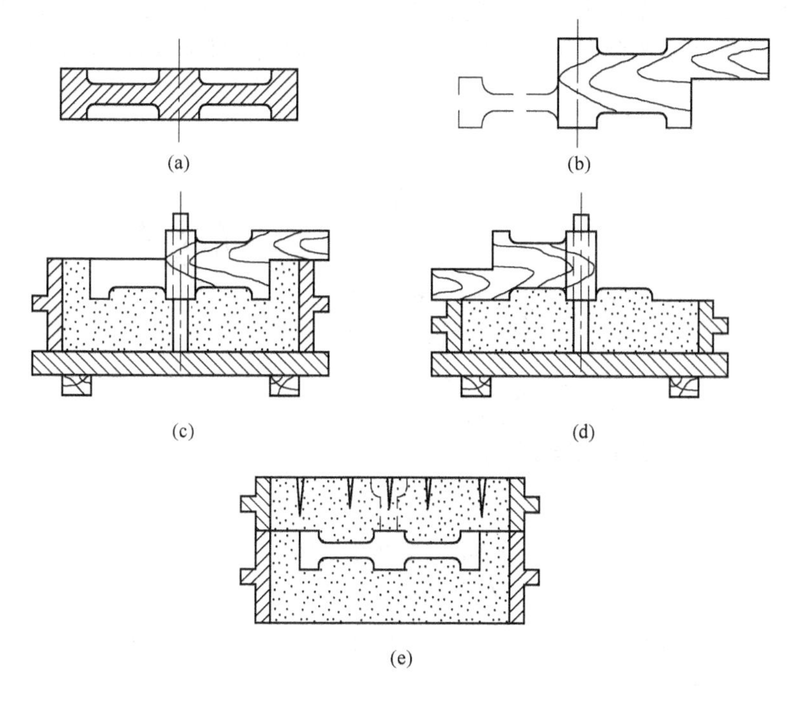

图 2-11　刮板造型过程

(a) 零件；(b) 刮板；(c) 刮制下型；(d) 刮制上型；(e) 合箱、开浇道、扎通气孔

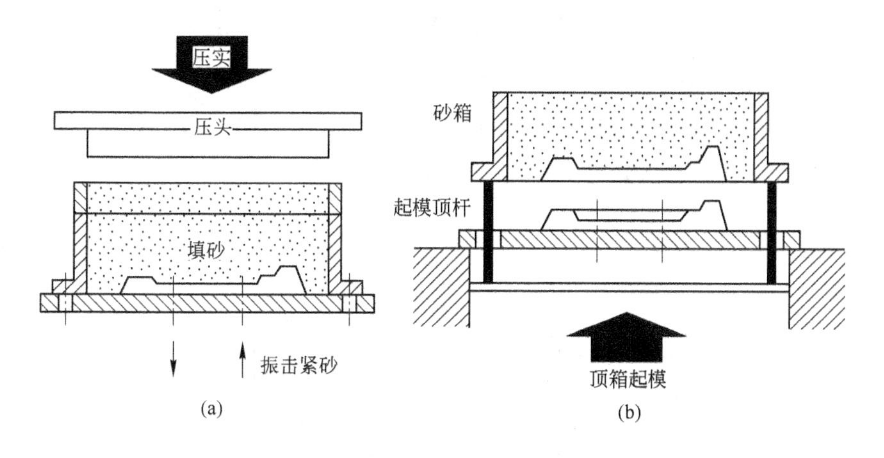

图 2-12　振压式造型机的紧砂与起模

(a) 紧砂；(b) 起模

艺与造型的相似。为了增加型芯强度，保证型芯在翻转、吊运、下芯、浇注过程中不致变形和损坏，型芯中应放置芯骨（可用铁丝或铁钉做型芯骨）。为增强其透气性，需在型芯内扎通气孔，型芯一般要上涂料或烘干，以提高它的耐火性、强度和透气性。根据型芯的尺寸、形状、生产批量以及技术要求等的不同，通常有手工造芯和机器造芯两大类。

1. 手工造芯

根据造芯的方法不同，手工造芯可分为刮板造芯和芯盒制芯。

（1）刮板造芯。即型芯用刮板制造。尺寸较大且截面为圆形或回转体的型芯在单件生产时，为了节省制造芯盒所用的材料和工时，一般采用刮板造芯。导向刮板造芯如图 2-13 所示。

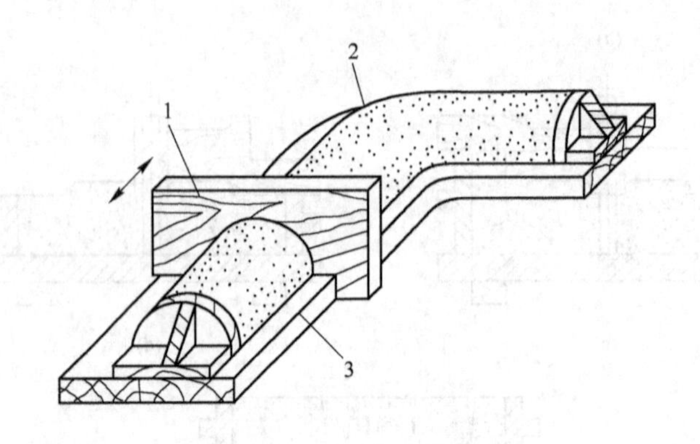

图 2-13　导向刮板造芯

1—刮板；2—型芯；3—导向基准面

（2）芯盒制芯。大多数型芯都是在芯盒中制造的，芯盒通常由两半组成。图 2-14 所示为芯盒造芯的过程。

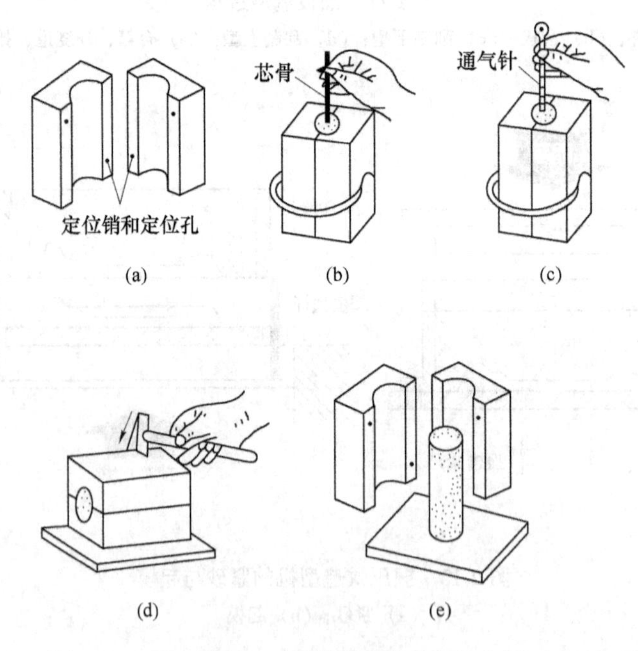

图 2-14　芯盒造芯的过程

（a）准备芯盒；（b）舂实、放芯骨；（c）刮平、扎气孔；（d）敲打芯盒；（e）打开芯盒（取芯）

2. 机器造芯

机器造芯的生产效率高、紧实均匀、砂芯质量好，适用于成批大量生产。射芯机造芯的情况如图 2-15 所示。

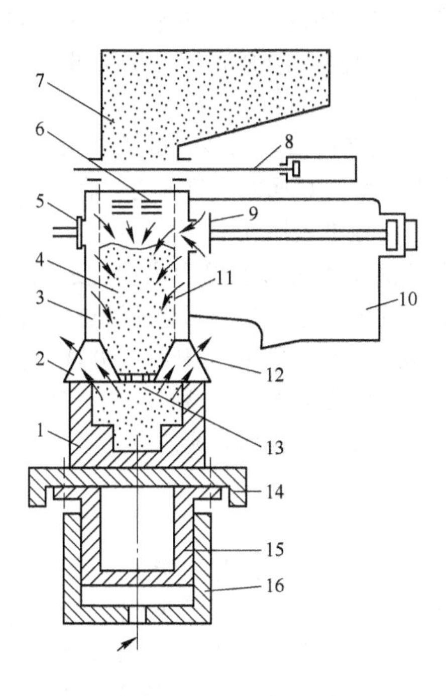

图 2-15 射芯机造芯

1—芯盒；2—射砂头；3—射腔；4—射砂筒；5—排气阀；6—横向气缝；7—砂斗；
8—闸门；9—射砂阀门；10—气包；11—纵向气缝；12—排气孔；
13—射砂孔；14—工作台；15—紧实活塞；16—紧实气缸

（五）浇注系统

浇注系统又称浇口，是为填充型腔而开设于铸型中的一系列通道，通常由出气口、浇口杯、直浇道、横浇道和内浇道组成，如图 2-16（a）所示。

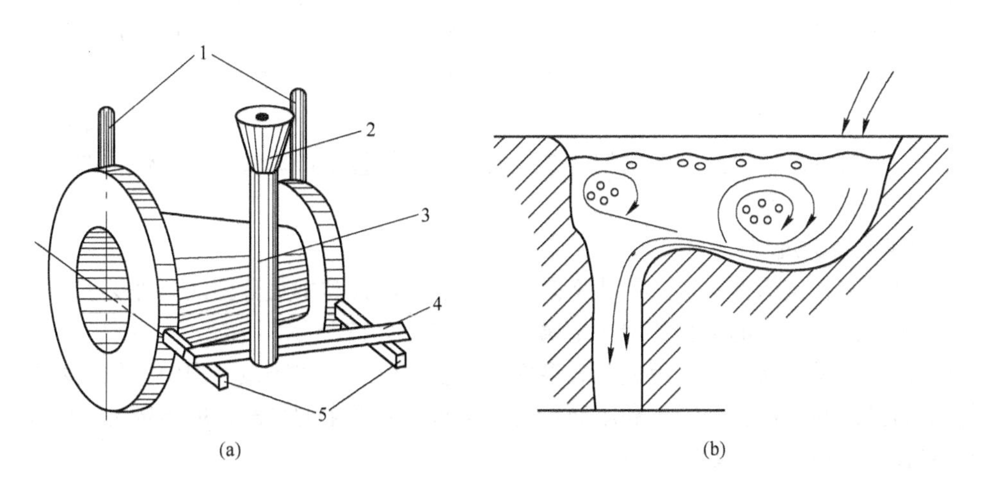

图 2-16 浇注系统的组成

（a）浇注系统的组成；（b）浇口盆的结构形式

1—出气口；2—浇口杯；3—直浇道；4—横浇道；5—内浇道

（1）浇口杯。小型铸件的浇口杯通常为漏斗状，大型铸件的为盆状，其结构形式如图2-16（b）所示。其作用是容纳浇入的金属液并缓解液态金属对型砂的冲击，并使熔渣、杂质上浮，起到挡渣作用。

（2）直浇道。直浇道是连接浇道口与横浇道的垂直通道，改变直浇道的高度可以改变金属液的流动速度，从而改善液态金属的充型能力。直浇道下面带有圆形的窝座，用来减缓金属液的冲击力，使其平稳地进入横浇道。

（3）横浇道。横浇道是将直浇道的金属液引入内浇道的水平通道，一般开在型砂的分型面上，其截面多为梯形，其主要作用是分配金属液进入内浇道并起挡渣作用。

（4）内浇道。内浇道一般在下型分型面上开设，并注意使金属液切向流入，不要正对型腔或型芯，以免将其冲坏。内浇道直接与型腔相连，其主要作用是分配金属液流入型腔的位置，控制流速和方向，调节铸件各部分流速。

三、特种铸造

砂型铸造在生产中虽然应用广泛，但仍存在着工人劳动条件差、铸件机械性能不高、废品率高、铸件表面质量低等缺点。因此，可根据不同的铸造合金、产品结构、尺寸大小及技术要求等，选用特种铸造方法来生产铸件。特种铸造是指与砂型铸造方法不同的其他铸造方法。常用的有金属型铸造、熔模铸造、压力铸造和离心铸造等。

（一）金属型铸造

金属型铸造是将液态金属在重力作用下浇入金属铸型内以获得铸件的方法。金属型是指用铸铁、铸钢或其他合金制成的铸型。因为金属型可以重复浇注几百次乃至数万次，所以，又称“永久型铸造”。

1. 金属型铸造的特点

（1）铸件精度和表面质量较高。

（2）生产效率高。金属型铸造实现了“一型多铸”，提高了生产效率。

（3）组织致密，力学性能较高。因金属型导热性能好，过冷度较大，铸件冷却速度快而使组织致密。金属型铸件的力学性能比砂型铸件提高10%~20%。

（4）不透气、无退让性、使铸件冷却速度快，容易使铸件产生浇不到、冷隔、灰铸铁件出现白口等缺陷。因此，金属型铸造主要用于大批量生产非铁合金铸件，如铝合金活塞、气缸体、铜合金轴瓦等。

2. 金属型铸造过程

金属型的结构按铸件形状、尺寸不同，主要有整体式和垂直分型式两种类型，这里只介绍垂直分型式。常用的垂直分型式金属型结构如图2-17所示。

它由定型和动型两个半型组成，分型面位于垂直位置。在铸造过程中，先使两个半型合紧，进行金属液浇注，凝固后利用简单的机构再使两个半型分离，取出铸件。若需铸出内腔，可使用金属型芯或砂芯形成。

（二）熔模铸造

熔模铸造就是用易熔材料（如蜡料）制成模样，在模样上包覆若干层耐火材料，制

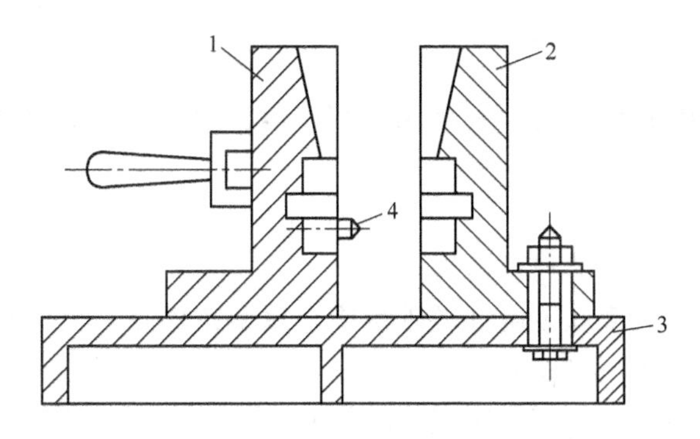

图 2-17 垂直分型式金属型结构

1—动型；2—定型；3—底座；4—定位销

成型壳，然后加热使模样熔化流出后经高温焙烧成为型壳，采用这种型壳浇注，金属冷凝后敲掉型壳获得铸件的方法。

1. 熔模铸造的特点

（1）生产成本高。因工序复杂，生产周期较长，故生产成本较高。

（2）铸件尺寸精度高，表面粗糙度值低，且可铸出形状复杂的铸件。造型过程无起模、合型等操作。因此，熔模铸造是一种精密铸造方法。

（3）可以铸造各种金属材料。因熔模铸造的型壳由硅石粉等耐高温材料制成，因此各种金属材料都可以用于熔模铸造，对于耐热合金的复杂铸件，熔模铸造几乎是唯一的生产方法。

（4）生产批量不受限制。从单件、小批量到大批量生产，且便于实现机械化流水生产。

2. 熔模铸造的工艺过程

熔模铸造的工艺过程如图 2-18 所示。

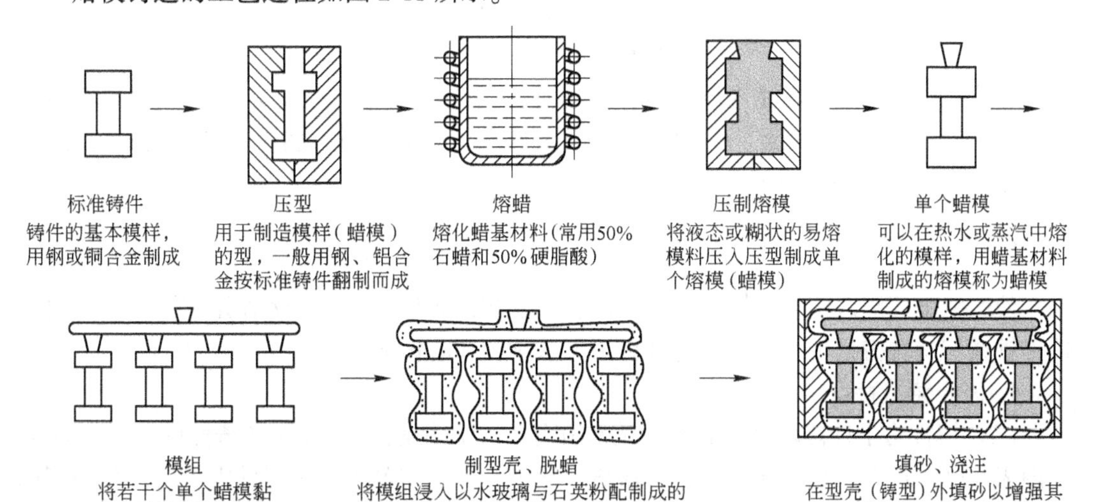

图 2-18 熔模铸造的工艺过程

（三）压力铸造

使熔融金属在高压下高速充填到金属型腔中以获得铸件的方法称为压力铸造，简称压铸。

1. 压力铸造的特点

（1）可以铸造形状复杂的薄壁铸件。

（2）铸件质量高，强度和硬度都较砂型或金属型铸件高，尺寸精度可达 IT12~IT10，表面粗糙度 R_a 值可达 0.8~3.2μm。

（3）生产率高，成本低，容易实现自动化生产。

（4）压力机投资大，压铸型制造复杂、生产周期长、费用高。

2. 压力铸造的过程

压力铸造在压铸机上进行。压铸机主要由压射装置和合型机构组成，按压铸型是否预热分为冷室压铸机和热室压铸机，按压射冲头的位置又可分为立式压铸机和卧式压铸机，生产上卧式冷室压铸机应用较多。图 2-19 所示为卧式冷室压铸机的工作原理图。

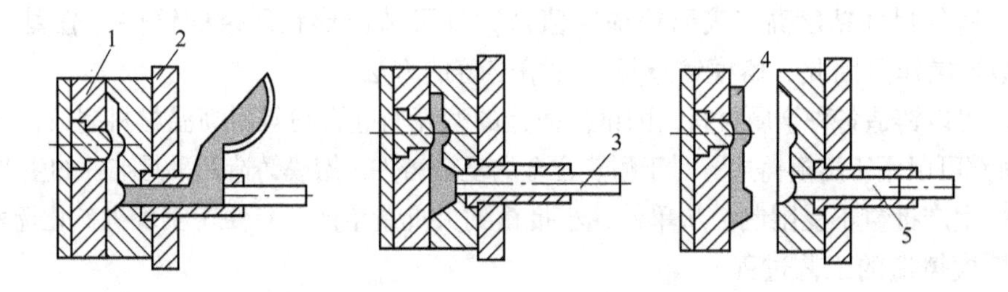

图 2-19　卧式冷室压铸机工作原理图

1—动型；2—定型；3—压射冲头；4—铸件；5—压室

定量勺内的熔融金属注入压室后，压射冲头（俗称活塞、柱塞）向左推动，将熔融金属压入闭合的压铸型型腔，稍停片刻，使金属在压力下凝固，然后向右推回压射冲头，分开压铸型，推杆（图中未画出）定出压铸件。

（四）离心铸造

使熔融金属浇入绕水平轴、立轴或倾斜轴旋转的铸型，在离心力作用下，凝固形成的铸件轴线与旋转铸型轴线重合，这种铸造方法称为离心铸造。

1. 离心铸造特点

（1）铸件力学性能较好。在惯性力作用下，金属结晶从铸型壁（铸件的外层）向铸件内表面顺序进行，呈方向性结晶，熔渣、气体、夹杂物等集中于铸件内表层，铸件其他部分结晶组织细密，无气孔、缩孔、夹渣等缺陷。

（2）对于中空铸件，可以留足余量，以便将劣质的内表层用切削的方法去除，以确保内孔的形状和尺寸精度。

（3）不需要浇注系统，无浇冒口等处熔融金属的消耗，铸造中空铸件时还可以省去型芯。

2. 离心铸造的过程

离心铸造在离心铸造机上进行，可以用铸型，也可以用砂型。如图 2-20 所示为离心铸造的工作原理图，图 2-20（a）所示为绕立轴旋转的离心铸造，铸件内表面呈抛物面，铸件的壁厚上下不均匀，并随铸件高度增大而愈加严重，因此只适用于高度较小的环类、盘套类铸件；图 2-20（b）所示为绕水平轴旋转的离心铸造，铸件壁厚均匀，适于制造管、筒、套（包括双金属衬套）及辊轴等铸件。

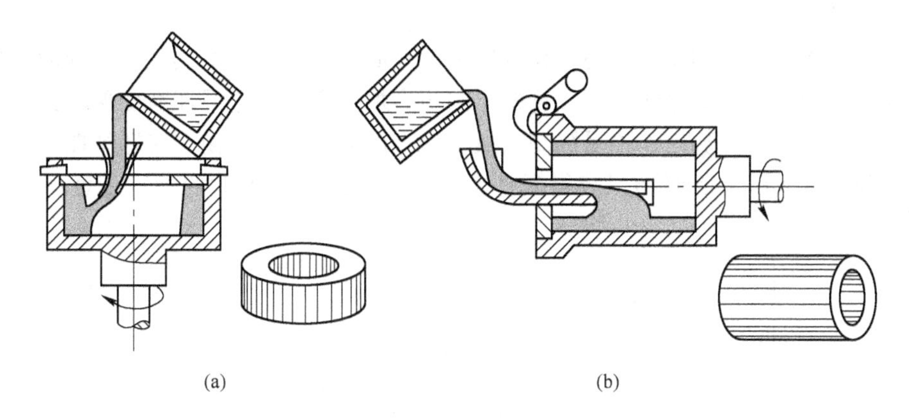

图 2-20　离心铸造

（a）绕立轴旋转的离心铸造；（b）绕水平轴旋转的离心铸造

四、铸造合金的铸造性能

常用的铸造合金有铸铁、碳钢、铜合金和铝合金等。其铸造性能主要指流动性、收缩性、偏析倾向等，它们对获得合格铸件是非常重要的。

（一）合金的流动性

合金的流动性指液态合金填充铸型的能力，它对铸件质量有很大的影响。流动性好，就容易获得形状完整、轮廓清晰、壁薄或形状复杂的铸件，同时有利于合金中气体和非金属夹杂物的上浮和排除，有利于合金凝固时的补缩。流动性不好，易使铸件产生浇不足、冷隔、气孔、夹渣和缩孔等缺陷。铸造合金的流动性常用液态合金浇成的螺旋形试样的长度评定。

影响流动性的因素很多，主要是合金的化学成分、浇注温度和铸造工艺。

（二）合金的收缩性

金属在冷却时体积缩小的性能称为收缩性。金属的收缩可分为液态收缩、凝固收缩和固态收缩三部分。其中，液态收缩是在高温状态，只造成铸型冒口部分金属液面的降低；凝固收缩会造成缩孔、缩松等现象；固态收缩受到阻碍时，则产生铸造内应力。为防止缩松或缩孔，应扩大内浇道，利用浇道直接补缩，或在壁厚处设置冒口，由冒口中金属液补充壁厚处凝固收缩。

影响收缩的因素是其化学成分、浇注温度、铸型工艺及铸件结构。

课题 2.2 压 力 加 工

金属压力加工是利用金属的塑性，改变其形状、尺寸，并改善其性能，以获得型材、棒材、板材、线材或锻压件的加工方法。它包括锻造、冲压、轧制、挤压、拉拔等。

一、锻造

锻造可分为自由锻和模锻两类。自由锻是使金属坯料在上、下砧之间受到冲击或压力而产生变形以制造锻件的方法，是一种常见的压力加工方法。金属坯料变形时，在水平面的各个方向一般是自由流动而不受限制，故称为自由锻；模锻是使金属坯料在上下锻模的模膛内受到冲击或压力而变形以获得锻件的方法。自由锻和模锻的加工示意图如图 2-21 所示。

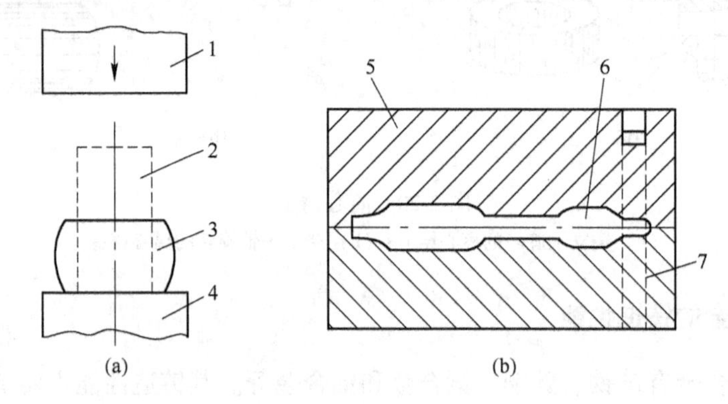

图 2-21　自由锻和模锻的加工示意图

(a) 自由锻；(b) 模锻

1—上砧；2—坯料；3—工件；4—下砧；5—上模；6—工件；7—下模

自由锻按其设备的不同，又可分为手工自由锻和机器自由锻两种。手工自由锻简称手工锻，是靠人力和手工工具使金属变形。因此，手工锻只能生产小型锻件；机器自由锻简称机锻，是利用机器产生的冲击力或压力使金属变形。机锻生产中最常用的锻造方法。

二、板料冲压

板料冲压是借冲床的压力用冲模将薄板材料进行分离或变形的加工方法。通常，厚度小于 8mm 的薄钢板是在常温下进行的，所以又称冷冲压。厚板则需要加热后再进行冲压又称热冲压。

冲压按工序不同可分为分离工序和变形工序两类。

分离工序是使坯料一部分与另一部分分离的工序，如落料、冲孔等，如图 2-22 所示。

变形工序是改变金属坯料的形状而不破裂的工序，如弯曲、拉深等，如图 2-23 所示。

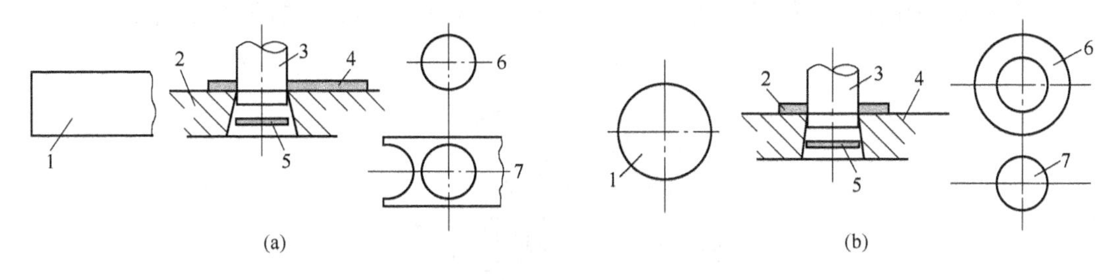

图 2-22 落料和冲孔

(a) 落料
1—坯料；2—凹模；3—凸模；4—坯料；
5—冲下部分（工件）；6—成品；7—废料

(b) 冲孔
1—坯料；2—工件；3—凸模；4—凹模；
5—冲下部分（废料）；6—成品；7—废料

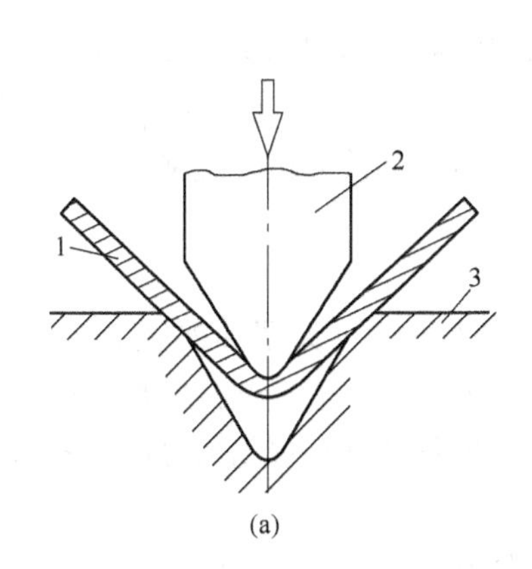

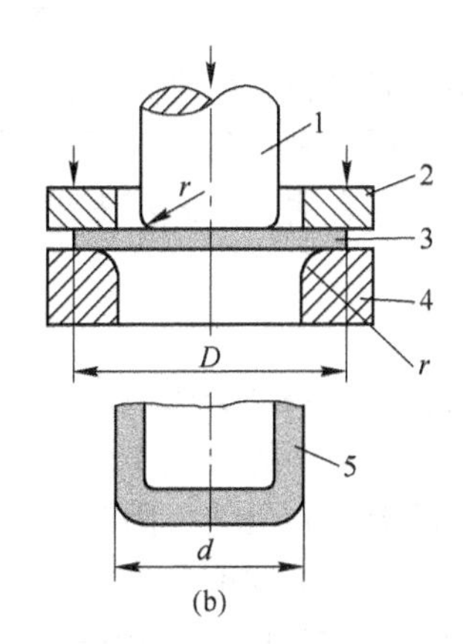

图 2-23 弯曲和拉深

(a) 弯曲
1—工件；2—凸模；3—凹模

(b) 拉深
1—凸模；2—压边圈；3—板料；4—凹模；5—工件

三、轧制

金属材料在一对旋转轧轮的压力作用下，产生连续塑性变形，获得要求的截面形状并改变其性能的方法，称为轧制，如图 2-24 所示。

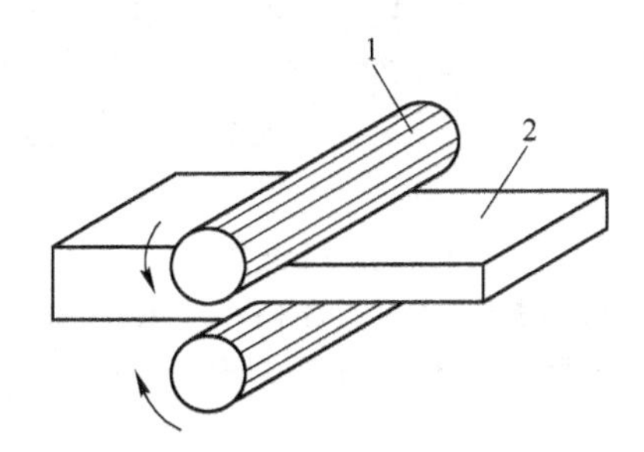

图 2-24 轧制示意
1—轧辊；2—工件

齿轮轧制是用两个带齿形的轧辊对加热好的坯料进行轧制的，如图 2-25 所示。

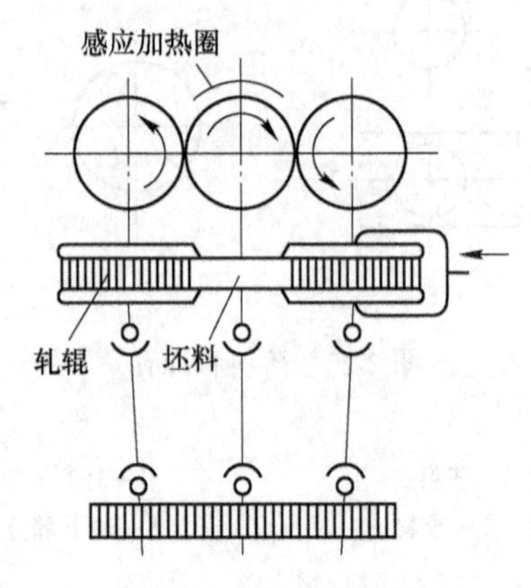

图 2-25　齿轮的轧制

轧制除用于原材料生产外，在机械工业部门发展少切屑和无切屑加工新工艺中还得到了日益广泛的应用。采用轧制生产零件，不但对提高生产效率、节约金属切削机床和材料、降低成本等具有明显的经济效果，而且还提高了零件的机械性能。

四、挤压

挤压是使金属坯料在挤压模内受压成形的加工方法，如图 2-26 所示。图中坯料 3 在挤压筒 2 内受到压头 1 的挤压作用，从挤压模 4 中流出，流出部分的截面形状和尺寸取决于挤压模的孔的形状和尺寸，因此，挤压可以获得各种复杂截面的型材和零件。

挤压按变形方式不同可分为三种：

(1) 正挤压。挤压时金属顺着冲头运动方向流动，如图 2-26 (a) 所示，多用于制造带头部的圆杆或异形杆件，也可用空心或杯形毛坯制造带凸缘的管子或杯形工件。

(2) 反挤压。挤压时金属的流动方向与冲头的运动方向相反，如图 2-26 (b) 所示，用于制造各种截面形状的杯形件。杯形件的壁厚由冲头与凹模之间的间隙来决定。

(3) 复合挤压。挤压时金属同时沿着冲头运动顺向反向流动，如图 2-26 (c) 所示，用于制造各种带有凸起的复杂形状的杯形件。

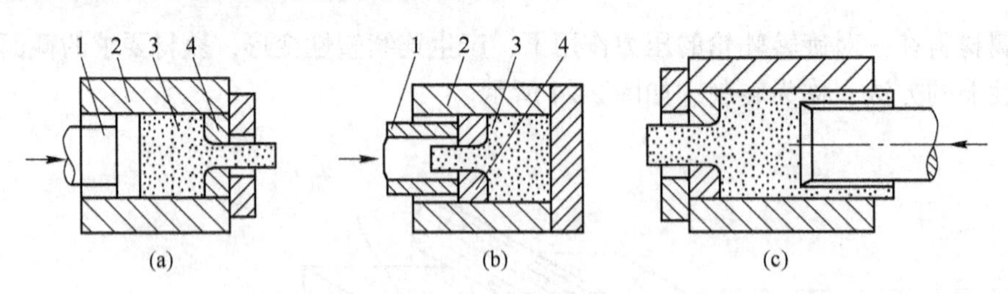

图 2-26　挤压类型

(a) 正挤压；(b) 反挤压；(c) 复合挤压

1—凸模；2—挤压筒；3—坯料；4—挤压模

五、拉拔

在外加拉力的作用下，迫使金属通过模孔产生塑性变形，以获得与模孔形状、尺寸相同的制品的加工方法，称为拉拔。拉拔示意图如图 2-27 所示。

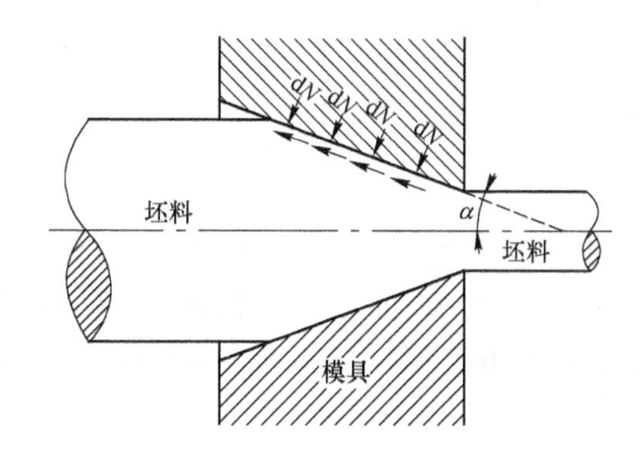

图 2-27　拉拔示意图

拉拔主要用来生产各种线材、薄壁管和具有特殊几何形状的型材等，如焊芯、焊丝、电缆线等。

课题 2.3　焊　　接

焊接是通过加热或辅以锤击、加压或加熔化的填充材料等将使被焊金属原子之间互相溶解与扩散，实现永久连接的一种工艺方法。焊接时可以填充或不填充焊接材料，可以连接同种金属、异种金属、某些烧结陶瓷合金和非金属材料。焊接接头能达到与母材同等强度。

一、焊接的基础知识

（一）焊接的分类

焊接方法的种类繁多，而且新的方法仍在不断涌现，因此如何对焊接方法进行科学的分类是一个十分重要的问题。目前，国内外著作中有关焊接方法的分类法种类甚多，这里只根据焊接时的工艺特点和母材金属所处的状态，把焊接方法分成熔焊、压焊和钎焊三大类。

熔焊是将待焊处的母材料金属熔化以形成焊缝的方法。常用的熔焊有电弧焊等。

压焊是在焊接时不论焊件加热与否，都需要施加一定的压力，使两接合面产生一定的塑性变形，将两焊件合在一起的方法。常用的压焊有电阻焊、摩擦焊等。

钎焊是采用比母材熔点低的金属材料作钎料，将焊件和钎料加热到高于钎料熔点、低于母材熔点的温度，利用液态钎料填充接头间隙，从而使焊件连接起来的方法。常用的钎焊有烙铁焊、火焰焊等。

（二）焊接的特点

焊接是使两个分离的金属件接头处的金属，实现原子间结合而连接成为一个不可拆卸的整体加工方法，焊接具有以下的特点：

（1）与铆接相比，焊接具有节省金属材料、接头密封性好、设计施工较为容易、生产效率较高和劳动条件较好等优点。

（2）与铸造、锻造相比，焊接生产经济性好，程序简单，更容易实现机械的自动化。

（3）焊接时操作方便，产品的成本低，设备简单。

（三）焊接的应用

由于焊接和铸造、锻造相比有如上所述的优点，所以许多工业部门中应用的金属结构，如建筑结构、船体、机车车辆、管道、压力容器等几乎全部采用焊接结构。机器制造业中的一些大型铸件和锻件也采用焊接结构。此外，焊接技术还常用于铸、锻件缺陷及损坏零件的修复。

二、焊条电弧焊

焊条电弧焊通常称为手工电弧焊，适于多种金属的焊接，其焊接接头可与工件的强度相近，是目前生产中应用最多、最普遍的一种金属焊接方法。

（一）焊条电弧焊的焊接过程

如图 2-28 所示，焊接前，把焊钳 3 和焊件 1 分别连接电焊机 4 输出端的两极，并用焊钳夹持焊条 2。焊接时，在焊条与焊件之间引燃焊接电弧 5，电弧的热量将焊条和焊件被焊部位熔化形成熔池 6。随着焊条沿焊接方向移动，新的熔池不断形成，而原先的熔池液态金属不断冷却凝固，构成焊缝 7，使焊件连接在一起。

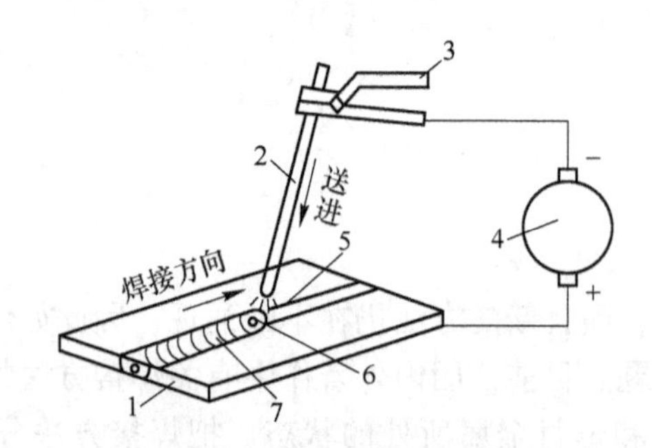

图 2-28　焊条电弧焊焊接过程

1—焊件；2—焊条；3—焊钳；4—电焊机；5—焊接电弧；6—熔池；7—焊缝

（二）电焊条

在焊接过程中，焊条既作为电极形成电弧又作为填充材料形成焊缝金属，故焊条必须具有引弧容易、电弧稳定性好、对焊缝熔池具有良好的保护作用，能够形成优良的合乎要求的焊缝。焊条由表面的药皮与内部的焊芯组成，如图 2-29 所示。

1. 焊芯

焊芯是焊条中被药皮包覆的金属芯。焊芯的作用主要是导电、熔化后作为填充材料与母材形成焊缝，一般手工电弧焊时，焊缝金属的 50%～70%来自于焊芯材料。因此为保证焊缝形成质量，必须对焊芯的各金属元素用量进行严格控制，对有害杂质的要求更为严

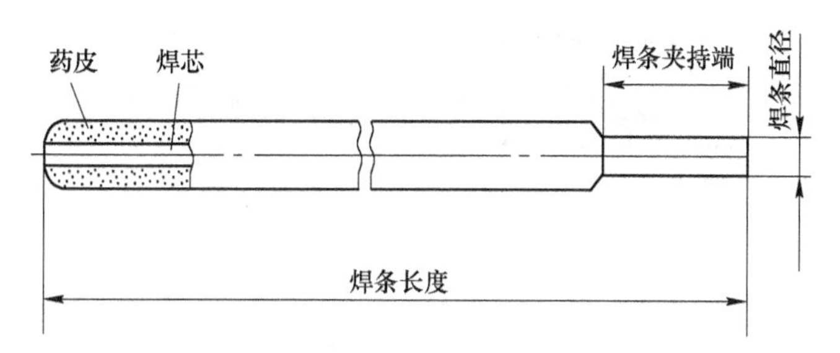

图 2-29　电焊条

格。焊芯具有一定的直径和长度，焊条的直径和长度均以焊芯的直径和长度来表示。常用焊条的直径和长度规格见表 2-1。

表 2-1　常用焊条的直径和长度规格

焊条直径/mm	2.0	2.5	3.2	4.0	5.0
焊条长度/mm	250 300	250 300	350 400	350 400 450	400 450

2. 药皮

药皮是焊芯表面涂有一层成分均匀的涂层材料。主要作用是使电弧容易引燃并且稳定燃烧，保护熔池内金属不被氧化，保证焊缝金属具有合乎要求的化学成分和力学性能。药皮的成分较为复杂，一般由矿石粉、铁合金粉和水玻璃配制而成。

3. 电焊条分类及牌号

根据国家标准，焊条共分为 10 类：即低碳钢和低合金钢焊条、镍及镍合金焊条、钼和铬钼耐热钢焊条、不锈钢焊条、堆焊焊条、低温钢焊条、铸铁焊条、铜及铜合金焊条、铝和铝合金焊条、特殊用途焊条。

焊条牌号国家有统一规定的标准（GB/T 5117—1995）。下面以碳钢焊条为例进行说明。碳钢焊条型号用 E 及四位数字表示，E 表示焊条，前两位数字表示熔敷金属抗拉强度的最小值，单位为 MPa，第三位数字表示焊接位置，第三、四两位数字配合时表示焊接电流种类及药皮类型。例如，E4315 的含义为：

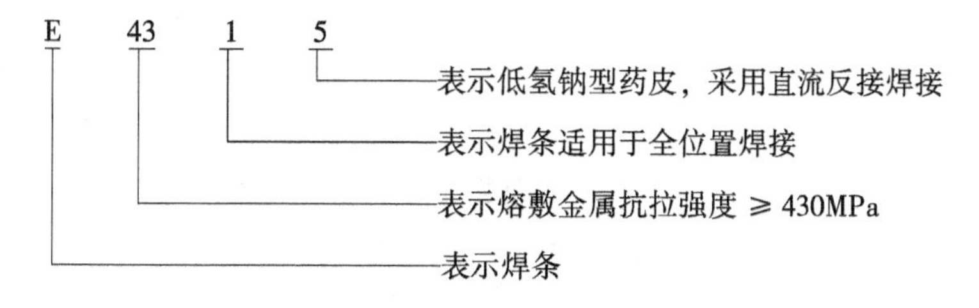

（三）焊接接头、坡口形式

1. 焊接接头

接头形式是指零件（焊件）连接处所采用的结构方式。在焊条电弧焊中，常用的焊接接头形式有：对接接头、搭接接头、角接接头和 T 形接头，如图 2-30 所示。

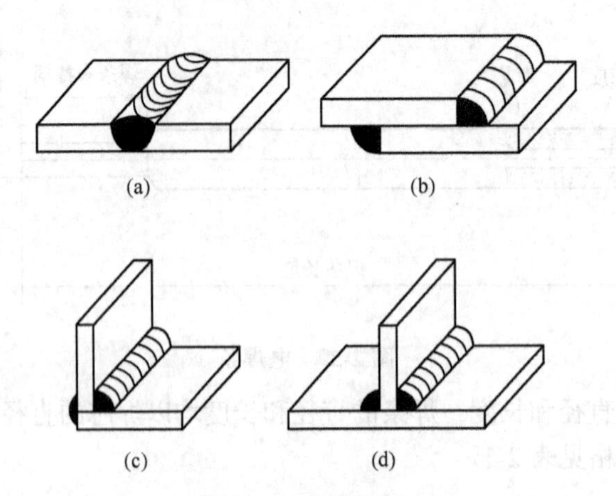

图 2-30　接头形式

（a）对接；（b）搭接；（c）角接；（d）T形接

2. 坡口形式

焊接较厚（厚度大于6mm）的钢板时，需在钢板的焊接部位开坡口。坡口是根据设计或工艺需要，在焊件的待焊部位加工并装配成一定几何形状的沟槽。坡口的作用是确保焊件焊透，从而保证焊缝质量。

常用的对接接头坡口形式有I形、V形、X形和U形等，如图2-31所示。选用时，

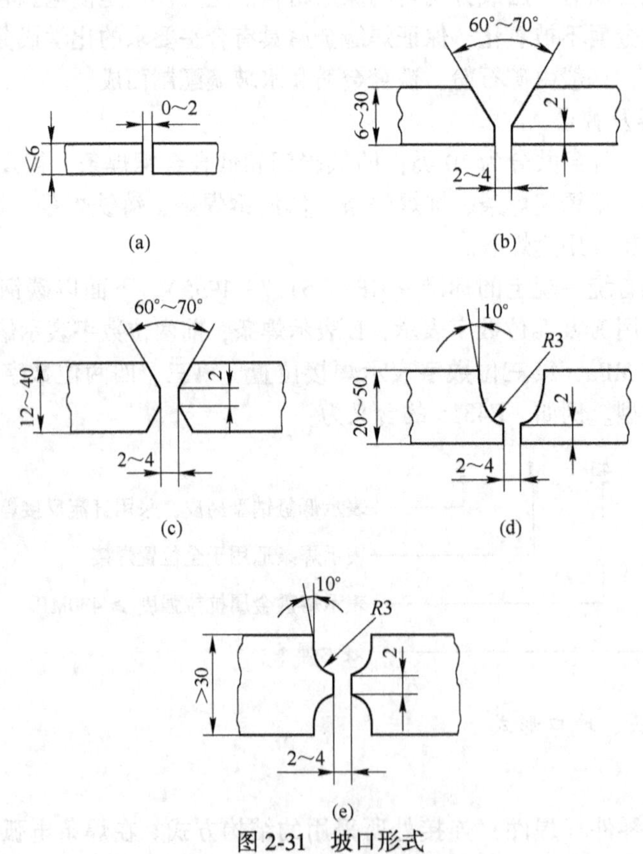

图 2-31　坡口形式

（a）I形坡口；（b）V形坡口；（c）双V形（X形）坡口；（d）U形坡口；（e）双U形坡口

应在确保焊透、熔合比合理、焊接变形小的前提下，选用加工容易、节约充填金属材料和便于焊接的坡口。

（四）焊接参数

焊接参数是指焊接时，为保证焊接质量而选定的各项参数的总称。焊条电弧焊的焊接参数主要有焊条直径、焊接电流、焊接速度和电弧长度等。其中，焊条直径和焊接电流是影响焊接质量和生产率的重要因素。

焊条直径 d 取决于焊件厚度、接头形式和焊缝空间位置。通常按焊件厚度选取，焊条直径 d 和焊件厚度之间的关系见表 2-2。

表 2-2　焊条直径的选择

焊件厚度/mm	2	3	4~5	6~12	>12
焊条直径/mm	2	2.5~3.2	3.2~4	4~5	4~6

焊接电流的大小对焊条电弧焊的焊接质量影响很大，增大焊接电流能提高生产率，增加熔深，适于焊接厚度大的焊件。但焊接电流过大容易造成咬边、烧穿，增加金属飞溅，药皮过热失效和容易脱落；焊接电流过小则电弧不稳定，容易引起夹渣和未焊透。

焊接电流的大小取决于焊条直径。焊条直径越大，焊接电流越大，一般可按下式选用

$$I = K \cdot d$$

式中　I——焊接电流，A；

　　K——系数，其值按表 2-3 选取；

　　d——焊条直径，mm。

表 2-3　系数 K 与焊条直径的关系

焊条直径 d/mm	1.6	2~2.5	3.2	4~6
系数 K	15~25	20~30	30~40	40~50

三、气焊和气割

（一）气焊

气焊是利用气体火焰作热源的一种熔焊方法。最常用的是氧乙炔焊，此外还有氢氧焊。近年来，利用液化气或丙烷燃气的焊接正在迅速发展。

1. 气焊的特点

（1）由于气焊是利用气体火焰作为热源，所以焊接时不需要电源。

（2）气焊的火焰温度较电弧焊电弧的温度低，火焰控制容易，热量输入调节方便，设备简单，使用灵活。

(3) 火焰热量比电弧热量分散，焊件受热面积大，因此变形也大，焊接质量不如电弧焊。

(4) 生产率较低。

气焊主要用于碳素钢、低合金钢、有色金属的薄件和小件的焊接，多为单件、小批量生产或维修场合。此外，气焊的火焰还可以用做钎焊、氧气切割时预热以及小型零件热处理（火焰淬火）的热源。

2. 气焊的设备

气焊的设备主要有氧气瓶、乙炔瓶、减压器和焊炬等如图 2-32 所示。

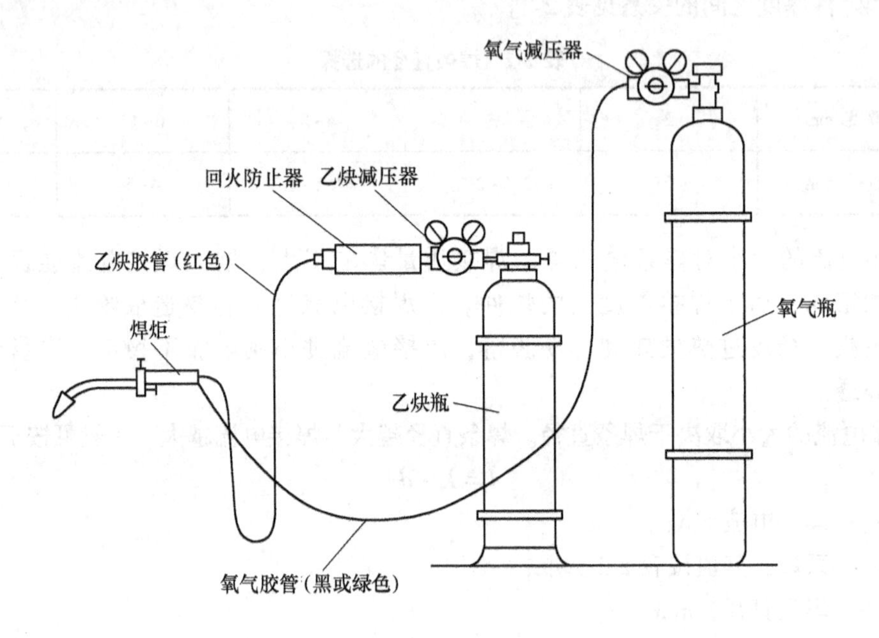

图 2-32　气焊设备及其连接

(1) 氧气瓶。氧气瓶是储运氧气的一种高压容器，它的体积一般为 0.04m³。储氧的最高压力为 14.7MPa。氧气瓶口上装有阀，使用时在阀上装减压器。放置氧气瓶必须平稳可靠，并套上防震圈，避免运输时撞击。

(2) 乙炔瓶。乙炔瓶是储运乙炔的压力容器，其工作压力为 1.5MPa，乙炔瓶容积为 0.04m³。乙炔瓶表面漆白色，用红漆标写乙炔字样。乙炔瓶内装有浸满着丙酮的多孔材料：石棉和硅藻土。乙炔易溶于丙酮中，多孔材料吸收了丙酮和乙炔的溶液可抗震动，防止爆炸。乙炔瓶的使用，除遵循氧气瓶的使用要求外，还应注意：瓶体的温度不能超过 30~40℃；乙炔瓶只能直立，不能横卧；不能遭受撞击、震动；存放乙炔瓶的室内应注意通风；也可用家用液化气代替乙炔气。

(3) 减压器。它的作用是将瓶内气压降至工作压力，并使工作压力保持稳定。

(4) 焊炬。焊炬是将乙炔和氧气按需要的比例混合，由焊嘴喷出后产生焊接火焰的器具，又称焊枪。如图 2-33 所示。焊炬的焊嘴是可以更换的，每把焊炬备有 5 个大小不同的焊嘴，供焊接不同厚度焊件时选用。

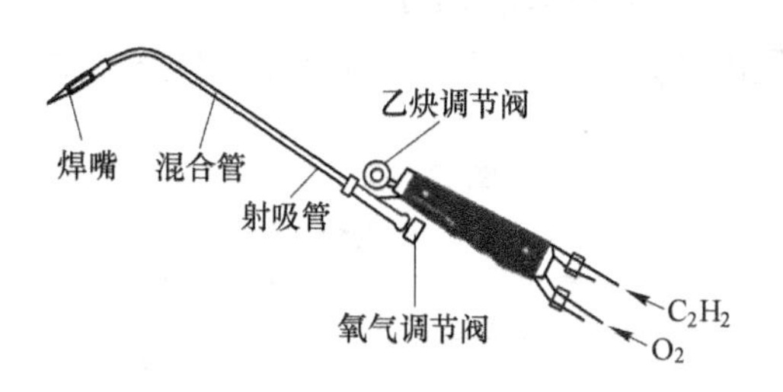

图2-33 射吸式焊炬

（二）气割

气割是利用气体火焰的热能将工件被切割处预热到一定温度，然后喷出高速切割氧流，使其燃烧并放出热量，从而实现切割的方法。其过程如图2-34所示。

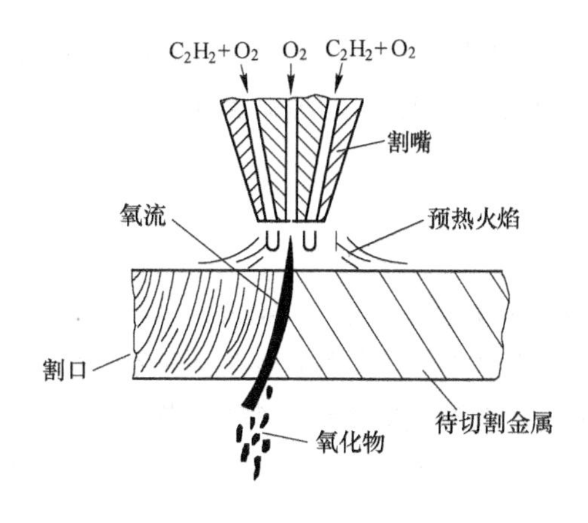

图2-34 气割过程

1. 气割的特点

（1）气割是利用气体火焰对金属材料加热到燃点，然后喷出高速切割氧流使金属燃烧生成氧化熔渣，并将其从切口处吹除实现切割。

（2）设备简单，操作方便，使用范围广。所用的气体、设备和工具与气焊相同，只是气焊时使用焊炬，气割时使用割炬。

气割主要适用的金属为碳素钢和低合金钢（如低碳钢、高锰钢、低铬、低铬钼和铬镍合金钢等），以及钛合金等。

气割比较困难的金属为高碳钢和强度高的低合金钢。

不能气割的金属为铸铁、不锈钢、铜、铝等。

2. 气割的设备

割炬是气割的主要工具，可以安装和更换割嘴，以及调节预热火焰气体的流量和控制气割的氧流量。图2-35所示为常用的射吸式割炬，它与射吸式焊炬原理相同，混合气体由割嘴喷出，点燃后形成预热火焰。乙炔气流量的大小由乙炔调节阀控制。与焊炬不同的是另有切割氧调节阀，专用于控制切割氧流量。

射吸式割炬能在不同的乙炔压力下工作，既能使用低压乙炔，又能使用中压乙炔。

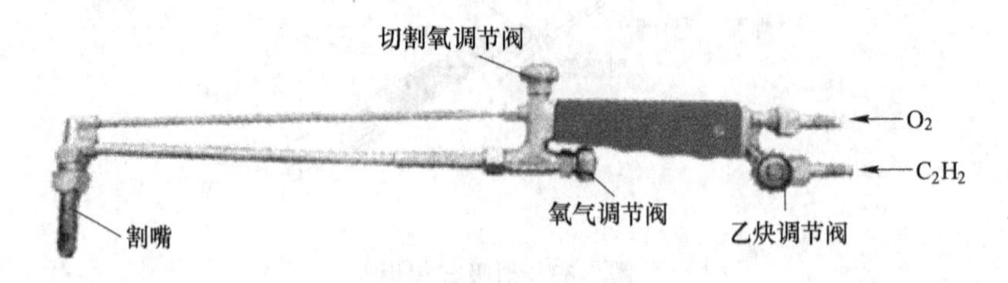

图 2-35　射吸式割炬

四、其他焊接方法

（一）埋弧焊

埋弧焊是电弧在焊剂层下燃烧进行焊接的方法。埋弧焊分自动和半自动两种，最常用的是自动埋弧焊。与焊条电弧焊比较，自动埋弧焊具有三个显著的特征：

（1）采用连续焊丝。

（2）使用颗粒焊剂。

（3）焊接过程自动化。

埋弧焊的焊缝形成过程如图 2-36 所示。焊丝插入焊剂内与焊件接触引弧，电弧热熔化焊丝、焊件和焊剂，熔化的焊丝和焊件形成熔池，部分蒸发的金属和蒸发的焊剂气体形成一个封闭的空腔，包围着电弧和熔池金属，隔绝外界空气，起气—渣双层保护作用。熔池冷却凝固后形成焊缝，熔渣则形成渣壳。

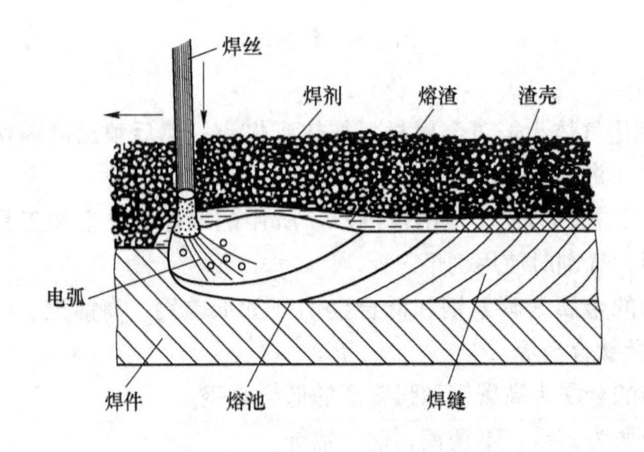

图 2-36　埋弧自动焊焊缝形成过程

由于电弧在焊剂层下燃烧，能防止空气对焊接熔池的不良影响；焊丝连续送进，焊缝的连续性好，消除了焊条电弧焊接中因更换焊条而引起的缺陷；由于焊剂的覆盖，减少了金属烧损和飞溅，可节省焊接材料。因此，埋弧焊与焊条电弧焊相比，具有生产率高、节约金属、提高焊缝质量和改善劳动条件等优点，在造船、锅炉、车辆等工业部门获得了广泛的应用。

（二）气体保护焊

气体保护电弧焊简称气体保护焊。它是用气体将电弧、熔化金属与周围的空气隔离，防止空气与熔化金属发生冶金反应，以保证焊接质量。保护气体直接从喷嘴送出，在电弧周围形成局部的气体保护氛围，使电极端部、熔滴和熔池与空气机械地隔离开来，从而保证焊接过程的稳定性，并获得高质量的焊缝。

根据气体种类的不同，目前常用的气体保护焊主要有氩弧焊和二氧化碳气体保护焊两种。

1. 氩弧焊

氩弧焊是利用氩气作为保护介质的一种电弧焊方法。作为保护介质的氩气是一种惰性气体，它既不与金属起化学反应使被焊金属氧化，也不溶解于液态金属。因此，可以避免焊接缺陷，获得高质量的焊缝。氩弧焊按照电极的不同可分为熔化电极（金属极）和钨极两种，如图 2-37 所示。氩弧焊广泛地应用于高强度合金钢、高合金钢、铝、镁、铜及其合金和稀有金属等材料的焊接。

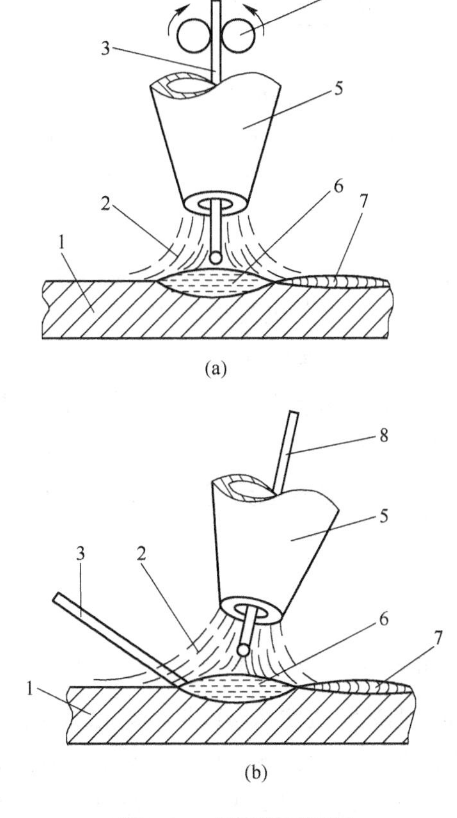

图 2-37　氩弧焊示意图

（a）熔化极氩弧焊；（b）钨极氩弧焊

1—焊件；2—氩气；3—焊丝；4—送丝滚轮；5—喷嘴；6—熔池；7—焊缝；8—钨棒

2. 二氧化碳气体保护焊

二氧化碳气体保护焊是以 CO_2 作为保护气体，依靠连续送进焊丝与焊件之间发生穿透力极强的电弧，使两种金属充分熔合的焊接方法，如图 2-38 所示。

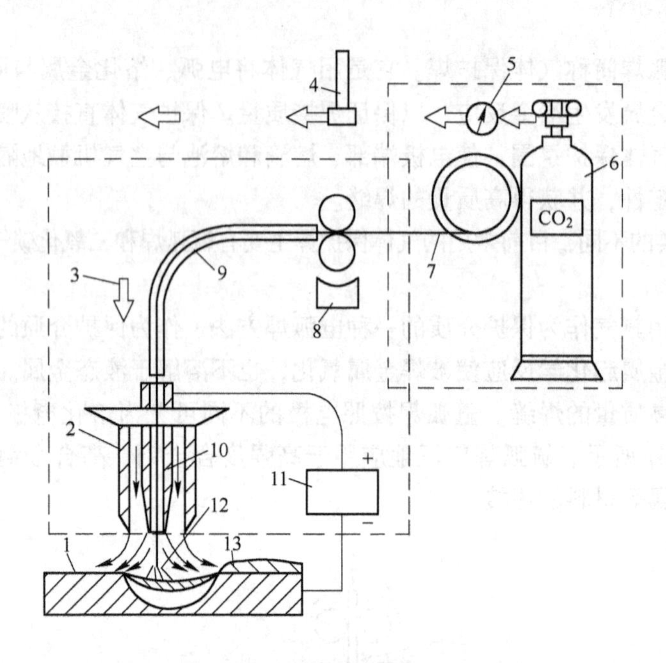

图 2-38　二氧化碳气体保护焊示意图

1—焊件；2—喷嘴；3—CO_2 气体；4—流量计；

5—减压器；6—CO_2 气瓶；7—焊丝；8—送丝机构；

9—软管；10—导电嘴；11—电源；12—溶池；13—焊缝

CO_2 气体保护焊由于采用廉价的 CO_2 气体和焊丝来代替焊剂和焊条，加上电能消耗又少，一般仅为埋弧焊的 40%，为焊条电弧焊的 37%~42%，所以其成本低。电流密度大，熔深大，焊丝的熔化率高，焊接速度快，又不需清渣，生产率高。焊接质量较好，焊接变形小，抗锈能力强，焊缝含氢量低，抗烈性好。明弧焊接，易于控制，操作灵活方便，适宜于全位置的焊接，有利于实现焊接过程的机械化。因此，二氧化碳气体保护焊已普遍用于汽车、机车、造船及航天等工业部门，用来焊接低碳钢、低合金结构钢和高合金钢。

（三）电阻焊

电阻焊是将焊件压紧于两电极之间，并通以大电流，利用电流通过接头的接触面及邻近区域产生的电阻热，把焊件加热到塑性状态或局部熔化状态，在压力作用下形成牢固接头的一种压焊方法。电阻焊属于压力焊，不需要外加填充金属和焊剂。焊接变形小，操作简单，易于实现机械化和自动化。通常用于成批大量生产。但它的接头形式有限，主要是棒、管的对接接头和薄板的搭接接头。电阻焊的基本形式可分为点焊、缝焊和对焊三种，如图 2-39 所示。

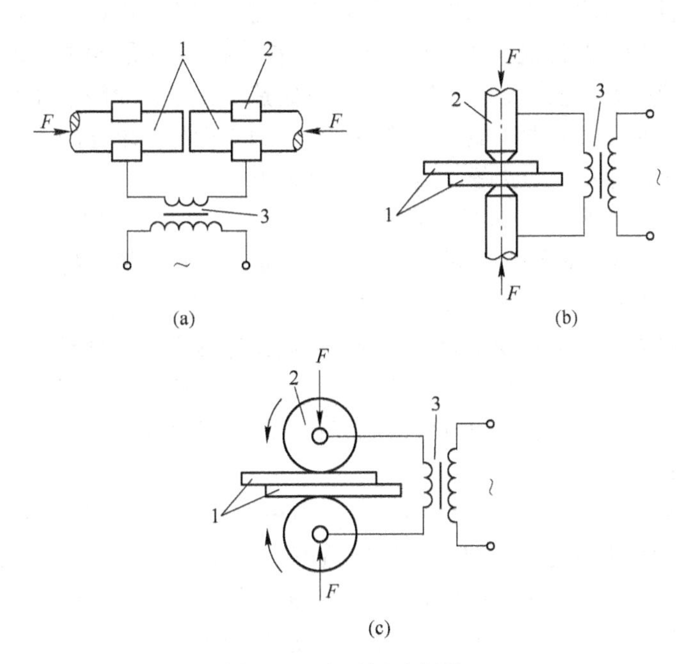

图 2-39　电阻焊示意图

（a）对焊；（b）点焊；（c）缝焊

1—焊件；2—电极；3—变压器

点焊主要用于薄板壳体和钢筋构件；缝焊主要用于有密封性要求的薄壁容器；对焊广泛用于焊接杆状零件，如刀具、钢筋、钢轨等。

（四）钎焊

钎焊是三大焊接方法（熔焊、压焊、钎焊）之一，是采用比焊接金属熔点低的金属钎料，将焊件和钎料加热到高于钎料、低于焊件熔化温度，利用液态钎料润湿焊件金属，填充接头间隙并与母材金属相互扩散实现连接焊件的一种方法。

与熔焊相比，钎焊的特点是：焊件加热温度低，其焊后接头附近母材的组织和力学性能变化小；变形较小，焊件尺寸精度高；可以焊接薄壁小件和其他难以焊接的高级材料；可一次焊多件、多接头；生产率高；可以焊接异种金属，也可以连接金属和非金属。但由于接头强度低，不适于一般钢结构和重载、动载构件的焊接。

钎焊是一种既古老又新颖的焊接技术，从日常生活的物品（如眼镜、项链、假牙等）到现代尖端技术，都被广泛地采用。例如，在喷气式发动机、火箭发动机、飞机部件、原子反应堆构件及电器仪表的装配中，钎焊是必不可少的一种焊接技术。

课题 2.4　毛坯的选择

各种零件都是由毛坯经过加工，从而获得各种符合形状、位置、尺寸精度和表面质量要求的成品。毛坯选择的合理与否，不仅影响毛坯本身的工艺过程、生产率、经济性，而且对后续的切削加工及设备的选择都有很大的影响。机械加工中常用的毛坯有：铸件、锻件、焊接件、型材及冷冲压件。选择毛坯制造方法时，主要考虑以下原则：

（1）零件材料的工艺性能、力学性能要求。在选择零件毛坯时，要考虑材料的铸造性、锻造性、焊接性等工艺性能，铸铁、青铜的铸造性能好，而锻造性能很差，只能铸造成型。因铸件、焊接件的力学性能不及锻件，对于力学性能要求高的重要零件，如机床主轴、汽车传动齿轮、起重机吊钩等，应选择锻造成型。

（2）零件的形状与尺寸。选择毛坯的种类和制造方法时，总是希望毛坯的形状和尺寸尽可能地接近成品零件的形状和尺寸，从而减少加工余量，提高材料利用率，降低加工成本。因此，对于形状复杂的零件（如箱体、气缸体、机床床身、机座等）应选用铸件，尺寸较大的用砂型铸造，尺寸较小的用压铸、熔模铸造等方法。对于各段直径相差较大的阶梯轴应选用锻件，尺寸较大的用自由锻、尺寸较小的用模锻或胎模锻。此外，热轧型材的尺寸较大、精度低，多用于一般零件的毛坯；冷拉型材尺寸小，精度高，常作为自动机加工中小型零件的毛坯。

（3）生产批量。对于生产批量大的零件，为获得稳定的产品质量和提高生产率，应选用外形、尺寸与零件相近的高精度毛坯制造方法，如金属型铸造、压铸、模锻等。单件、小批量生产时，应选用形状和制造工艺简单的毛坯。轴承座、机架等支架类零件，单件、小批量生产时可用焊接件，而大批量生产时应选用铸件。

（4）经济性。对于尺寸大、精度要求高的毛坯，若采用大型精密设备制造，将使制造成本增加。这时可根据生产需要和企业的具体条件加以权衡，找到最合适的方法。例如制造重型零件，但又缺乏大型铸造或锻造设备时，亦可采用铸造、锻造和焊接联合的方法来制造毛坯。

（5）新工艺、新技术、新材料的应用。目前，少、无切屑加工得到了很大的发展，如精密铸造、精密锻造、冷挤压、冲压、粉末冶金、异型钢材、工程塑料等都在迅速推广。用这些方法制造的毛坯，只需要经过少量的机械加工，甚至不需要加工。

复习思考题

2-1 什么是铸造？简述铸造的特点。

2-2 什么是砂型铸造？

2-3 什么是特种铸造？常用的特种铸造有哪几种？

2-4 简述手工造型的基本过程。

2-5 手工造型的方法有哪些？

2-6 铸造合金的铸造性能有哪些？

2-7 什么是压力加工？包括哪些方法？

2-8 锻造有哪些方法？

2-9 什么是板料冲压？有哪些方法？落料与冲孔有何区别？

2-10 什么是轧制、挤压和拉拔？

2-11 什么叫做焊接？

2-12 焊接有哪些特点？

2-13 焊接方法可以分为哪几大类？

2-14 焊接接头形式和坡口形式有哪几种？

项目三　机械传动概述

知识目标

1. 掌握机器、机构、构件和零件的概念。
2. 掌握绘制机构运动简图的步骤及画法。

能力目标

1. 会识别各种运动副。
2. 会绘制简单的机构运动简图。

课题 3.1　机械的分类与组成

一、机械的分类

现代社会中，机械是人类进行生产劳动的主要工具并广泛地应用在工农业生产、科学研究、文化教育、医疗卫生、国防建设和人们的日常生活中，并在各个领域发挥着巨大的作用。机械已成为社会生产力飞速发展的一个重要因素，机械工业发展的技术水平是衡量一个国家的社会生产力发展水平和现代化程度的重要标志。机械可以分为以下三大类：

（1）动力机械。是指将已有的机械能与其他形式能量转换成便于利用的机械能的设备，如电动机、风力机、水轮机、内燃机、气轮机、液压马达、气压马达等。

（2）能量转换机械。是指将机械能转换为某种非机械能的设备，如发电机、液压泵、空气压缩机等。

（3）工作机械。是指用来完成一定有用的机械功工作的设备，如日常生活中所见的缝纫机，交通运输中的汽车，各工业部门中使用的纺织机、轧钢机、起重机以及生产机器的工作母机——各种机床等。

二、机械的组成

机械是机器和机构的总称。

（一）机器

机器是执行机械运动的装置，用来变换或传递能量、物料与信息。机器的种类繁多，其构造、性能和用途也各不相同，但是从机器的组成部分与运动的确定性和机器的功能关系来分析，所有机器都具有下列 3 个共同的特征：

（1）任何机器都是由许多构件组合而成的。如图 3-1 所示为汽车发动机，它是由曲轴 2、连杆 3、活塞 4 等构件组合而成。

（2）机器中的构件之间又具有确定的相对运动关系，并传递力或力矩。图 3-1 所示的活塞 4 在机架的气缸中作往复运动，曲轴 2 相对两端的轴承作连续转动。

（3）能实现能量的转换、代替或减轻人类的劳动，完成有用的机械功。例如：发电机可以把机械能转换为电能；运输机器可以改变物体在空间的位置；金属切削机床能够改变工件的尺寸、形状；计算机可以变换信息等。

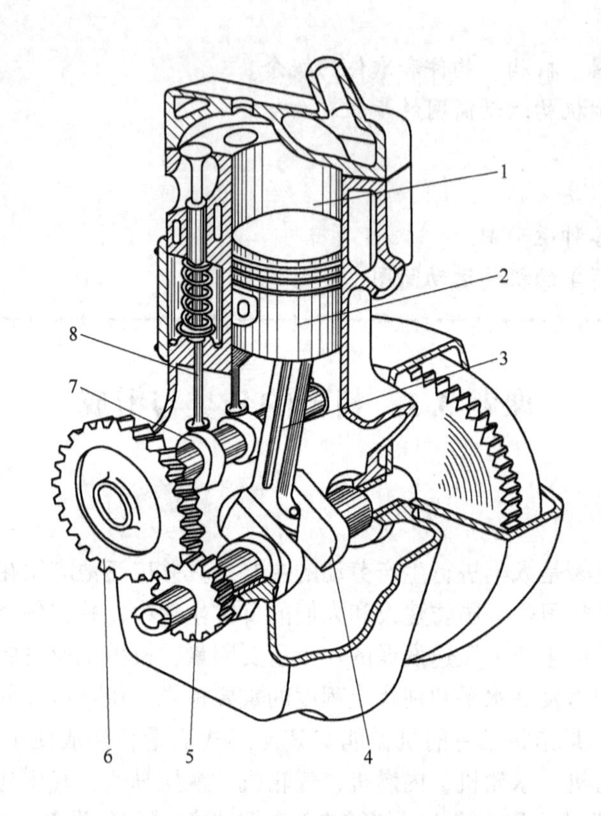

图 3-1　单缸汽车发动机

1—机架；2—曲轴；3—连杆；4—活塞；5—小齿轮；
6—大齿轮；7—推杆；8—凸轮

（二）机构

机构与机器有所不同，机构只具有机器的前两个特征，而没有最后一个特征。所谓机构就是具有确定的相对运动构件的组合，主要的功用在于传递或转变运动的形式。例如，图 3-2 所示的单缸内燃机，其中就有一个曲柄连杆机构，用来将汽缸内活塞的往复运动转变为曲柄（曲轴）的连续转动。

（三）机械的组成

机械按其功能由以下四个部分组成：

（1）动力部分。动力部分是直接完成机器预定功能的动力源。其作用是将其他形式

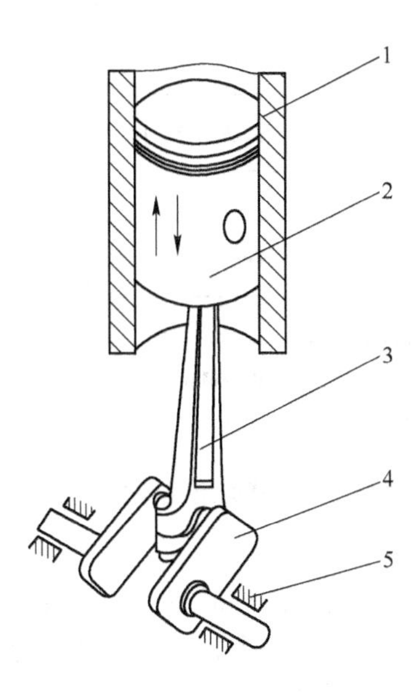

图 3-2 单缸内燃机

1—汽缸；2—活塞；3—连杆；4—曲轴；5—轴承

的能量转换为机械能，常见的动力设备有电动机和热力机（如内燃机、气轮机）。机器是依靠这些动力装置驱动来做功。

（2）工作部分。工作部分是直接完成机器工作任务的部分，处于整个传动装置的终端，其结构取决于其用途，作用是利用机械能做有用的机械功。是综合体现一台机器的用途、性能的部分，也是机器设备分类的主要依据。有不少机器其原动机和传动部分大致相同，但由于工作部分不同，而构成了用途、性能不同的机器。如汽车、拖拉机、推土机等，其原动机均为内燃机，而且传动部分大同小异，但由于工作部分不同就形成了不同类的机器。

（3）传动部分。介于原动机和工作机之间。作用是把原动机的运动和动力传递给工作机。为了适应机器工作部分的要求在动力部分和工作部分之间的中间设置传动部分。传动部分能将动力部分的运动形式、运动和动力参数转变为工作部分所需要的运动和动力参数，并能将原动机的动力分配给多个执行机构。

（4）控制部分。控制部分是为了提高产品质量、产量、减轻人们的劳动强度、节省人力、物力等而设置的控制系统。使操作者能随时实现或终止机器的各种预定功能。控制系统由控制器和被控制对象组成。不同控制器组成的系统不一样，如由手动操纵进行控制的手动控制系统，由机械装置作为控制器的机械控制系统，由气压、液压作为控制器的气动、液压控制系统，由电气装置或计算机作为控制器的电气或计算机控制系统。随着科学技术的快速发展，计算机控制系统已广泛应用于工业生产中。

对于数控机床还有第五部分即自动控制部分。采集、处理、传输信息的装置，多数由计算机完成，使机器达到机电一体化的水平。

机器的基本组成和相互关系可用图 3-3 表示。

从制造的角度来看，机器是由许许多多零件组成的，零件是不可拆的最小制造单元，

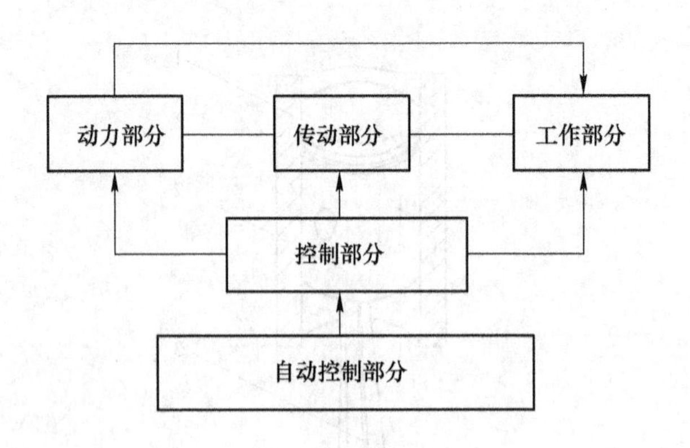

图 3-3　机器的组成和相互关系

如齿轮、螺钉等。

从运动的角度看，机器由具有确定的相对运动的构件组成。构件可以是一个零件，也可以是由多个零件刚性地连接在一起的一个整体。图 3-4 所示的连杆就是由连杆体、连杆头、螺栓和螺母等零件刚性连 接而成的一个构件。

从装配的角度来看，机器由部件组成，如机床由床头箱、进给箱、溜板箱、刀架、尾座等部件组成。

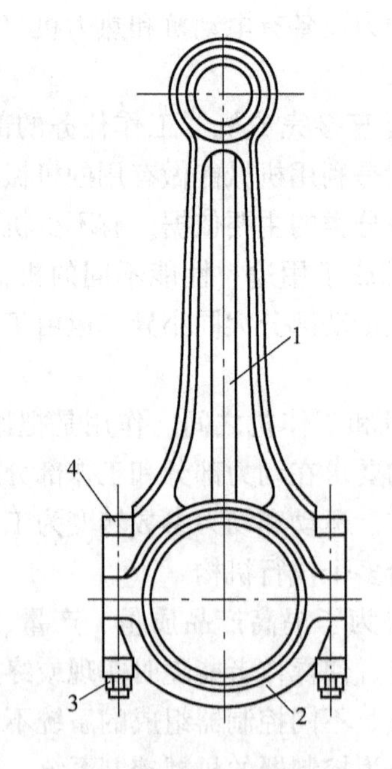

图 3-4　内燃机的连杆构件

1—连杆体；2—连杆头；3—螺母；4—螺栓

课题 3.2　机构运动简图

在研究机构运动特性时，为了减少和避免机构复杂的结构外形对运动分析带来的不便和混乱，可以不考虑机构中与运动无关的因素，仅用简单的线条和符号来表示机构和运动副，并按一定的比例画出运动副的相对位置以及与运动有关的尺寸。这种用简单的线条和符号按一定比例绘制的表示机构中各构件之间相对运动关系的图形称为机构运动简图。

一、运动副及其分类

在机构中，每个构件都以一定的方式与其他构件相互连接。这种连接不同于铆接和焊接之类的连接，它能使相互连接的两构件间存在着一定的相对运动。这种使两构件直接接触而又能产生一定相对运动的连接，称为运动副。

如图 3-4 所示的内燃机中，活塞和连杆、活塞和气缸体、曲轴和气缸体以及曲轴和连杆之间的连接都构成了运动副。两构件组成的运动副是通过点、线或面的接触实现的。按照接触特性，将运动副分为低副和高副两大类。

（一）低副

低副是指两构件以面接触的运动副。按两构件的相对运动形式，低副可分为转动副和移动副。

（1）转动副：组成运动副的两构件只能绕某一轴线作相对转动的运动副称为转动副。图 3-5 所示的铰链连接就是转动副的一种形式，即由圆柱和销孔及其两端面组成的转动副。

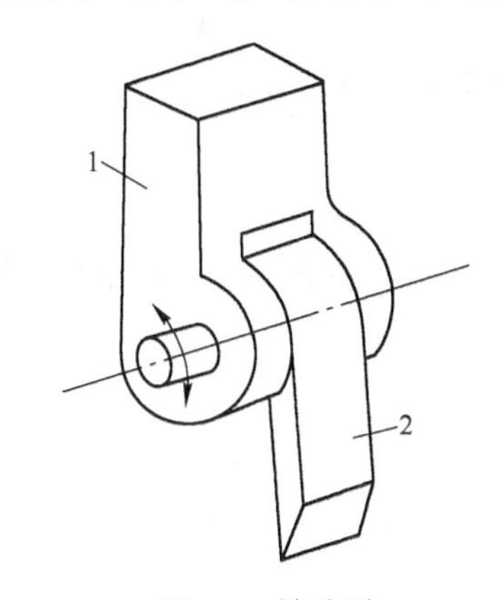

图 3-5　转动副
1，2—构件

（2）移动副：组成运动副的两构件只能作相对直线移动的运动称为移动副，如图 3-6 所示。构件 1 与构件 2 组成的是移动副。

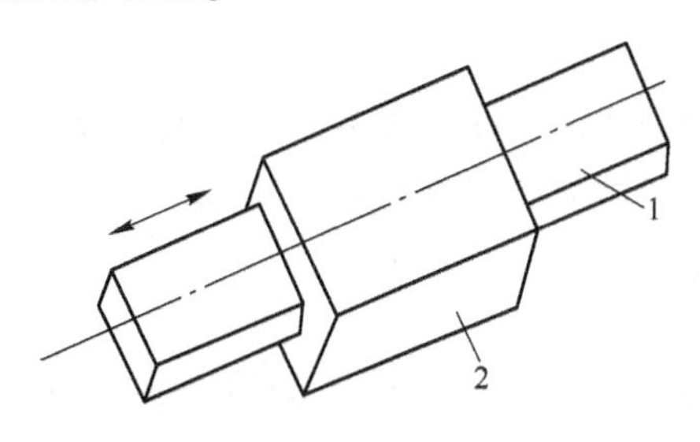

图 3-6　移动副
1，2—构件

（二）高副

高副是指两构件以点或线接触的运动副。如图 3-7 所示为常见的几种高副连接形式；图 3-7（a）是车轮钢轨的接触，图 3-7（b）是齿轮的啮合，都是属于线接触的高副；图 3-7（c）是凸轮与从动杆的接触，都是属于点接触的高副。它们的相对运动是绕接触点转动和沿接触点公切线方向的移动。

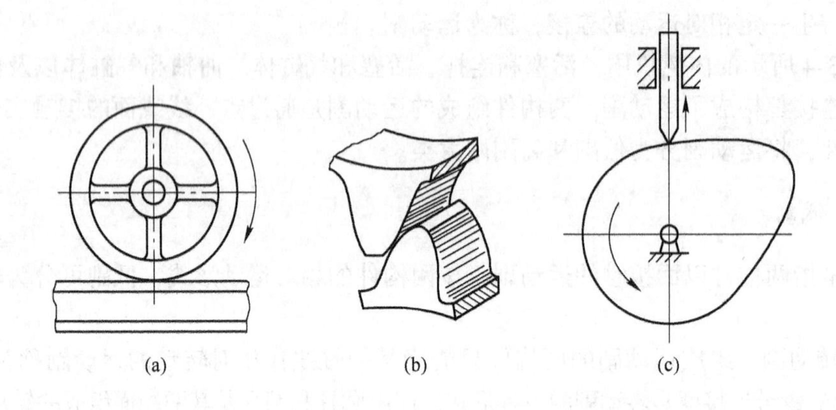

图 3-7　高副
（a）车轮钢轨接触；（b）齿轮啮合；（c）凸轮与从动件接触

二、构件的分类

组成机构的构件按其运动关系可分为固定件（机架）、原动件和从动件。

（一）固定件（机架）

用来支撑活动构件的构件。一个机构中，必有一个固定件。图 3-1 中的机架 1（气缸体）就是固定件，它用以支撑曲轴 2 和活塞 4 等构件。

（二）原动件

运动规律已知的活动构件，它的运动规律由外界提供。一个机构中必有一个或几个原动件。图 3-1 中的活塞 4 就是原动件。

（三）从动件

随原动件的运动而运动的活动构件。图 3-1 中的曲轴 2 和连杆 3 等 都是从动件。从动件的运动规律取决于原动件的运动规律和机构的组成。

三、运动副及构件的表示方法

在机构运动简图中，运动副均用一些简单的线条和小方框表示，如图 3-8～图 3-10 所示。

图 3-8、图 3-9 所示为两构件组成低副的表示方法，图 3-8 所示为两构件组成转动副

的表示方法，图 3-9 所示为两构件组成移动副的表示方法。如果两构件之一为机架，则应将代表机架的构件画上斜线表示。

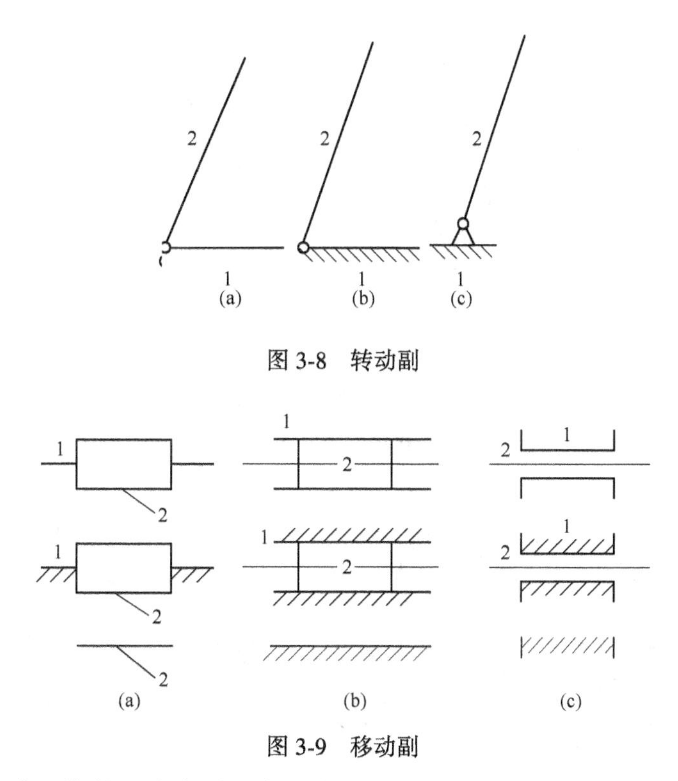

图 3-8　转动副

图 3-9　移动副

图 3-10 所示为两构件组成高副的表示方法。图 3-10（a）为凸轮副，图 3-10（b）、3-10（c）为齿轮副。

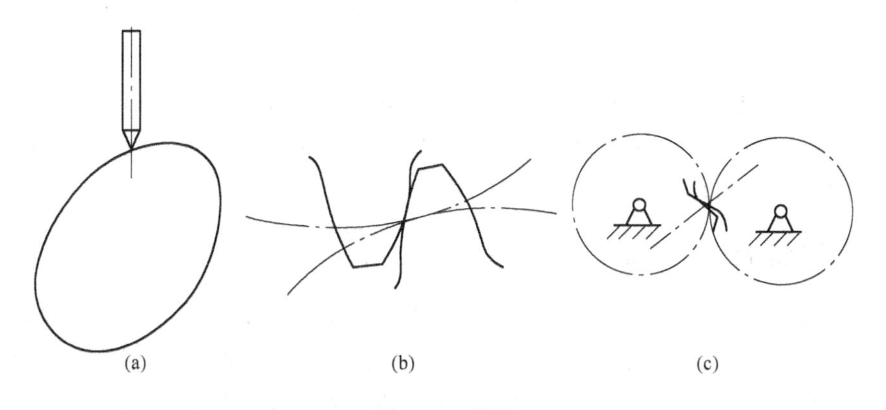

图 3-10　高副

（a）凸轮副；（b）齿轮副；（c）齿轮副

实际构件的外形和结构可以是各式各样的。在分析机构运动时，为了使问题简化，将构件的形状简化成杆状。例如，图 3-11（a）中的构件 3 与滑块 2 组成的移动副，构件 3 的外形和结构与运动无关，因此可用图 3-11（b）所示简单线条来表示。图 3-12（a）所示为偏心轮机构中的偏心轮 2 和连杆 3，它们的外形和结构与运动无关，与运动有关的只是A与B及B与C间的距离，因此构件2、3可以用图3-12（b）所示的线条表示。

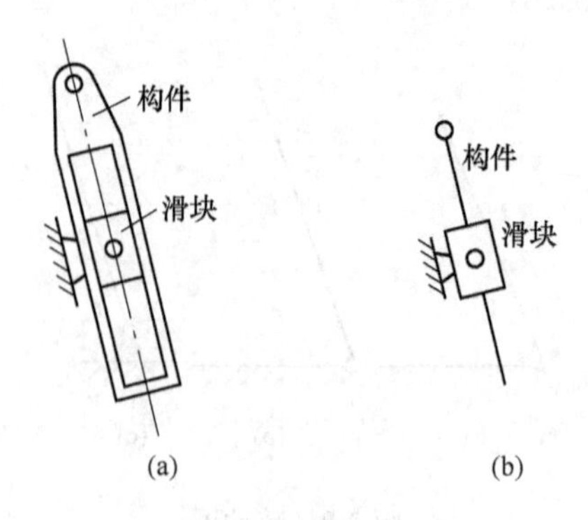

图3-11　构件的简化示例

（a）移动副；（b）简化图

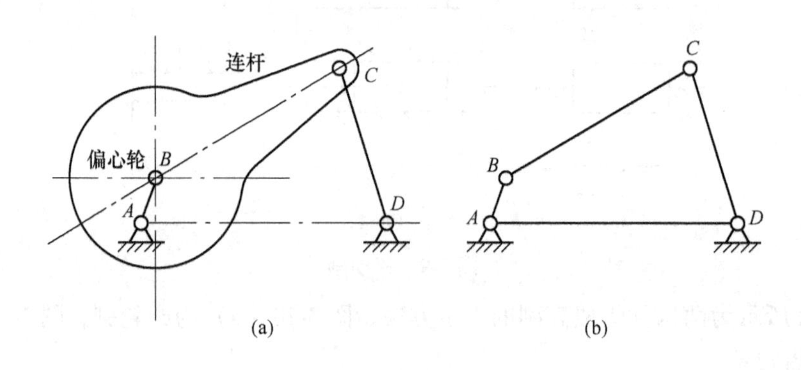

图3-12　偏心轮机构

（a）转动副；（b）简化图

在机构运动简图中，含有两个运动副的构件即两副构件，如图3-13（a）所示；含有3个及3个以上运动副的构件称为多副构件，如图3-13（b）所示。对于移动副，要用点画线表示其相对移动的方向。

四、机构运动简图的画法

绘制机构运动简图时，其简图必须与原机构具有完全相同的运动特性，去掉与运动无关的结构部分，把运动部分抽象为刚性杆件。只有这样才可以根据运动简图对机构进行运动分析和受力分析。为了达到这一要求，绘制运动简图要遵循以下步骤：

（1）构件分析。分析机构的组成和运动情况，确定构件的数目，然后根据机构的实际构造和运动状况，找出机构的机架、原动件和从动件。

（2）运动副分析。从原动件开始，按照运动传递的顺序，分析各相互连接构件之间的相对运动的性质，确定各运动副的类型。

（3）测量运动尺寸。在机架上选择适当的基准，逐一测量各运动副的定位尺寸，确定各运动副之间的相对位置。

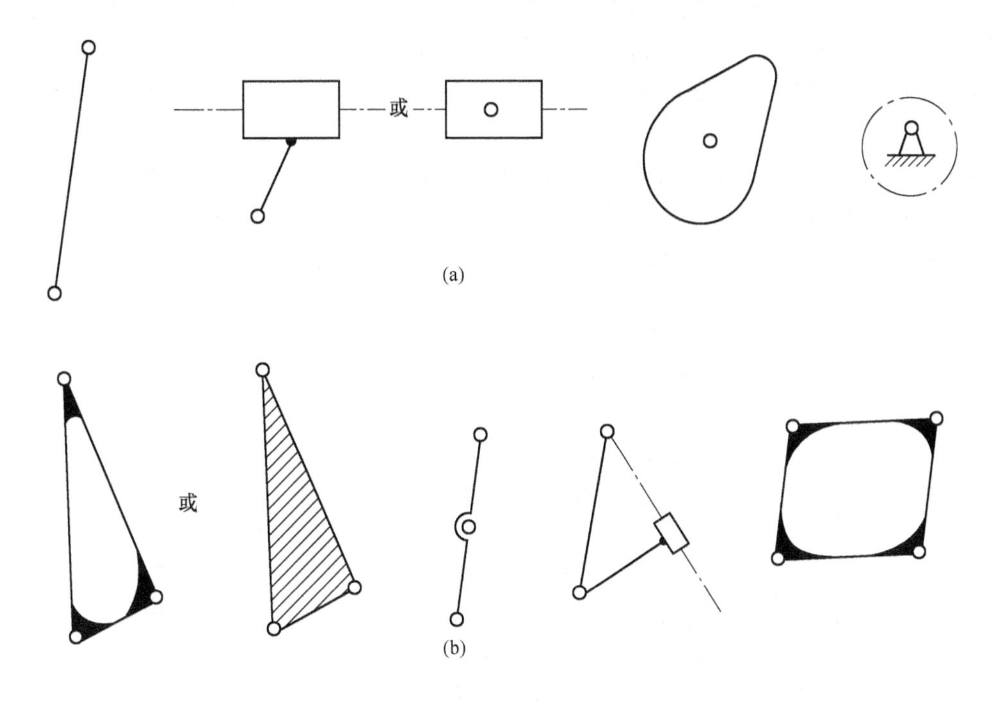

图 3-13　构件表示方法

(a) 两副构件；(b) 多副构件

(4) 选择视图平面。通常选择与各构件运动平面平行的平面作为绘制机构运动简图的投影面，本着将运动关系表达清楚的原则，把原动件定在某一位置，作为绘图的起点。

(5) 确定比例尺。根据图幅和运动尺寸，确定合适的绘图比例尺。

(6) 绘制机构运动简图。从原动件开始，按照运动传递的顺序和有关的运动尺寸，依次画出各运动副和构件的符号，并给构件编号、给运动副标注字母，最后在原动件上标出表示其运动种类的箭头，所得到的图形就是机构运动简图。

例　绘制图 3-14 (a) 所示的颚式破碎机的主体机构的运动简图。

解：(1) 构件分析。本机构中由轮 5 输入的运动，使固联在其上的偏心轴 2 绕机架 1 上的轴 *A* 转动，进而驱动动颚板 3 运动，最后带动肘板 4 绕机架 1 上的轴 *D* 摆动。料块加在机架 1 和动颚板 3 之间，由作平面复杂运动的动颚板 3 将料块轧碎。由此可知，该机构由机架 1、偏心轴 2、动颚板 3 和肘板 4 等共四个构件组成。其中，偏心轴 2 为原动件，动颚板 3 和肘板 4 为从动件。

(2) 运动副分析。偏心轴 2 绕机架 1 上的轴 *A* 转动，两者构成以 *A* 为中心的转动副；动颚板 3 套在偏心轴 2 上转动，两者构成以 *B* 为中心的转动副；动颚板 3 和肘板 4 构成以 *C* 为中心的转动副；肘板 4 和机架 1 构成以 *D* 为中心的转动副。整个机构共有四个转动副。

(3) 测量运动尺寸。选择机架 1 上的点 *A* 为基准，测量运动副 *B*、*C* 和 *D* 的定位尺寸。

(4) 选择视图平面。本机构中各构件的运动平面平行，选择与它们运动平面平行的平面作为绘制机构运动简图的投影面。如图 3-14（b）所示的瞬时构件的位置能够清楚地表明各构件的运动关系，可按此瞬时各构件的位置来绘制机构运动简图。

（5）确定比例尺。根据图幅和测得的各运动副定位尺寸，确定合适的绘图比例尺。

（6）绘制机构运动简图。在图上适当的位置画出转动副 A，根据所选的比例尺和测得的各运动副的定位尺寸，用规定的符号依次画出转动副 D、B、C 和构件 1、2、3、4，最后在构件 2 上画出表明主动件运动种类的箭头，如图 3-14（b）所示。

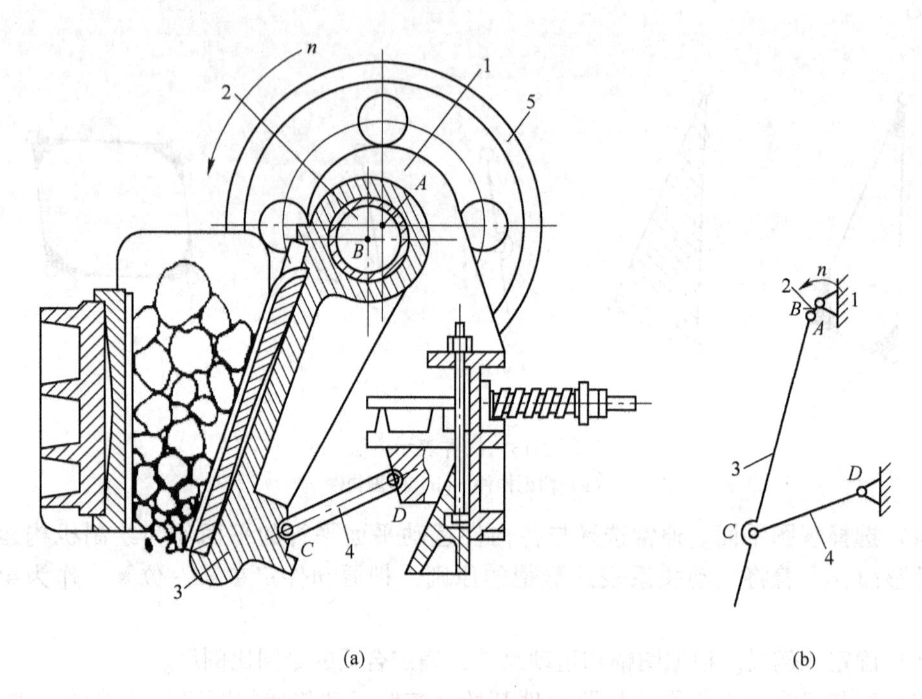

图 3-14　颚式破碎机及其机构运动简图

（a）结构图；（b）机构运动简图

1—机架；2—偏心轴；3—动颚板；4—肘板；5—轮

课题 3.3　机械传动的特性与参数

机械传动是利用各种机构来传递运动和动力的。机械传动的运动特性通常用转速、速比、变速范围等参数来表示；动力特性通常用功率、转矩、效率等参数来表示。

一、转速、速比及变速范围

当机械传动传递回转运动时，主动轮的转速 n_1 与从动轮的转速 n_2 之比称为该传动的速比，用 i（或 i_{12}）表示，即

$$i = i_{12} = n_1/n_2 \tag{3-1}$$

式中　n_1——主动轮转速，单位为 r/min；

n_2——从动轮转速，单位为 r/min。

在速比可调的机械传动中，当输入轴转速 n_1 一定时，经调速后能够输出的最高转速 n_{max} 与最低转速 n_{min} 之比称为变速范围，用 R_b 表示，即

$$R_b = n_{max}/n_{min} \tag{3-2}$$

式中　n_{max}，n_{min}——调速后能输出的最高和最低转速，单位为 r/min。

二、功率与转矩

图 3-15 所示为卷扬机传动系统简图。卷筒直径为 D(mm)，起升质量为 m(kg)，钢丝绳的牵引力 $F=mg$(N)，卷筒轴上的驱动转矩 T(N · m) 为

$$T = F \cdot D/2 \tag{3-3}$$

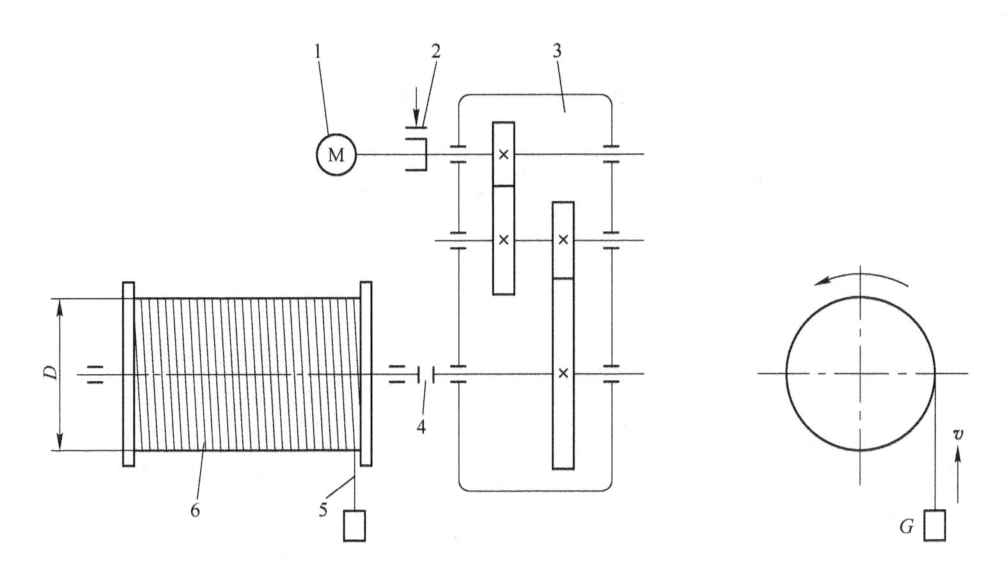

图 3-15　卷扬机传动系统简图

1—电动机；2—制动器；3—减速器；4—联轴器；5—钢丝绳；6—卷筒

设卷筒的工作转速为 n(r/min)，以速度 v(m/s) 起升重物，略去摩擦阻力不计，起升载荷所需的驱动功率 P(kW) 为

$$P = F \cdot v/1000 \tag{3-4}$$

式中，$F=2T/D$，$v=\pi Dn/60$。代入式 3-4 得

$$P = 2T\pi n/60 \times 1000 \tag{3-5}$$

解得驱动转矩的表达式为

$$T = 9549 \cdot P/n \tag{3-6}$$

三、机械效率

机械中由于摩擦阻力的存在，使输入机械的功率只有一部分转化为输出功率，其余部分是克服有害阻力消耗掉的，所以机械输出功率总是小于输入功率，输出功率 P_o 与输入功率 P_i 的比值称为该机械的机械效率，用 η 表示。

$$\eta = P_o/P_i$$

机械效率 η 总是小于 1，其大小是衡量机械性能的一个重要指标，在机械传动中，通过实验测定，一般常见机构和轴承的机械效率为：

一对齿轮传动　　$\eta=0.92\sim0.985$（包括轴承损失）

平带传动　　$\eta=0.92\sim0.98$（包括轴承损失）

V 带传动　　$\eta=0.90\sim0.94$（包括轴承损失）

一对滚动轴承　　$\eta=0.99$

一对滑动轴承　　$\eta=0.94\sim0.98$

滑动丝杠　　$\eta=0.30\sim0.60$

当机械传动系统由多级传动机构串接而成时，该传动系统的总效率等于各级传动机构效率的连乘积，即

$$\eta_{总}=\eta_1\eta_2\eta_3\cdots \tag{3-7}$$

式中　$\eta_1,\ \eta_2,\ \eta_3,\ \cdots$ ——分别为第一级、第二级、第三级…传动的机械效率。

课题 3.4　机械传动的组成与任务

一、机械传动的组成

机器基本上是由动力部分、工作部分、传动部分组成。其传动部分是将动力部分的运动和动力传递给工作部分的中间环节。常用的传动方式有机械传动、电动传动、液压传动和气压传动，其中以机械传动应用最广。

机械传动通常是由各种机构（如连杆机构、凸轮机构、螺旋机构、间歇运动机构等）、传动装置（如带传动、链传动、齿轮传动、蜗杆传动等）以及各种零件（如轴、螺栓、螺母、弹簧等）及各种部件（如轴承、联轴器、离合器、制动器等）有机组合而成。

二、机械传动的分类

（1）按照传动原理的不同，机械传动可分为摩擦传动和啮合传动两类。其中摩擦传动有带传动、摩擦轮传动、绳传动；啮合传动有齿轮传动、蜗杆传动、链传动、螺旋传动等。

（2）按照传动的速比能否改变，机械传动可分为固定速比传动、可调速比传动和变速比传动。其中，固定速比传动有带传动、链传动、齿轮传动和蜗杆传动；可调速比传动又分为有级变速传动和无级变速传动；变速比传动有连杆机构传动、非圆齿轮传动、凸轮机构传动、槽轮机构传动、棘轮机构传动。

三、机械传动的任务

机械传动的作用是将动力机的运动和动力传递给执行机构。传动的任务有：

（1）将动力机输出的速度改变，以适应执行机构的需要。

（2）若用动力机直接进行调速不经济或有困难时，采用变速传动来满足执行机构经常变速的要求。

（3）将动力机输出的转矩转变为执行机构所需要的转矩或力。

（4）将动力机输出的连续的等速旋转运动转变为执行机构所要求的，速度按某种规律变化的旋转、非旋转运动或间歇运动。

（5）实现由一个或多个动力机驱动若干个速度相同或不同的执行机构。

（6）由于受到动力机或执行机构机体外形、尺寸等的限制，或为了安全和操作方便，执行机构不宜与动力机直接连接，此时也需要通过传动部分来连接。

复习思考题

3-1 机械可分为哪几类？

3-2 机器与机构的区别是什么？

3-3 试述机器通常是由哪几部分组成的，各部分各起什么作用？

3-4 零件、构件、部件的区别是什么？

3-5 什么是运动副？运动副中的高副和低副是如何区分的？

3-6 构件有哪几种？

3-7 绘制机构运动简图的步骤是什么？

3-8 机械传动的组成与分类有哪些？

项目四　常用机构

知识目标

1. 掌握铰链四杆机构的类型和判别方法。
2. 掌握凸轮机构的应用和特点。
3. 掌握普通螺旋机构的应用。
4. 掌握棘轮机构和槽轮机构的原理。

能力目标

会进行铰链四杆机构的类型的判别。
识别槽轮机构和棘轮机构的应用场合。

各种机械的形式、构造和用途虽然不尽相同，但它们的主要部分都是由一些机构所组成。因此，对常用机构的工作原理、应用场合、机构的运动规律、机械各部分尺寸对工作的影响等作简要介绍。常用机构主要包括平面连杆机构、曲柄滑块机构、凸轮机构、螺旋机构和间歇机构等。

课题 4.1　平面连杆机构

平面连杆机构是由一些刚性构件用转动副和移动副，相互连接而组成的在同一平面或相互平行的平面内运动的机构。平面连杆机构能够实现一些较为复杂的平面运动，由于低副连接的构件之间连接是面接触，单位面积上的压力较小，便于润滑，所以磨损较小，寿命较长；又由于两构件连接处表面是圆柱面或平面，制造比较简单，能较容易地获得较高的制造精度。因此，在生产中应用很广泛。

平面连杆机构的构件形状是多种多样的，但大多数是杆状的（故称为杆），最常见的是由 4 根杆（4 个构件）组成的平面四杆机构。它的各构件相互作平面的相对运动。平面四杆机构不仅应用广泛，而且是多杆机构的基础。

一、铰链四杆机构的基本类型

当平面四杆机构中的运动副都是转动副时，称为铰链四杆机构。如图 4-1 所示的铰链四杆机构中，杆 4 是固定不动的，称为机架。与机架相连的杆 1 和杆 3 称为连架杆，不与机架直接相连的杆 2，称为连杆。如果杆 1（或杆 3）能绕铰链 A（或铰链 D）作整周的连续旋转，则此杆称为曲柄。如果不能作整周的连续旋转，而只能来回摇摆一个角度，则此杆就为摇杆。

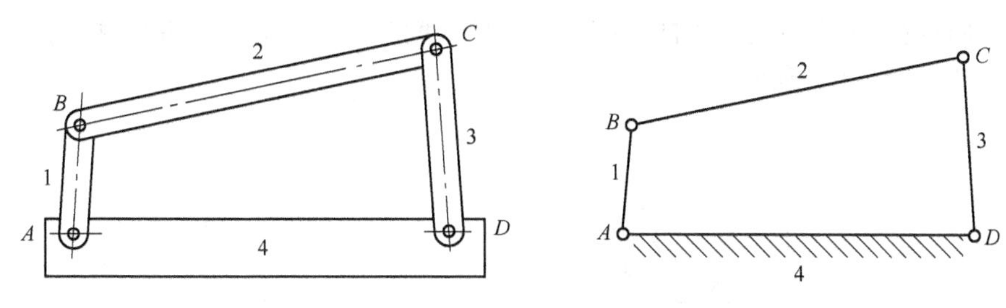

图 4-1　铰链四杆机构
1，3—连架杆；2—连杆；4—机架

铰链四杆机构中，机架和连杆总是存在的，因此可按曲柄存在情况，分为三种基本形式：曲柄摇杆机构、双曲柄机构、双摇杆机构。

（一）曲柄摇杆机构

若铰链四杆机构的两连架杆之一为曲柄，另一连杆为摇杆，则该铰链四杆机构称为曲柄摇杆机构。曲柄摇杆机构应用相当广泛，图 4-2～图 4-6 所示均为曲柄摇杆机构的应用实例。

图 4-2 所示为雷达天线调整机构，图 4-3 所示为汽车刮水器，就是将回转运动转变为摇杆的摆动。

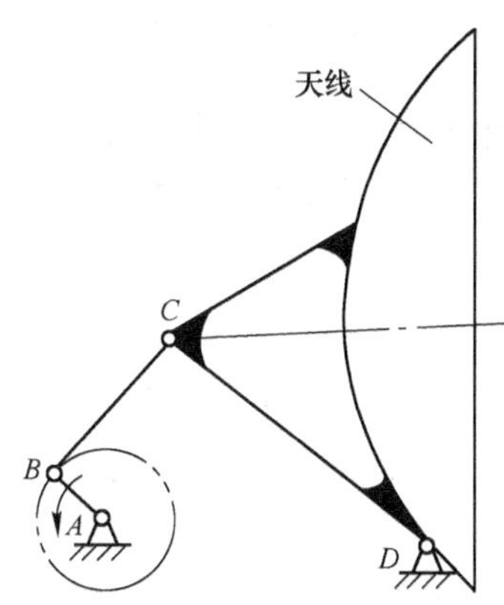

图 4-2　雷达天线调整机构

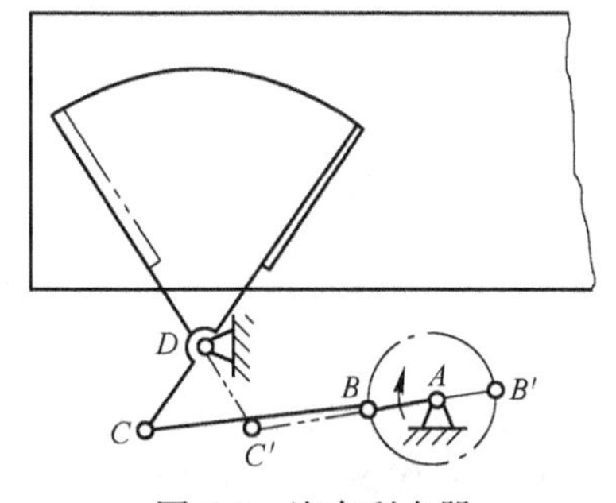

图 4-3　汽车刮水器

图 4-4 所示为牛头刨床的横向进给机构的实例。机构工作时，齿轮 1 带动齿轮 2 及与齿轮 2 同轴的销盘 3（即为曲柄）转动，杆 4（即连杆）使带有棘爪的杆 5（即摇杆）往

复摆动，再通过固定在棘轮 6 上的丝杠 7 完成单向间歇进给运动。该曲柄摇杆机构的机构运动简图如图 4-4（b）所示。

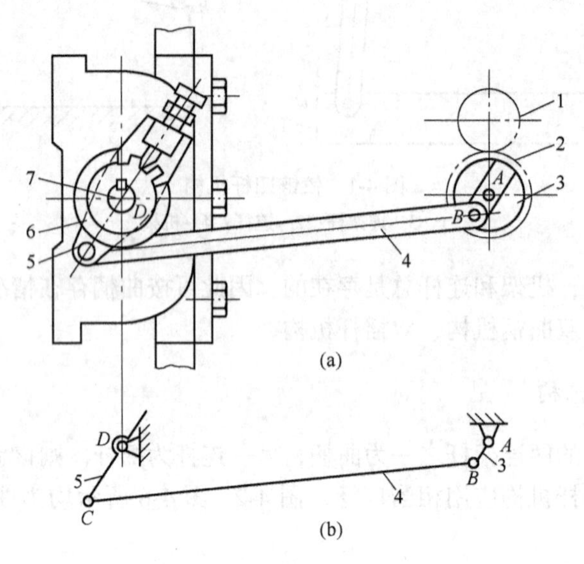

图 4-4　牛头刨床的横向进给机构
（a）机构示意图；（b）机构简图
1，2—齿轮；3—曲柄；4—连杆；5—摇杆；6—棘轮；7—丝杠

图 4-5 所示为缝纫机的踏板机构，当主动件踏板 3（摇杆）往复摆动时，通过杆 2（连杆）使从动件 1（曲柄）作整周回转运动。该机构的运动简图如图 4-5（a）所示。

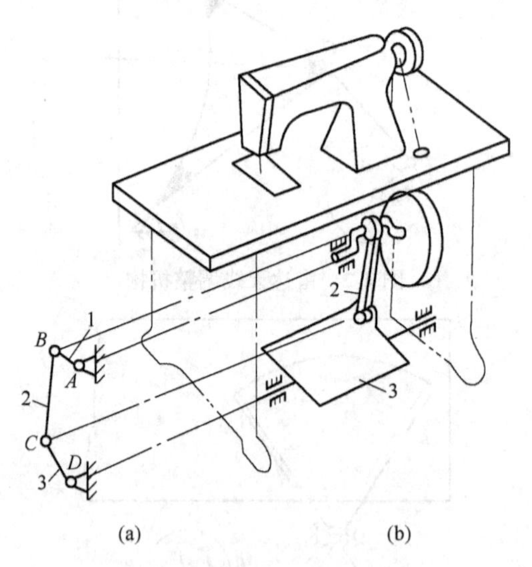

图 4-5　缝纫机踏板机构
（a）机构简图；（b）机构示意图
1—曲柄；2—连杆；3—踏板

分析曲柄摇杆机构应注意以下两个特点：

1. 具有急回运动

如图 4-6 所示，当曲柄 AB 为主动件并作等速回转时，摇杆 CD 为从动杆作变速往复摆动。由图可见，曲柄 AB 在回转一周的过程中，有两次与连杆 BC 共线，此时摇杆 CD 分别位于两极限位置 C_1D 和 C_2D。摇杆两极限位置的夹角 φ 称为最大摆角。摇杆往返摆过这一角度时，对应着曲柄的转角分别为 α_1 和 α_2。图中 $\alpha_1 > \alpha_2$ 表明摇杆往复摆动同样角度 φ 所需的时间不等。这种主动件作匀速运动，从动件往复运动所需的时间不等的性质称为急回运动。在生产中，利用机构的急回运动，将慢行程作为工作行程，快行程作为空回行程，可提高生产效率。

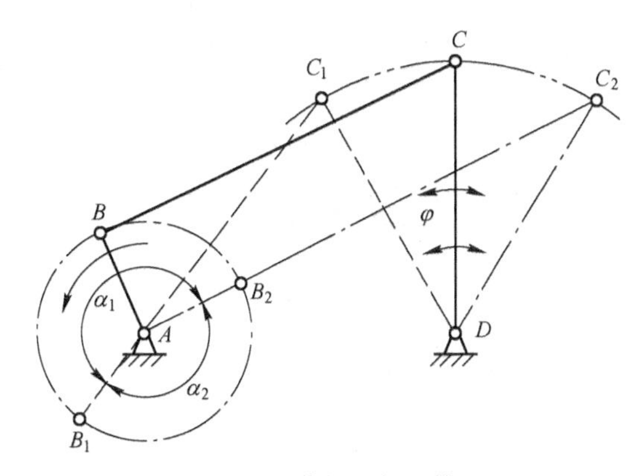

图 4-6 曲柄摇杆机构

2. 存在死点位置

图 4-6 中，摇杆为主动件，曲柄为从动件，当摇杆 CD 到达两极限位置 C_1D 和 C_2D 时，连杆和曲柄在一条直线上，此时，主动件通过连杆施加于曲柄的力将通过铰链 A 的中心，作用力矩等于零。因此，不论力多大，都不能推动曲柄转动，机构处于静止状态。称这两个极限位置为死点位置。对传动来说，机构存在死点是一个缺陷，这个缺陷常利用构件的惯性力加以克服，如缝纫机的驱动机构在运动中就依靠飞轮的惯性通过死点。

图 4-7 所示的钻床夹紧机构，用力 F 压下杆件 2，使 B、C、D 处于一直线，工件 4 被夹紧，夹具处于死点位置，此时工件加在构件 1 上的反作用力 F_n 无论多大，也不能使构件 3 转动。这就保证在去掉外力 F 之后，仍能可靠夹紧工件。当需要取出工件时，只要在手柄上施加向上的外力就可使夹具离开死点位置。

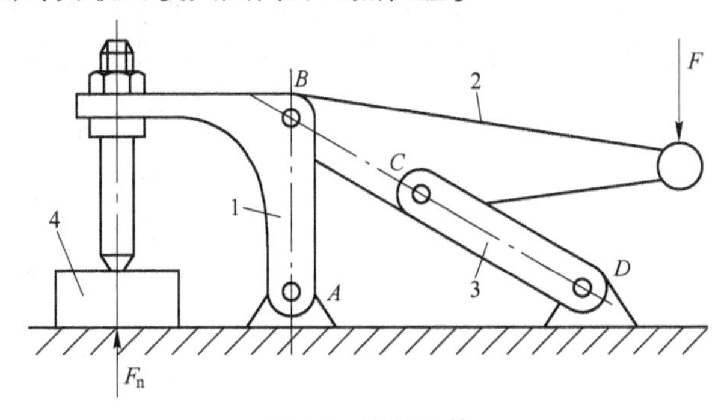

图 4-7 夹紧机构

1，3—构件；2—杆件；4—工件

（二）双曲柄机构

图 4-8 所示的铰链四杆机构中，若两个连架杆均为曲柄，则该机构称为双曲柄机构，两个曲柄可分别为主动件。图 4-9 所示的惯性筛中，*ABCD* 为双曲柄机构，工作时以曲柄 *AB* 为主动件并作等速转动，通过连杆 *BC* 带动从动曲柄 *CD*，作周期性的变速运动，再通过 *E* 点的连接，使筛子作变速往复运动。惯性筛利用从动曲柄的变速转动，使筛子具有一定的加速度，筛面上的物料由于惯性来回抖动，达到筛分物料的目的。

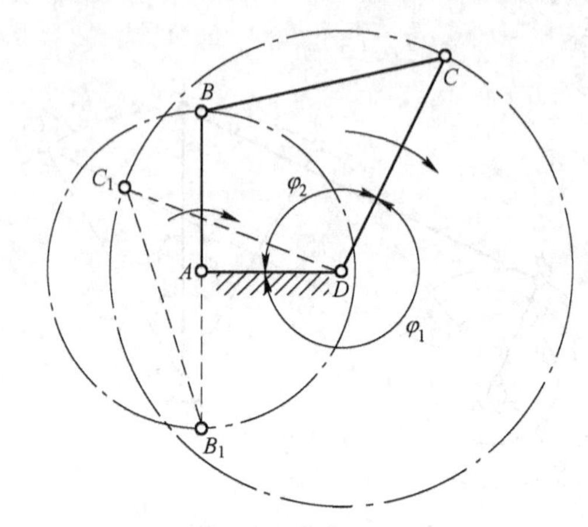

图 4-8　双曲柄机构

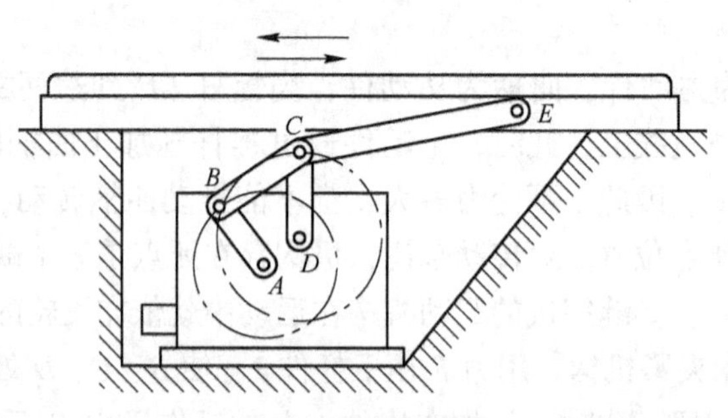

图 4-9　惯性筛

双曲柄机构中，当两个曲柄长度不相等时，主动曲柄等速转动，从动曲柄随之作变速转动，即从动曲柄在每一周中的角速度有时大于主动曲柄的角速度，有时小于主动曲柄的角速度。双曲柄机构中，常见的还有平行双曲柄机构和反向双曲柄机构，如图 4-10 所示。

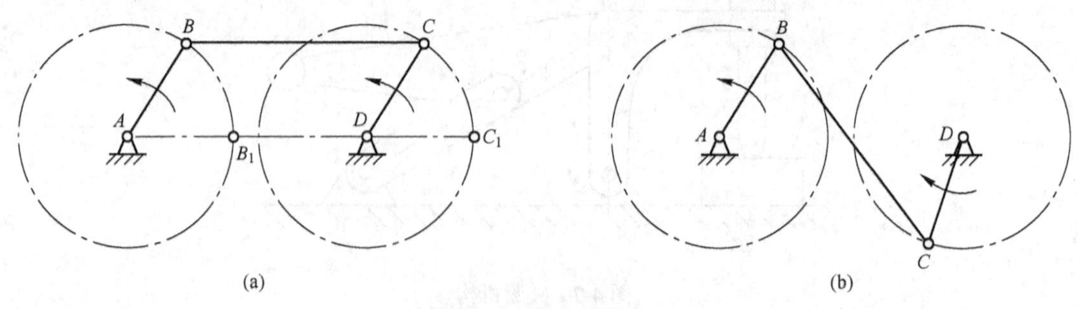

图 4-10　双曲柄机构

（a）平行双曲柄机构；（b）反向双曲柄机构

（1）当两曲柄的长度相等且平行时，称为平行双曲柄机构。如图 4-10（a）所示平行双曲柄机构的两曲柄的旋转方向相同，角速度也相等。平行双曲柄机构应用很广，如图 4-11 所示机车联动装置中，车轮相当于曲柄，保证了各车轮同速同向转动。此机车联动装置中还增设一个曲柄 *EF* 作辅助构件，以防止平行双曲柄机构 *ABCD* 变成为反向双曲柄机构。

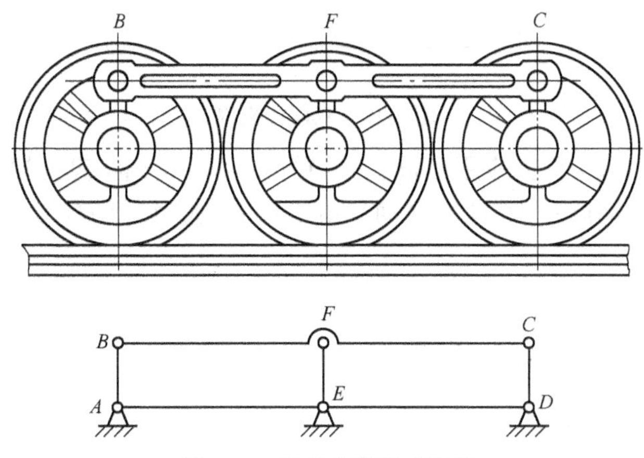

图 4-11　机车车轮联动装置

（2）当双曲柄机构对边相等，但互不平行时，则称其为反向双曲柄机构。反向双曲柄的旋转方向相反，且角速度也不相等。如图 4-12 所示，车门启闭机构中，当主动曲柄 *AB* 转动时，通过连杆 *BC* 使从动曲柄 *CD* 朝反向转过，从而保证两扇车门能同时开启和关闭。

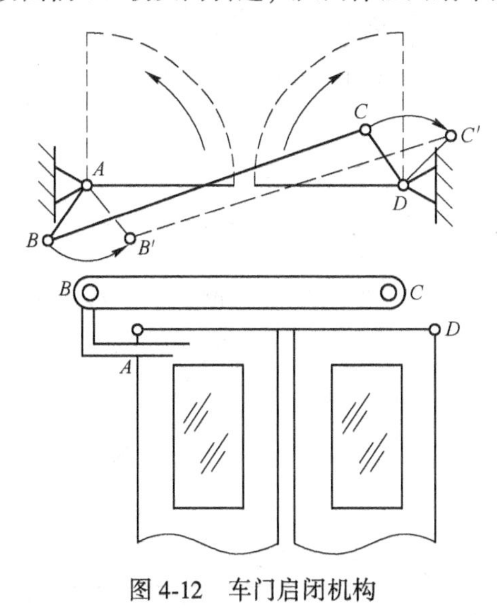

图 4-12　车门启闭机构

（三）双摇杆机构

在铰链四杆机构中，若两个连架杆均为摇杆时，则该机构称为双摇杆机构，如图 4-13 所示。在双摇杆机构中，两杆均可作为主动件。主动摇杆往复摆动时，通过连杆带动从动摇杆往复摆动。

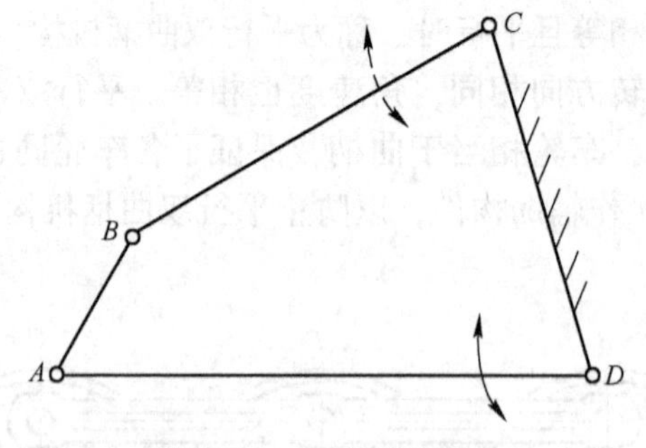

图 4-13　双摇杆机构

双摇杆机构在机械工程上应用也很多，如图 4-14 所示汽车离合器操纵机构中，当驾驶员踩下踏板时，主动摇杆 *AB* 往右摆动，由连杆 *BC* 带动从动杆 *CD* 也向右摆动，从而对离合器产生作用。

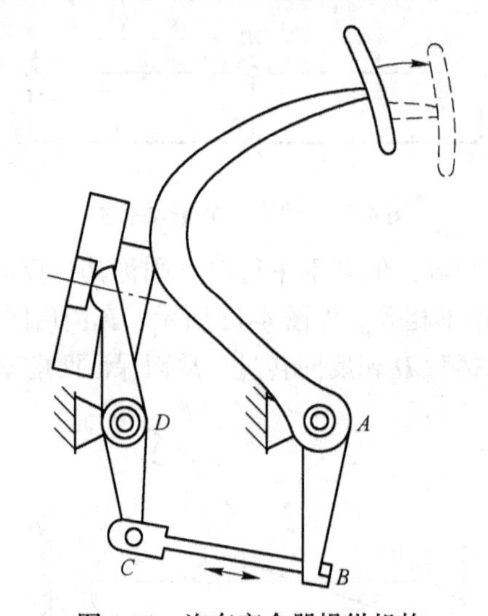

图 4-14　汽车离合器操纵机构

图 4-15 所示的载重车自动翻斗装置中，当液压缸活塞杆向右伸出时，可带动双摇杆

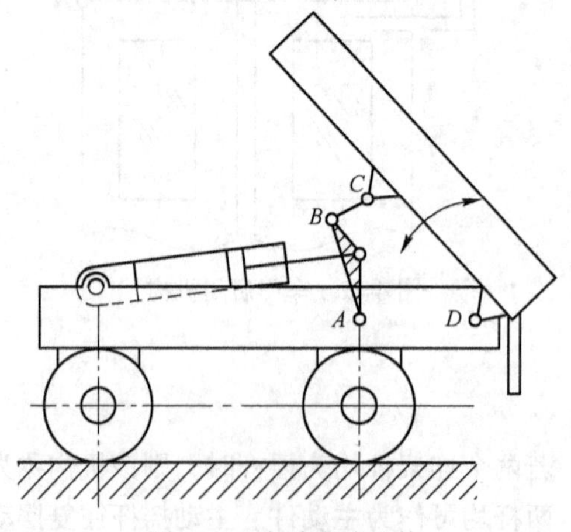

图 4-15　自动翻斗机构

AB 和 *CD* 向右摆动，从而使翻斗车内的货物滑下。图 4-16 所示港口起重机机构中，在双摇杆 *AB* 和 *CD* 的配合下，起重机能将起吊的重物几乎沿水平方向移动，以省时省功。

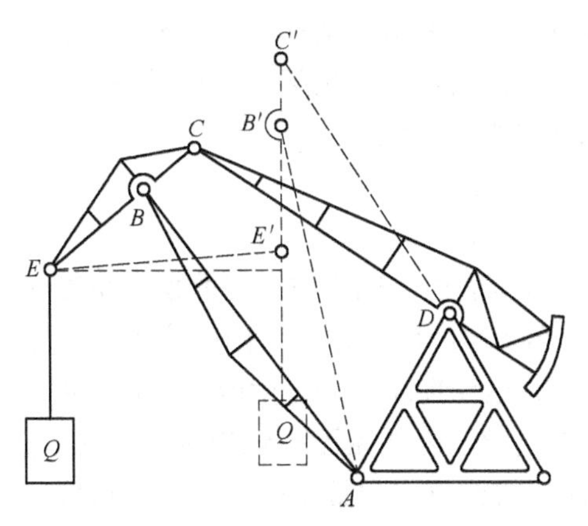

图 4-16　港口起重机机构

二、铰链四杆机构类型的判别

铰链四杆机构的三种基本形式的区别与连架杆是否为曲柄有关，而连架杆是否为曲柄与各构件的相对长度和机架的选取有关。具体情况可按下述方法判别其类型。

当铰链四杆机构中最短杆与最长杆长度之和小于或等于其余两杆长度之和时，则可能有以下三种情况：

1）取与最短杆相邻的杆为机架时，为曲柄摇杆机构。

2）取最短杆为机架时，为双曲柄机构。

3）取与最短杆相对的杆为机架时，为双摇杆机构。

当四杆机构中最短杆与最长杆长度之和大于其余两杆长度之和时，则不论取哪一杆为机架，都只能构成双摇杆机构。铰链四杆机构的基本形式见表 4-1。

表 4-1　铰链四杆机构的基本形式

最短杆与最长杆长度之和小于或等于其余两杆长度之和			最短杆与最长杆长度之和大于其余两杆长度之和
双曲柄机构	曲柄摇杆机构	双摇杆机构	双摇杆机构
取最短杆 *AB* 为机架	取与最短杆相邻的杆为机架	取与最短杆相对的杆为机架	取任意杆为机架
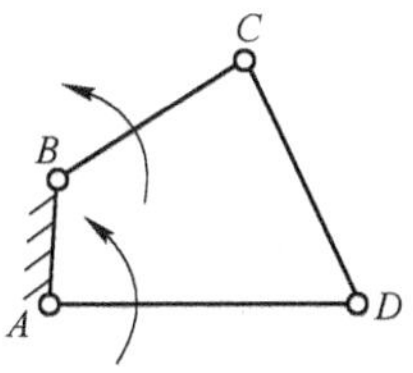	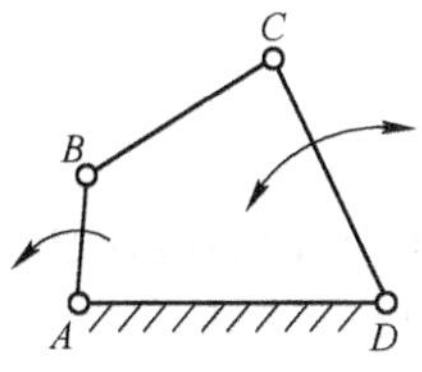	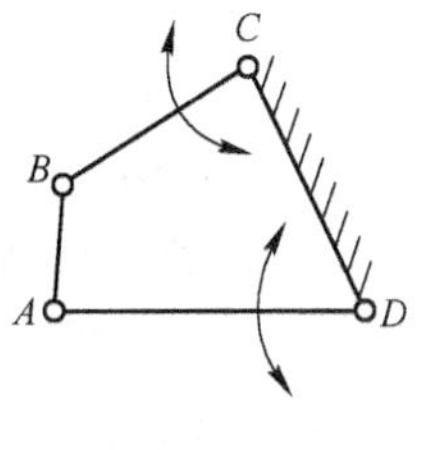	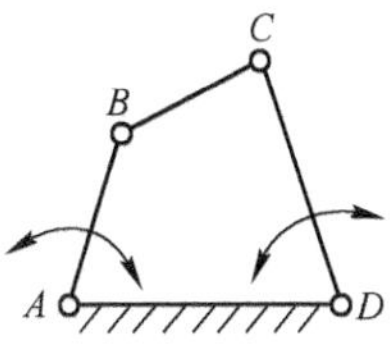

三、铰链四杆机构的演化

上述介绍了曲柄摇杆机构、双曲柄机构和双摇杆机构，如果在这三种机构上改变某些构件形状、相对长度或选择不同构件作为机架等，还可以演变其他形式的机构，在生产上应用较广泛。以下介绍几种常用的演化机构。

（一）曲柄滑块机构

在如图 4-17（a）所示的曲柄摇杆机构中，当曲柄 1 绕轴 A 转动时，铰链 C 将沿圆弧 $\beta\beta$ 往复摆动。在如图 4-17（b）所示的机构简图中，设将摇杆做成滑块形式，并使其沿圆弧导轨 $\beta'\beta'$ 往复移动，显然其运动性质并未发生改变。但此时铰链四杆机构已演化为曲线导轨的曲柄滑块机构。如曲线导轨的半径无限延长时，曲线 $\beta'\beta'$ 将变为如图 4-18（a）所示的直线 mm，于是铰链四杆机构将变为常见的曲柄滑块机构。

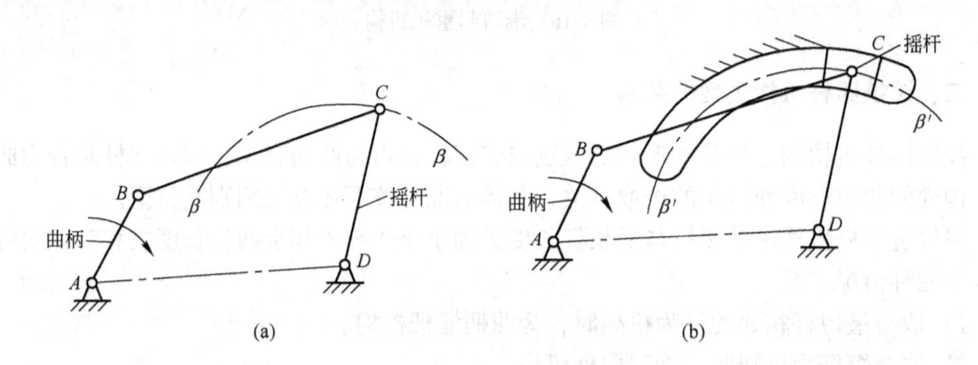

图 4-17　铰链四杆机构的演化

（a）曲柄摇杆机构；（b）机构简图

图 4-18（a）所示为对心曲柄滑块机构，图 4-18（b）所示为偏置曲柄滑块机构。曲柄滑块机构中，若曲柄为主动件，可将曲柄的回转运动变成滑块的往复直线运动（见图 4-19 曲柄压力机）；反之，若滑块为主动件，则将滑块的往复直线运动变成曲柄的整周连续转动（见图 4-20 的内燃机主机构）。

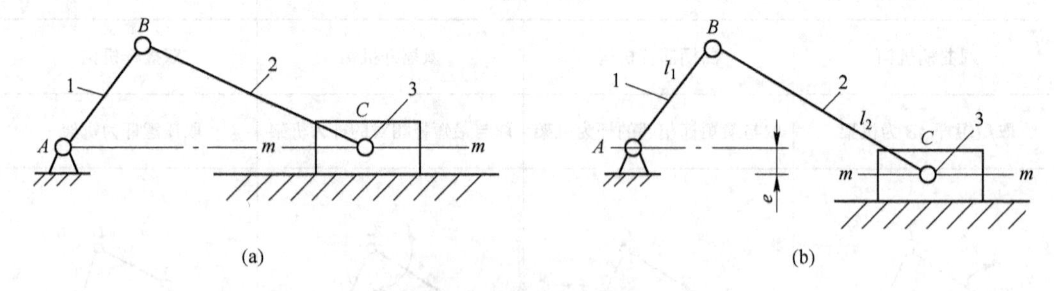

图 4-18　曲柄滑块机构

（a）对心曲柄滑块机构；（b）偏置曲柄滑块机构

1—曲柄；2—连杆；3—滑块

在曲柄滑块机构中，若滑块为主动件，则当连杆与曲柄成一直线时，机构处于死点位

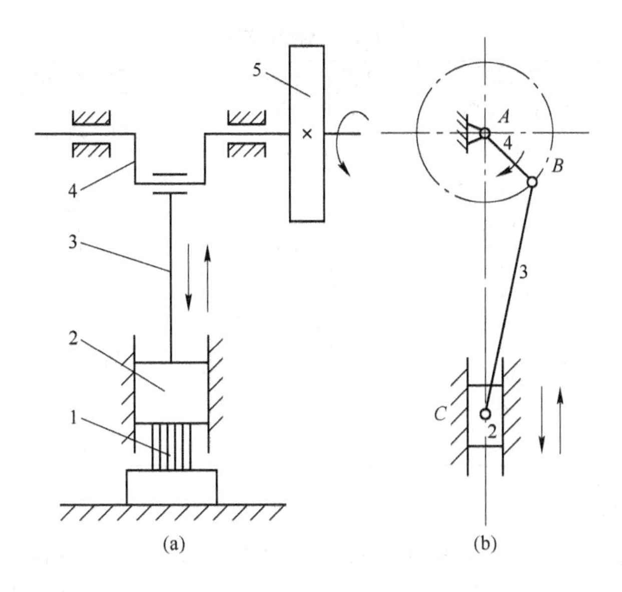

图 4-19 曲柄压力机

（a）结构示意图；（b）运动简图

1—工件；2—滑块；3—连杆；4—曲柄；5—齿轮

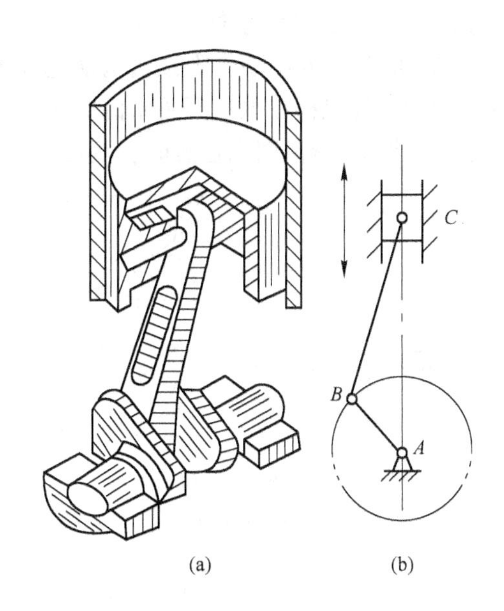

图 4-20 内燃机主机构

（a）结构示意图；（b）运动简图

置。偏置曲柄滑块机构中，因有偏心距 e，故有急回运动。曲柄滑块机构广泛应用于内燃机、压力机、空气压缩机等机械中。

（二）导杆机构

导杆机构是通过改变曲柄滑块机构中的固定件演化而来的，见表 4-2。演化后能在滑块中作相对移动的构件称为导杆。

表 4-2　机构的演化

曲柄滑块机构	转动导杆机构	摆动导杆机构	曲柄摇块机构	直动导杆机构
以 AC 为机架	以 AB 为机架（$l_{AB}<l_{BC}$）	以 AB 为机架（$l_{AB}>l_{BC}$）	以 BC 为机架	以滑块为机架
(a)	(b)	(c)	(d)	(e)

1. 转动导杆机构

在表 4-2 图（a）中，若以曲柄 2 为机架，则与其相邻的杆 1 和杆 3 都可作整周转动，该机构称为转动导杆机构（见表 4-2 图（b））。图 4-21 所示的小型刨床机构简图中，采用的就是由杆 1~4 组成的转动导杆机构。

2. 摆动导杆机构

在表 4-2 图（b）中，如果杆 2 的长度大于杆 3 的长度，此时杆 3 可绕铰链 B 作回转运动，而导杆 1 只能在小于 360°的范围内摆动，则该机构演化成表 4-2 图（c）所示的摆动导杆机构。图 4-22 所示为摆动导杆机构在电气开关中的应用，当曲柄 BC 处于图示位置时，动触点 2 和静触点 1 接触，当 BC 偏离图示位置时，两触点分开。

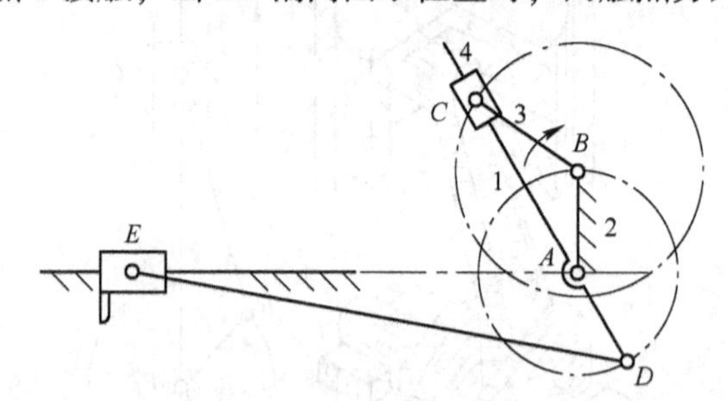

图 4-21　转动导杆机构

1~4—杆

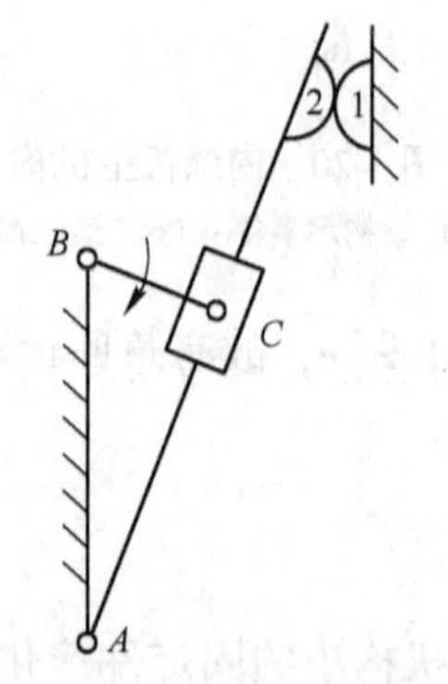

图 4-22　电气开关机构

1—静触点；2—动触点

3. 曲柄摇块机构

曲柄滑块机构中，如取构件 BC 为机架，构件 AB 作整周运动，则滑块成了绕机架上 C 点作往复摆动的摇块（见图 4-23（a）），故称为曲柄摇块机构。这种机构常用于摆动液压缸（见图 4-23（b））和液压驱动装置中。如图 4-24 所示自卸货车的翻斗机构，也是曲柄摇块机构的应用实例。

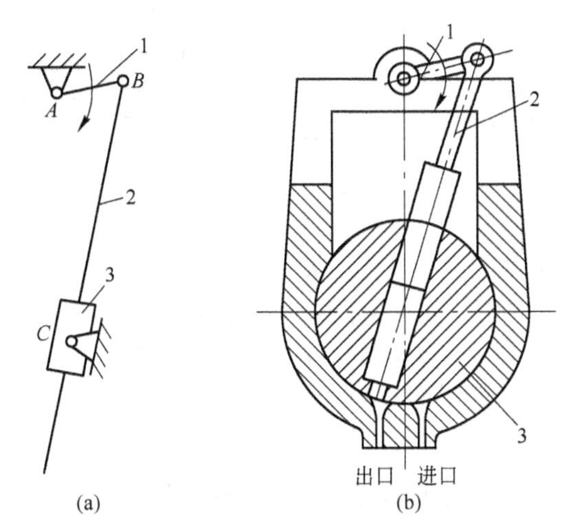

图 4-23　摇块机构

（a）机构简图；（b）机构示意图

1—曲柄；2—连杆；3—滑块

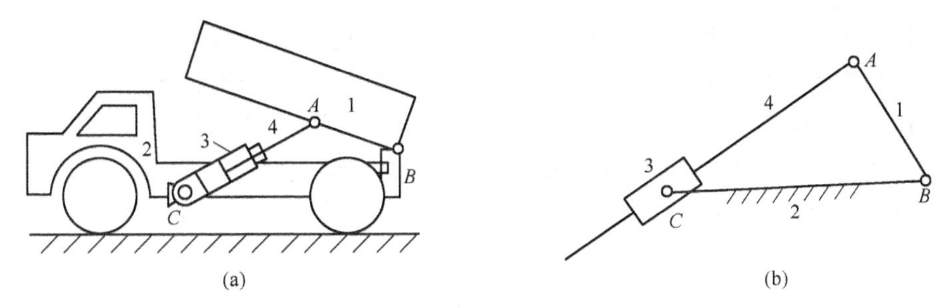

图 4-24　货车自卸机构

（a）机构简图；（b）机构示意图

1—曲柄；2—机架；3—摇块；4—连杆

4. 直动导杆机构（定块机构）

直动导杆机构也称定块机构。在表 4-2 图（a）中，以滑块 4 为机架，则导杆 1 只相对滑块 4 作往复移动，这便是直动导杆机构（见表 4-2 图（e））。其中滑块 4 称为定块。这种机构常用于抽水机和液压机。图 4-25 所示的手动压水机是定块机构的应用实例。

由以上分析可以看出，通过用移动副取代转动副、改变构件的长度、以不同的构件作机架或扩大转动副等方法，均能使铰链四杆机构演化成满足各种运动要求的平面四杆机构。此外，平面四杆机构又是平面多杆机构的基本形式。在实际应用中，常将多个平面四杆机构组合在一起，构成平面多杆机构，以满足各种不同的工作要求。图 4-9 所示的惯性筛机构，便是由构件 1~4 组成的双曲柄机构和由构件组成的曲柄滑块机构组合而成的六杆机构。

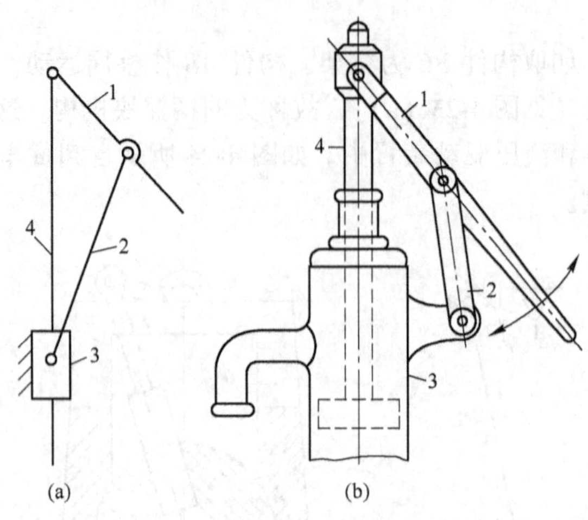

图 4-25 定块机构
（a）运动简图；（b）手动压水机
1—摇杆；2—连杆；3—定块；4—导杆

课题 4.2 凸 轮 机 构

一、凸轮机构的应用和特点

设计机器时，应根据机器所需完成的工作过程，来选择所需机构的运动形式和运动规律。当机器的执行机构需要按一定的位移、速度、加速度规律运动时，尤其是当执行机构需要做间歇运动时，采用低副机构往往难以满足要求，这种情况下最简单的解决方法就是采用凸轮机构。凸轮机构广泛应用于各种机械传动和自动控制装置中。下面介绍几个应用实例。

图 4-26 所示为内燃机配气凸轮机构。盘形凸轮 1 作等速回转，利用其轮廓向径变化，

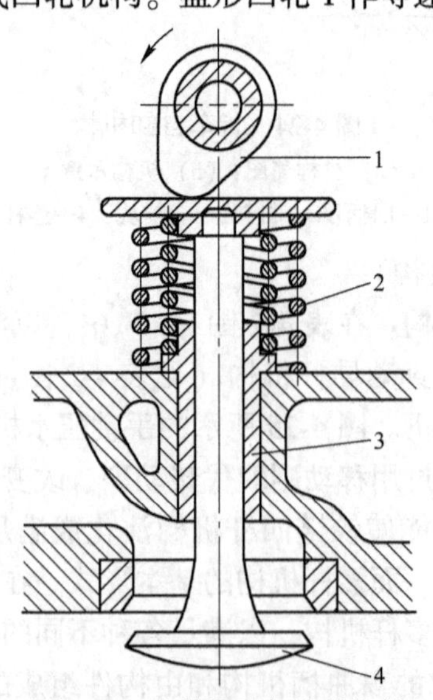

图 4-26 内燃机配气凸轮机构
1—盘形凸轮；2—弹簧；3—导套；4—气门

迫使从动杆上、下移动，以控制气门的启闭，从而按预定规律吸入燃气或排出废气。

图4-27所示为铸造车间造型机的凸轮机构。当凸轮1按图示方向转动时，由于凸轮向径逐渐变大，凸轮轮廓推动滚子2使工作台3上升；当工作台上升到最高时，凸轮向径的突变使工作台自由落下而产生震动，从而将工作台上砂箱中的砂子振实。

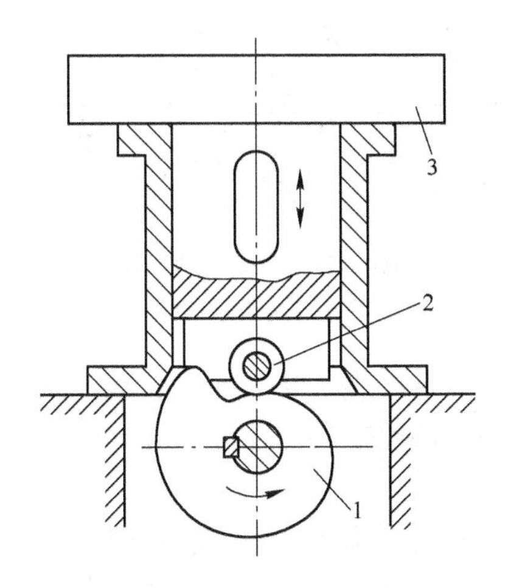

图4-27　造型机凸轮机构
1—凸轮；2—滚子；3—工作台

图4-28所示为靠模车削机构。工件1回转时，移动凸轮3（靠模板）在车床上相对固定，从动件2（刀架）在靠模板曲线轮廓的驱使下作横向进给，从而切削出与靠模板曲线轮廓一致的工件。

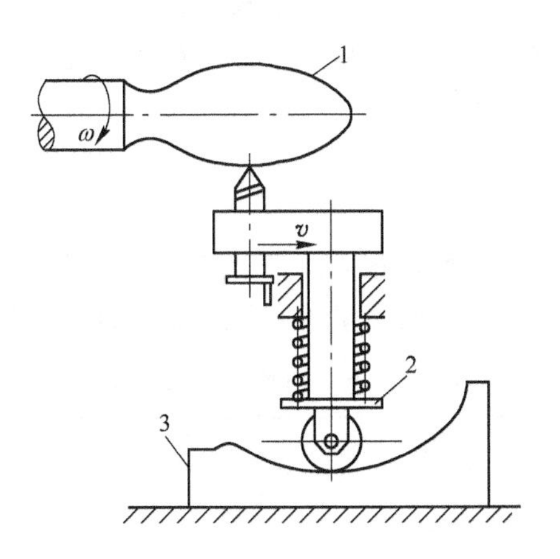

图4-28　靠模车削机构
1—工件；2—从动件；3—移动凸轮

图4-29所示为凸轮自动送料机构。当带有凹槽的凸轮1转动时，通过槽中的滚子，驱使从动杆2作往复移动。凸轮1每转一周，从动件2便往复移动一次，送出一个毛坯到加工位置。

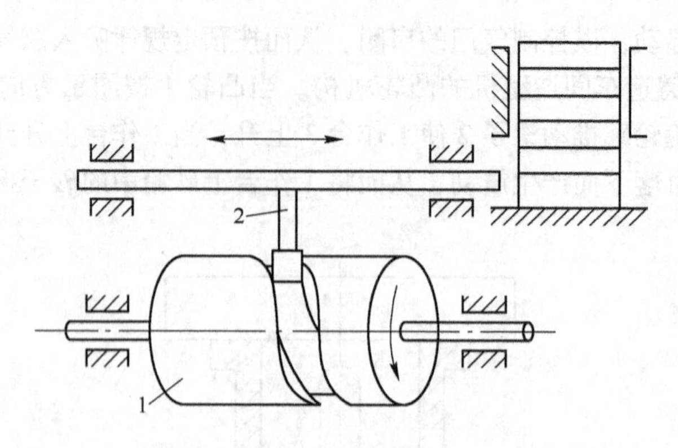

图 4-29　自动送料机构
1—凸轮；2—从动杆

从上述可知，凸轮机构主要由凸轮、从动杆和机架三部分组成。凸轮是一个具有曲线轮廓或凹槽的构件，而图 4-26 的阀杆、图 4-27 的工作台、图 4-28 和图 4-29 的构件 2 都是凸轮机构的从动杆。

在凸轮机构中，当凸轮转动时，借助于本身的曲线轮廓或凹槽迫使从动杆按一定的轨迹运动，也就是说从动杆的运动规律取决于凸轮轮廓曲线或凹槽曲线的形状。

凸轮机构的最大优点是：结构简单、紧凑，只要能作出适当的凸轮轮廓，就可以使从动件得到任意预定的运动规律。因此，凸轮机构被广泛地应用在各种自动化和半自动机械设备中作为控制机构。

凸轮机构的主要缺点是：凸轮轮廓加工比较困难；凸轮轮廓与从动杆之间是点或线接触，单位面积上承载压力较高，难以保持良好的润滑，故容易磨损，寿命低。所以，凸轮机构多用于传递动力不大的控制机构和调节机构中。

在选择凸轮和滚子的材料时，主要应考虑凸轮机构所受的冲击载荷和磨损等问题。通常用中碳钢制造，采取淬火处理。

二、凸轮机构的类型

凸轮机构的应用广泛，其类型也很多。按凸轮的形状分，有盘形凸轮、移动凸轮、圆柱凸轮；按从动件的形式分，有尖底从动件、滚子从动件、平底从动件，见表 4-3。

表 4-3　凸轮机构的分类和应用

类　型		图　例	特　点　与　应　用
凸轮形状	盘形凸轮		盘形凸轮是凸轮的最基本形式。这种凸轮是一个绕固定轴线转动并具有变化矢径的盘形构件。凸轮绕其轴线旋转时，可推动从动件移动或摆动。盘形凸轮结构简单，但从动件行程不能太大，否则会使凸轮的径向尺寸变化过大，对工作不利，因此盘形凸轮多用在行程较短的传动中

续表 4-3

类型		图例	特点与应用
凸轮形状	移动凸轮	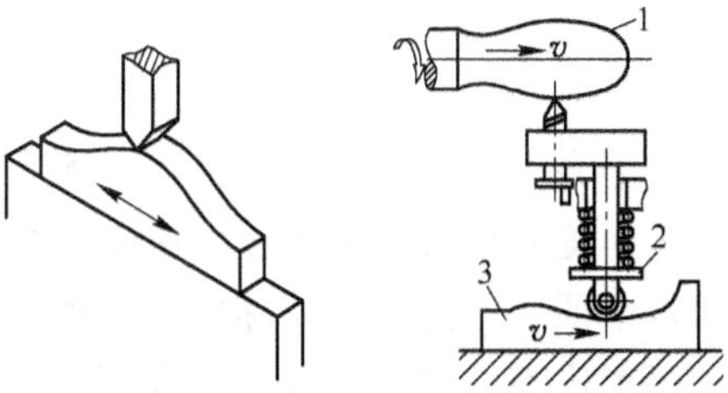 (a) (b)	当盘形凸轮的回转中心趋于无穷远时，凸轮相对机架作往复移动，这种凸轮称为移动凸轮。图例中（a）为凸轮移动时，推动从动件在同一平面内往复运动；图例中（b）为运用靠模法切削工件（手柄）的示意图。图中凸轮 1 作为靠模被固定，当拖板 3 纵向移动时，凸轮的曲线轮廓迫使滚子从动件 2 带动刀架进退，从而切削出工件的复杂外形
	圆柱凸轮	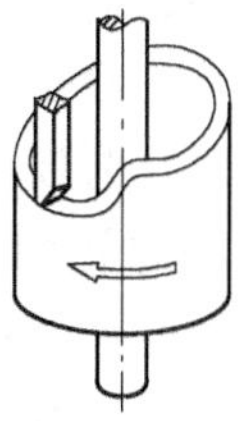	圆柱凸轮是一个在圆柱面上开有曲线凹槽，或是在圆柱端面上作出曲线轮廓的构件。圆柱凸轮可认为是将移动凸轮卷成圆柱体而演化成的。这种凸轮机构可用于行程较大的场合； 移动凸轮与从动件之间的相对运动为平面运动；而圆柱凸轮与从动件之间的相对运动为空间运动，所以前两者属于平面凸轮机构，后者属于空间凸轮机构
从动件形式	尖底	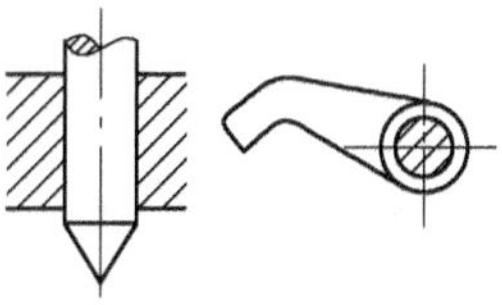	尖底能与任意复杂的凸轮轮廓保持接触，从而使从动件实现任意运动。但因尖底易于磨损，故只宜用于传力不大的低速凸轮机构中
	滚子	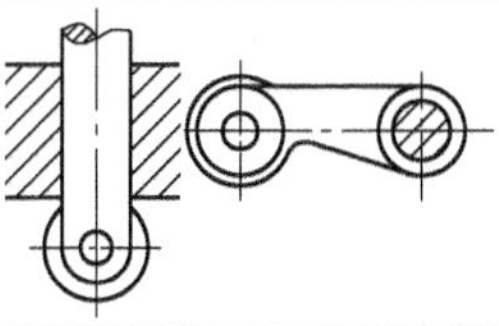	这种推杆由于滚子与凸轮之间为滚动摩擦，所以磨损较小，可用来传递较大的动力，应用最普遍
	平底	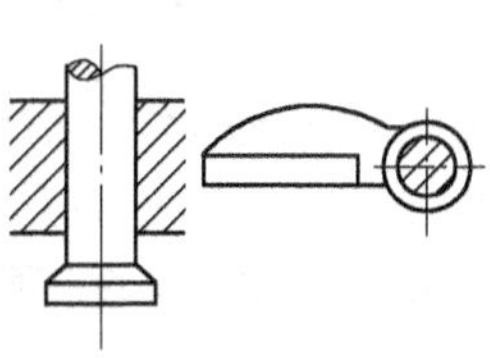	这种推杆的优点是凸轮对推杆的作用力始终垂直于推杆的底边（不计摩擦时），故受力比较平稳。而且凸轮与平底的接触面间容易形成楔形油膜，润滑较好，所以常用于高速传动中

课题 4.3 螺 旋 机 构

由螺杆、螺母和机架组成，能实现回转运动与直线运动变换和力传递的机构，称为螺旋机构。螺旋机构按螺旋副中的摩擦性质，可分为普通螺旋机构（滑动摩擦）和滚珠螺旋机构（滚动摩擦）两种类型。

一、普通螺旋机构

（一）普通螺旋机构的特点

螺旋传动的优点是结构简单，承载能力大，传动平稳无噪声，能实现自锁要求，传动精度高，被广泛应用于机床进给机构、螺旋起重机和螺旋压力机中。缺点是螺纹之间产生较大的相对滑动，摩擦磨损严重传动效率低。但由于滚动螺旋的应用使磨损和效率问题得到了很大的改善，螺旋传动在机床、起重机械、锻压设备等场合应用广泛。

螺旋机构中的螺杆常用中碳钢制造，而螺母则需要用耐磨性较好的材料来制造。

（二）螺纹的分类

螺纹按其牙形不同分为三角形、矩形、梯形和锯齿形等几种，如图 4-30 所示。其中，三角形螺纹主要用于连接；其余螺纹主要用于传动。除矩形螺纹外，均已标准化。梯形螺纹牙根强度高，加工较容易，能够铣削和磨削，而且磨损后可利用剖分式螺母来消除螺纹间隙，因此应用广泛，特别是要求保证精度的传动螺旋和调整螺旋，几乎全用梯形螺纹。锯齿形螺纹一侧用于承载，另一侧用来增加牙根强度，适用于单向受力的起重螺旋和压力螺旋中。矩形螺纹难于精确制造，故应用较少，已被淘汰。

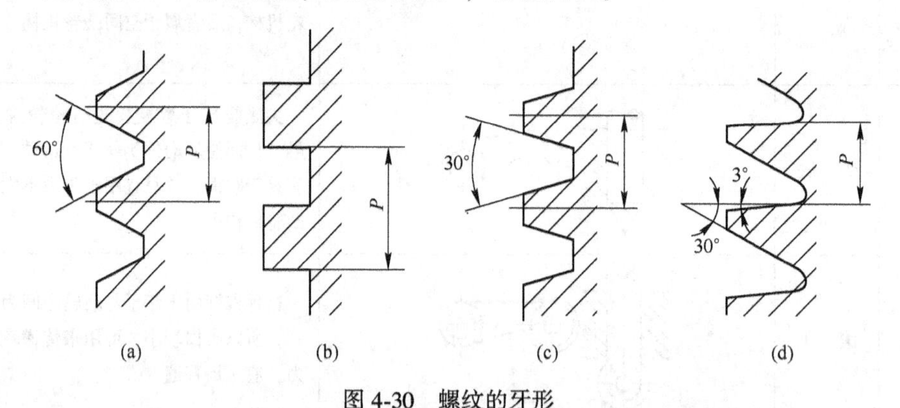

图 4-30 螺纹的牙形
（a）三角形螺纹；（b）矩形螺纹；（c）梯形螺纹；（d）锯齿形螺纹

螺纹有外螺纹和内螺纹，两者共同组成螺纹副。起连接作用的螺纹为连接螺纹，起传动作用的螺纹为传动螺纹。螺纹按螺旋线的绕行方向，分为右旋螺纹和左旋螺纹，一般多采用右旋螺纹。螺纹的螺旋线数分单线、双线及多线，如图 4-31 所示。

（三）普通螺旋机构的形式

按机构中所含螺纹副的数目，普通螺旋机构可分为单螺旋机构和双螺旋机构。

1. 单螺旋机构

单螺旋机构是由单一螺旋副组成，它有以下四种形式：

（1）螺母不动，螺杆转动并作直线运动：如常用于螺杆位移台式虎钳（见图 4-32）、千分尺（螺旋测微器，见图 4-33）。

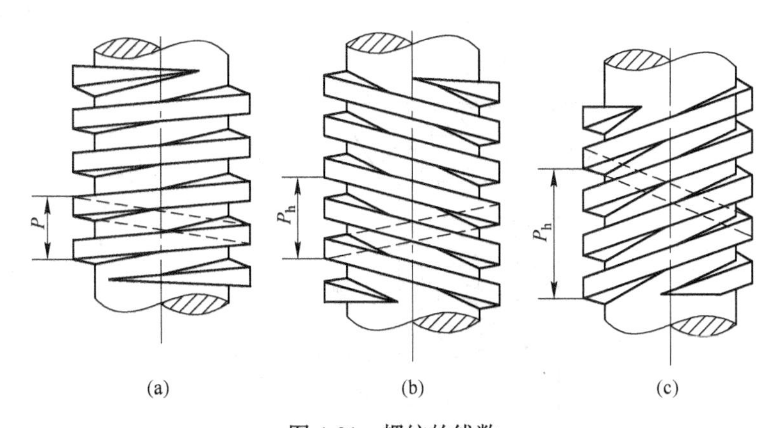

图4-31 螺纹的线数

(a) 右旋单线螺纹；(b) 左旋双线螺纹；(c) 右旋三线螺纹

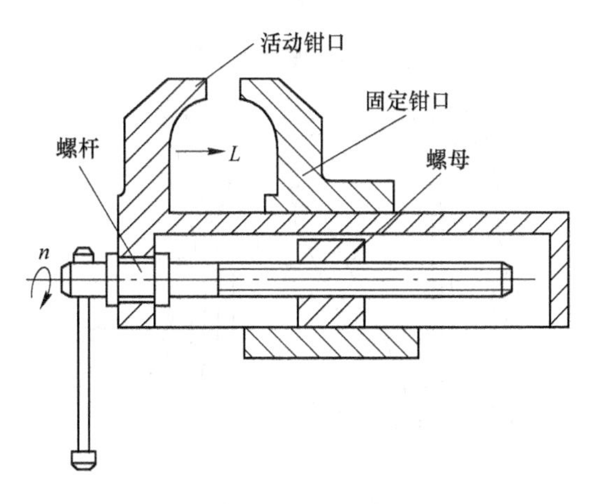

图4-32 台式虎钳

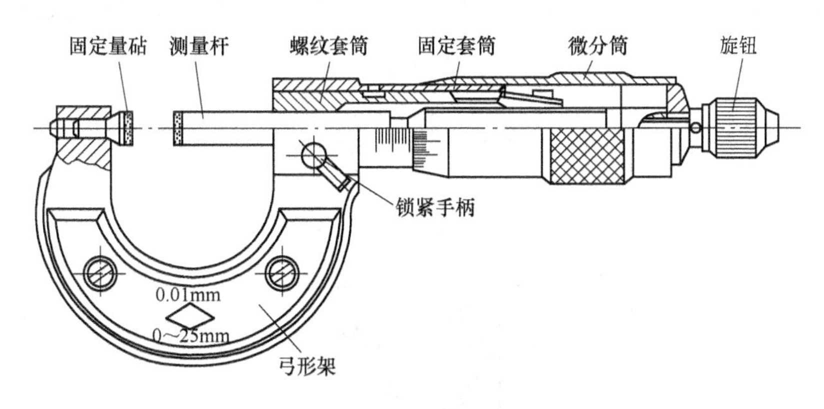

图4-33 千分尺

(2) 螺杆不动，螺母转动并作直线运动：用于螺旋千斤顶、钣金修理的撑拉器、插齿机刀架、龙门刨床垂直刀架的水平移动等。图4-34所示为螺旋千斤顶，图4-35所示为钣金修理的撑拉器。

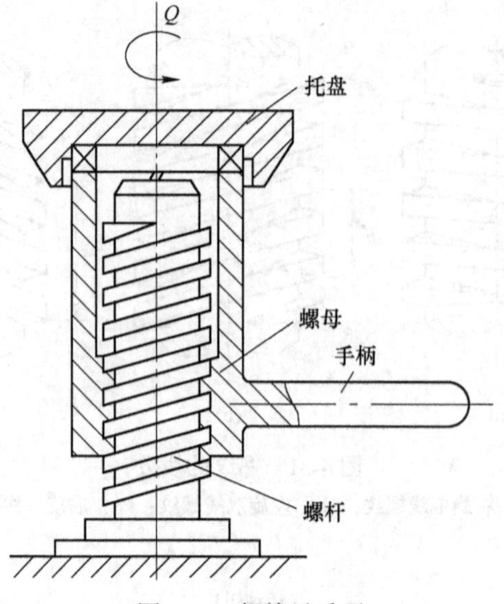

图 4-34 螺旋千斤顶

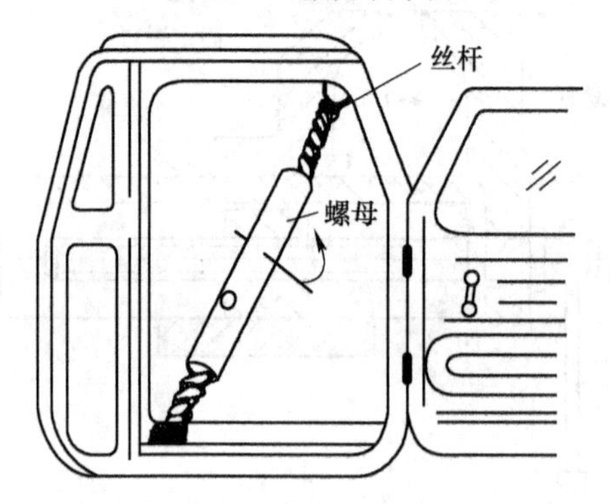

图 4-35 撑拉器

（3）螺母转动，螺杆直线运动：图 4-36 所示为应力实验机上的观察镜螺旋调整装置。

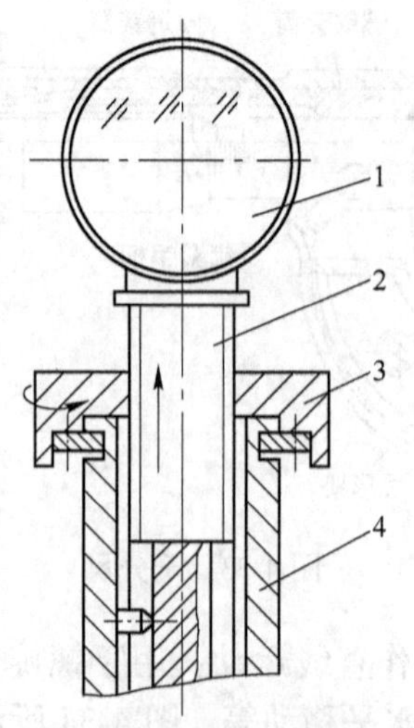

图 4-36 应力实验机观察镜调整机构

1—观察镜；2—螺杆；3—螺母；4—机架

螺杆2、螺母3为左旋螺旋副。当螺母按图示方向回转时，螺杆带动观察镜1向上移动；螺母反向回转时，螺杆连同观察镜向下移动。

（4）螺杆转动，螺母作直线运动：图4-37所示为螺杆回转、螺母作直线运动的传动结构图。螺杆1与机架3组成转动副，螺母2与螺杆以左旋螺纹啮合并与工作台4连接。当转动手轮使螺杆按图示方向回转时，螺母带动工作台沿机架的导轨向右作直线运动。

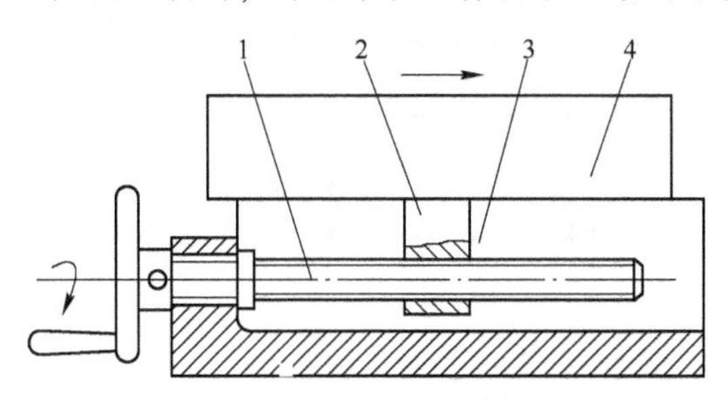

图4-37 机床手摇进给机构

1—螺杆；2—螺母；3—机架；4—工作台

在单螺旋机构中，螺杆与螺母间相对移动的距离 S 可按下式计算：

$$S = P_h \cdot z = n \cdot P \cdot z$$

式中 S——移动距离，mm；

n——线数，通常 $n=1\sim4$；

P——螺距，mm，即相邻两牙对应点之间的轴向距离；

z——螺杆或螺母转过的圈数；

P_h——导程，mm。

2. 双螺旋机构

图4-38所示为双螺旋机构。螺杆1上有两段螺纹，分别和2，3组成螺旋副。按两螺旋副的旋向是否相同，双螺旋机构分为差动螺旋机构和复式螺旋机构两种。

（1）差动螺旋机构：图4-38所示的双螺旋机构中，若两螺旋副旋向相同，便构成差动螺旋机构。当螺杆1转动时，一方面相对固定螺母3移动，同时又使不能转动的螺母2相对螺杆1移动。螺母2相对固定螺母（机架）移动的距离 L 为两螺旋副移动量之差。即

$$S = (P_{h1} - P_{h2}) \cdot z$$

当 P_{h1} 和 P_{h2} 相差很小时，则螺杆相对于机架转动较大的角度，螺母相对于机架的位移可以很小，这样在螺纹的导程不太小的情况下，可获得极小的位移。因此，差动螺旋常用于测微器、计算机、分度机，以及许多精密切削机床、仪器和工具中。图4-39所示为应用于微调镗刀上的差动螺旋传动实例。螺杆1在Ⅰ和Ⅱ两处均为右旋螺纹设固定螺母螺纹（刀套）的导程 $P_{h1}=1.5\text{mm}$，活动螺母（镗刀）螺纹的导程 $P_{h2}=1.25\text{mm}$，则螺杆按图示方向回转1转时镗刀移动距离

$$S = (P_{h1} - P_{h2})z = (1.5 - 1.25) \times 1 = 0.25\text{mm}$$

（2）复式螺旋机构：在图4-38所示的双螺旋机构中，若两螺旋副旋向相反，便构成

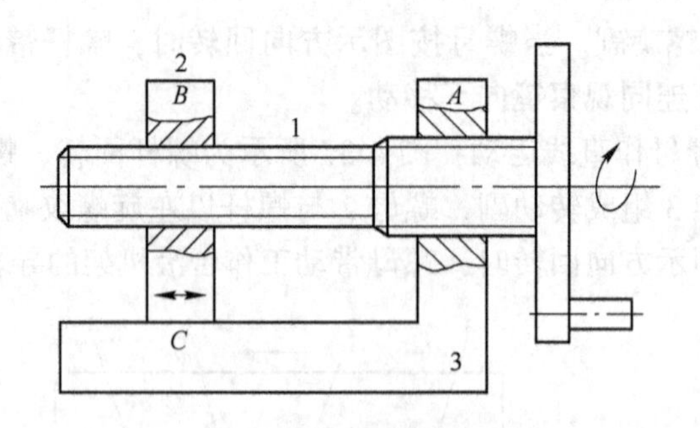

图 4-38　双螺旋机构

1—螺杆；2—移动螺母；3—机架（固定螺母）

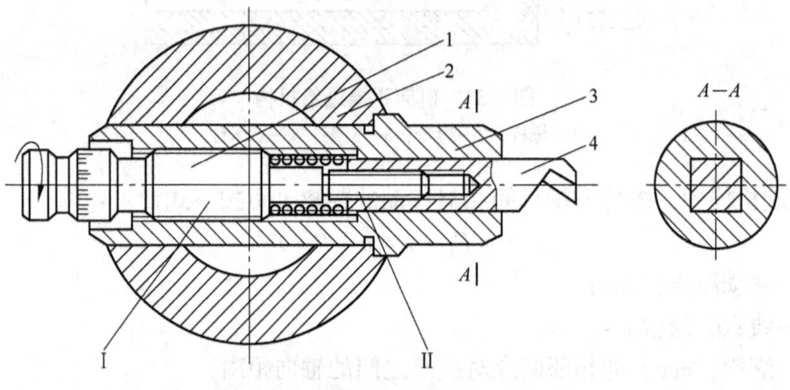

图 4-39　差动螺旋传动的微调镗刀

1—螺杆；2—镗杆；3—刀套；4—镗刀

复式螺旋机构。复式螺旋机构中可动螺母 2 相对机架移动距离 S 可按下式计算：

$$S=(P_{h1}+P_{h2})\cdot z$$

因为复式螺旋机构的移动距离 S 与两螺母导程的和（$P_{h1}+P_{h2}$）成正比，可用于实现快速调整两构件相对位置的场合。当 $P_{h1}=P_{h2}$ 时，可使两构件等速趋近或远离。

图 4-40 所示钳定心夹紧机构，由平面夹爪 1 和 V 形夹爪 2 组成定心机构。螺杆 3 的 A 端为右旋螺纹；B 端为左旋螺纹，采用导程不同的复式螺旋。当转动螺杆 3 时，夹爪 1 与 2 夹紧工件 5。

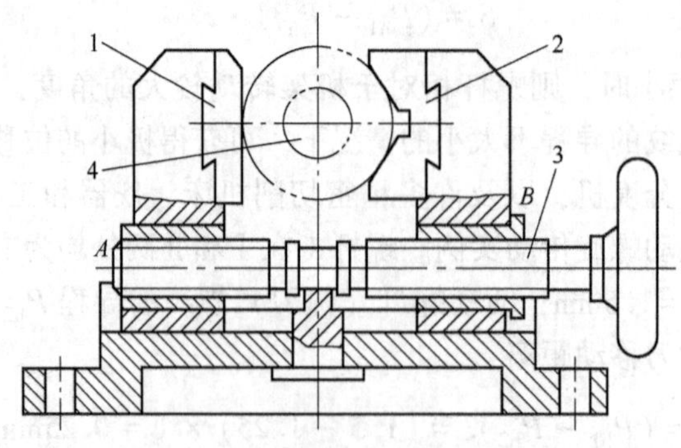

图 4-40　钳定心夹紧机构

1—平面夹爪；2—V 形夹爪；3—螺杆；4—工件

图4-41所示为压榨机构。螺杆1两端分别与螺母2、3组成旋向相反、导程相同的螺旋副A与B。当转动螺杆1时，螺母2与3很快靠近，再经过连杆4、5使压板6向下运动，以压榨物体。

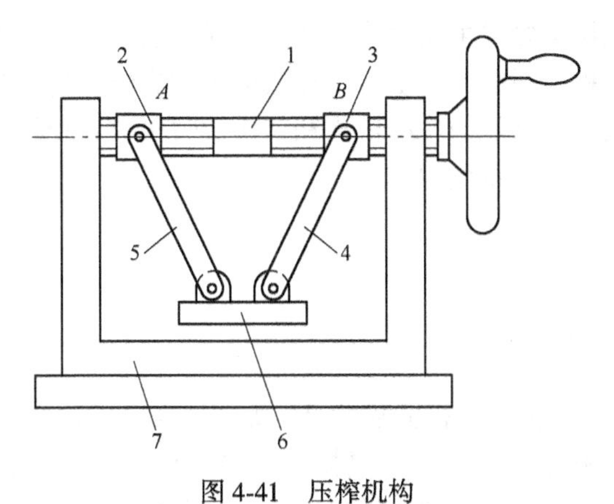

图4-41　压榨机构

1—螺杆；2，3—螺母；4，5—连杆；6—压板；7—机架

二、滚珠螺旋机构

在普通的螺旋传动中，由于螺杆与螺母的压侧表面之间的相对运动摩擦是滑动摩擦，因此，传动阻力大，摩擦损失严重，效率低。为了改善螺旋传动的功能，经常用滚珠螺旋传动新技术（见图4-42)，用滚动摩擦来代替滑动摩擦。

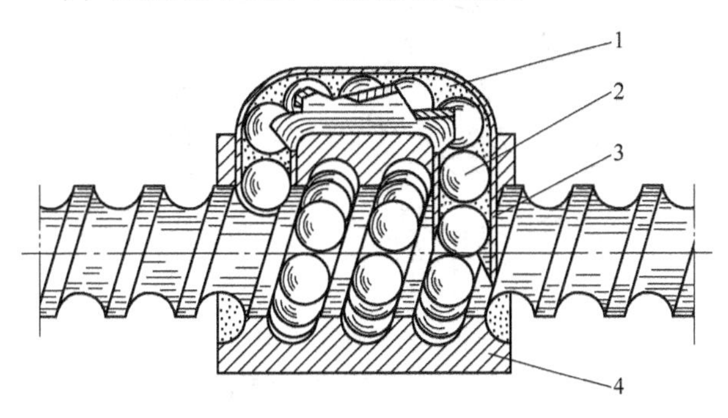

图4-42　滚珠螺旋传动

1—滚珠循环装置；2—滚珠；3—螺杆；4—螺母

滚珠螺旋传动主要由滚珠2、螺杆3、螺母4及滚珠循环装置1组成。其工作原理是：在螺杆螺母的螺纹滚道中，装有一定数量的滚珠（钢球)，当螺杆与螺母作相对螺旋运动时，滚珠在螺纹滚道内滚动，并通过滚珠循环装置的通道构成封闭循环，从而实现螺杆与螺母间的滚动摩擦。

滚珠螺旋传动具有滚动摩擦阻力很小、摩擦损失小、传动效率高、传动时运动平稳、动作灵敏等优点。但其结构复杂，外形尺寸较大、制造技术要求高、成本也较高，抗冲击性能差，不能承受过大的载荷。目前主要应用于精密传动的数控机床（滚珠丝杠传动)，以及自动控制装置、升降机构和精密测量仪器等。

课题 4.4 间歇运动机构

在生产中，某些机械常要求主动件作连续运动时，从动件作有规律的间歇运动。实现这种间歇运动的机构，称为间歇运动机构，如机床中的进给机构、分度机构、自动送料机构、刀架的转位机构以及印刷机的进纸机构和电影放映机的卷片机构等。间歇运动的种类很多，常见的有棘轮机构和槽轮机构。

一、棘轮机构

（一）棘轮机构的工作原理

该机构主要由棘轮 1、棘爪 2 和机架组成。如图 4-43 所示，当曲柄 4 按图示方向连续回转时，摇杆（空套在棘轮轴上）作往复摆动。当摇杆向左摆动时，装在摇杆上的棘爪嵌入棘轮的齿槽内，并推动棘轮按逆时针方向转过一个角度；当摇杆向右摆动时，棘爪在棘轮的齿背上滑过并回到原位，此时棘轮静止不动。为了保证棘轮的可靠静止，该机构还装有止回棘爪 5。这样，当曲柄作连续回转时，摇杆带动棘爪推动棘轮作周期性停歇间隔的单向运动——步进运动。

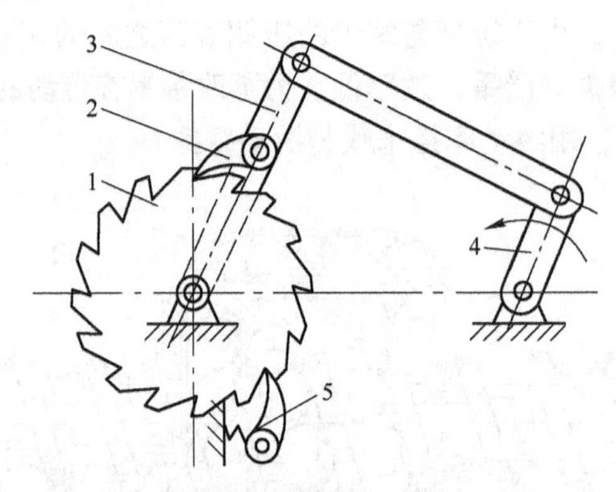

图 4-43 棘轮机构

1—棘轮；2—棘爪；3—摇杆；4—曲柄；5—止回棘爪

（二）棘轮机构的调节与应用

根据机构工作的需要，棘轮的转角通常可以调节，常用的调节方法有下面两种：

（1）改变摇杆摆角的大小。在图 4-44 所示齿式棘轮机构中，棘轮转角大小可通过调节曲柄长度改变摇杆摆角的方法调节。转动螺杆 D 调节曲柄 O_1A 的长度，则摇杆的摆动角度将相应发生变化：曲柄 O_1A 长度增大时，摇杆摆动的角度增大，棘爪推动棘轮的转角相应增大；反之，棘轮的转角减小。

（2）改变遮板的位置。如图 4-45 所示，棘轮装在可以转动的罩壳 A 内（罩壳不随棘轮一起转动），通过罩壳的缺口，露出部分棘轮轮齿。改变罩壳缺口的位置，可使在摇杆摆动时（摆角为 φ），棘爪的行程有一部分在罩壳侧面的遮板上滑过，不能与棘轮轮齿接

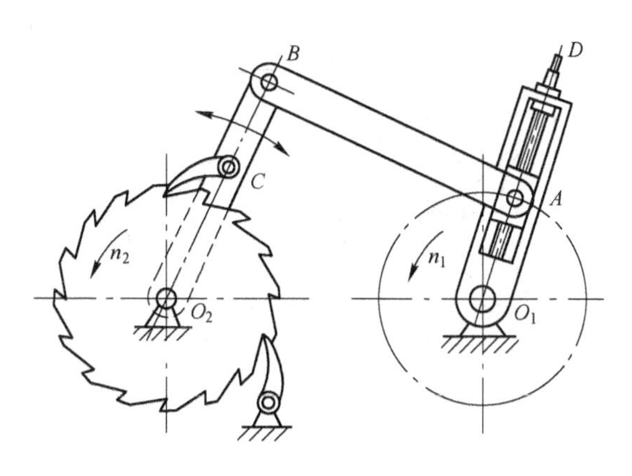

图 4-44　调节曲柄长度改变摇杆摆角

触，从而不能推动棘轮转动。这样，通过遮板在摇杆摆角范围内遮住轮齿的不同，就可实现棘轮转角大小的控制。

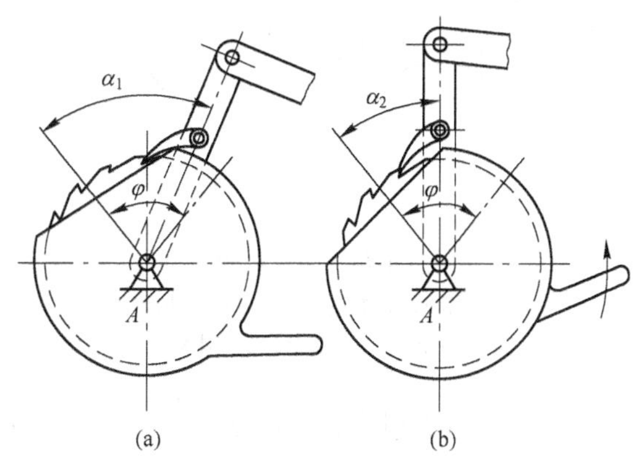

图 4-45　改变遮板位置调节棘轮转角

（a）调整前；（b）调整后

齿式棘轮机构具有结构简单、制造容易、运动可靠和棘轮转角调节方便等优点，但在其工作过程中，棘爪和棘轮接触和分离的瞬间存在刚性冲击，运动平稳性较差。此外，棘爪在棘轮齿背上滑行时会产生噪声并使齿尖磨损。因此，齿式棘轮机构不适于高速传动，常用于主动件速度不大、从动件行程需要改变的场合，如各种机床和自动机械的进给机构、进料机构以及自动计数器等。

二、槽轮机构

槽轮机构又称马尔他机构，是分度、转位等间歇传动中应用较普遍的机构。它是由槽轮、拨盘与机架组成。如图 4-46 所示，当拨盘 2 转动时，其上的圆销 3 进入槽轮 1 相应的槽内，使槽轮转动，见图 4-46（a）。当拨盘转过 φ 角时，槽轮转过 α 角，见图 4-46（b），圆销 3 便离开槽轮。当拨盘继续传动，槽轮上的凹弧 *abc* 与拨盘的凸弧 *def* 相接触，使槽轮不能转动。等到拨盘的圆销 3 再次进入槽轮的另一个槽内时，槽轮又开始转动。这样就将主动件（拨盘）的连续转动，变为从动件（槽轮）的周期性间歇转动。

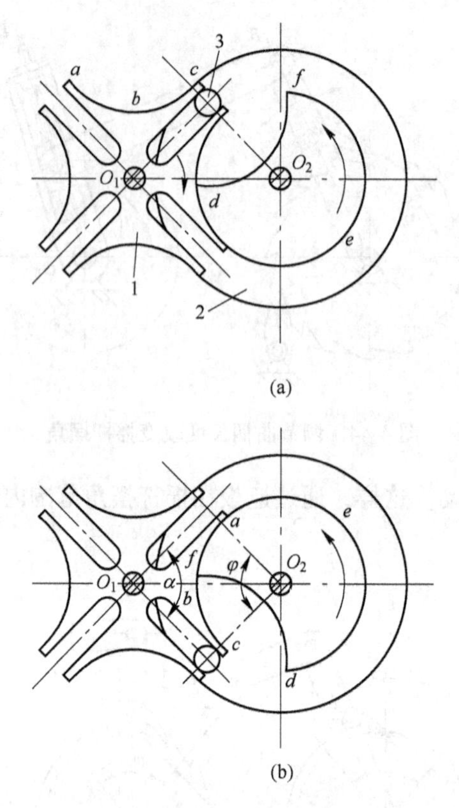

图 4-46　槽轮机构
（a）圆销进入槽轮；（b）圆销离开槽轮
1—槽轮；2—拨盘；3—圆销

从图 4-46 可以看到，槽轮静止的时间比转动的时间长，若需静止的时间缩短些，则可增加拨盘上圆销的数目。如图 4-47 所示，拨盘上有两个圆销，当拨盘旋转一周时，槽轮转过 2α。槽轮机构的结构简单、外形尺寸小、分度准确、工作可靠、传动平稳。但槽轮转角不能调节，在运动中角速度变化大，对槽两侧面有冲击，只适用转角要求一定和转速不高的间歇分度装置。如自动机床、电影机械、包装机械等。

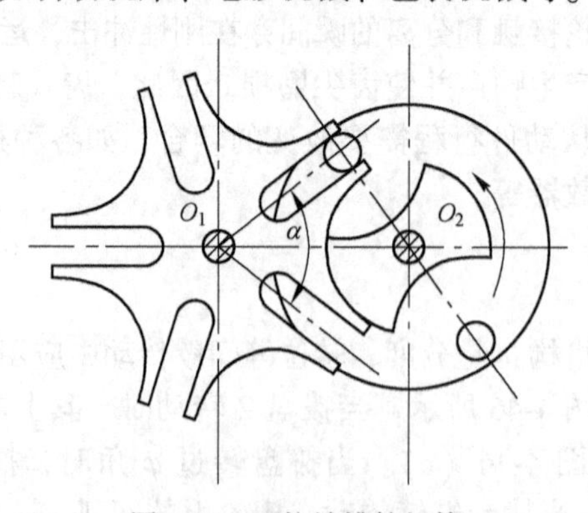

图 4-47　双柱销槽轮机构

图 4-48 所示为车床刀架的转位机构，刀架上装有四把刀具，拨盘转动一周，圆销便

驱动槽轮转过 90°，从而将下一工序的刀具转换到工作位置。图 4-49 所示为电影放映机的卷片机构。为适应人们的视觉暂留现象，要求影片作间歇运动，槽轮 2 开有 4 个径向槽，当传动轴带动圆销 3 每转过一周时，槽轮转过 90°，所以能使影片的画面有一段停留时间。

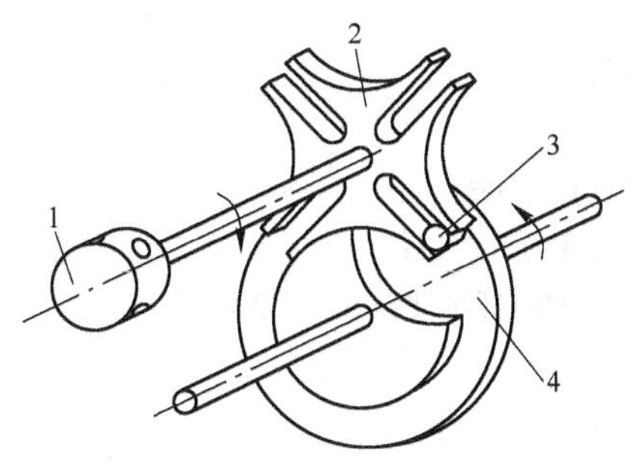

图 4-48　自动机床换刀装置

1—刀架；2—槽轮；3—圆销；4—拨盘

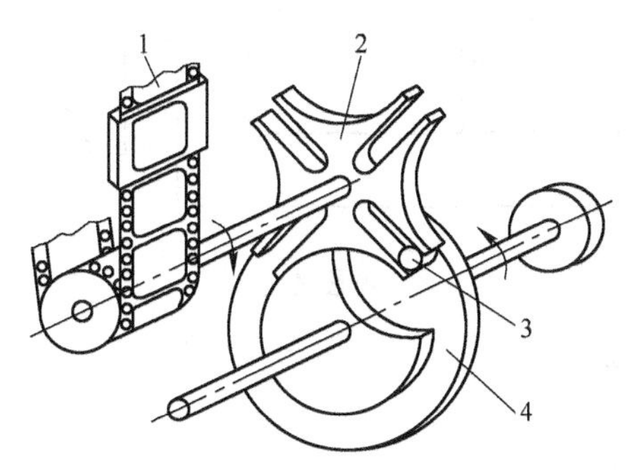

图 4-49　电影放映机的卷片机构

1—胶片；2—槽轮；3—柱销；4—拨盘

复习思考题

4-1 铰链四杆机构有哪些基本形式？

4-2 曲柄摇杆机构有何特点？

4-3 什么是急回特性？判断四杆机构有无急回特性的根据是什么？

4-4 什么是死点位置？

4-5 判断题图 4-1 中各铰链四杆机构的类型。

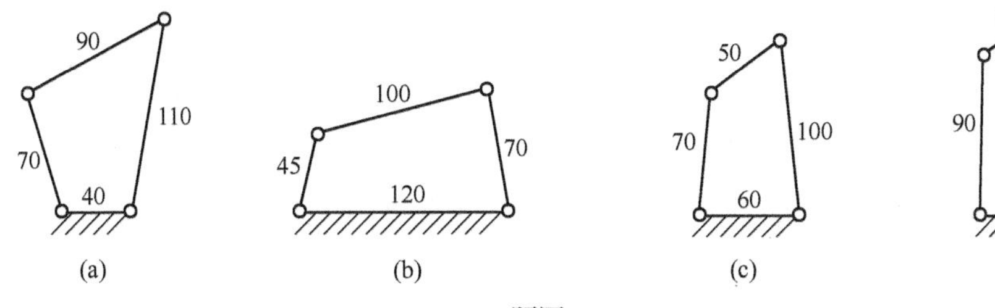

题图 4-1

4-6 铰链四杆机构可以演化成哪几种形式？

4-7 凸轮机构有什么特点？

4-8 凸轮机构有哪些类型？

4-9 凸轮机构应用在哪些方面？

4-10 螺旋机构可分为哪几种？

4-11 普通螺旋传动有哪四种应用形式？

4-12 双螺旋机构有哪几种？

4-13 什么是差动螺旋传动？怎样计算活动螺母的移动距离？

4-14 在题图 4-2 中，设螺杆 1 的左端为单线右旋螺纹，导程 $P_{h1}=4mm$ ，而右端为双线右旋螺纹，螺距 $P=1075mm$ ，当顺时针方向拧动螺杆 1 使其转过 20 转后，滑块（螺母）2 移动多少距离？向哪一方向移动？

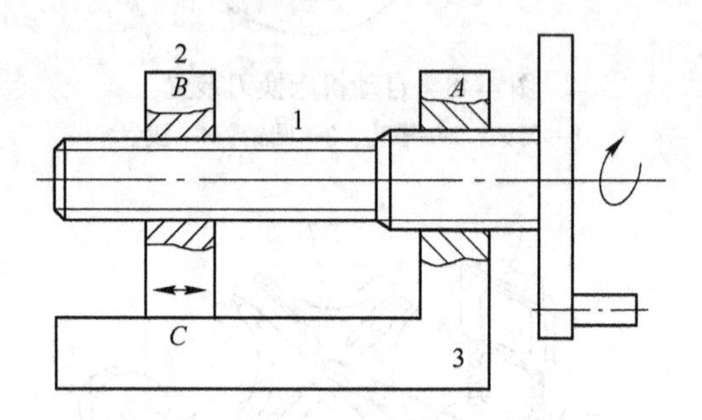

题图 4-2

4-15 棘轮机构的工作原理是什么？

4-16 如何调节棘轮机构的转角？

4-17 槽轮机构的工作原理是什么？

4-18 槽轮机构应用在哪些方面？

项目五　常用机械传动装置

知识目标

1. 熟练掌握齿轮传动的特点及应用。
2. 掌握渐开线标准直齿圆柱齿轮的各部分名称及基本参数的计算。
3. 掌握蜗杆蜗轮的常用材料和结构。
4. 掌握蜗杆传动的安装与维护。
5. 掌握带传动的类型、特点与应用。

能力目标

1. 会计算齿轮传动的几何尺寸。
2. 会识别齿轮的加工方法。
3. 会识别各种带的类型。
4. 会进行带的张紧。

机械传动装置的主要功能是将一轴的旋转运动和动力传递给另一轴，并且可以改变转速的大小和转动的方向。常用的机械传动装置有齿轮传动、蜗杆传动、带传动和链传动等。

课题 5.1　齿 轮 传 动

齿轮传动通过主动齿轮的轮齿与从动齿轮的轮齿直接啮合来传递运动和动力，用于传递空间任意两轴之间的运动和动力，是现代机械中应用最广泛的一种传动机构。

一、概述

（一）齿轮传动的类型

齿轮传动的种类很多，应用广泛。齿轮传动的类型根据两齿轮轴线的相对位置不同来分可分为平行轴齿轮传动和空间齿轮传动。

1. 平行轴齿轮传动

平行轴齿轮传动是用来传递两平行轴之间转动的齿轮传动。轮齿均匀分布在圆柱体表面上的齿轮传动，称为圆柱齿轮传动。

按照轮齿的方向，可将圆柱齿轮传动分为下列三种：

（1）直齿圆柱齿轮传动。齿轮的轮齿方向与齿轮轴线相平行的齿轮，称为直齿圆柱齿轮，又称正齿轮或简称直齿轮。其中，轮齿排列在圆柱体外表的称为外齿轮，轮齿排列在圆柱体内表面的称为内齿轮，轮齿排列在直线平板（相当于半径无穷大的圆柱体）上的则称为齿条。直齿圆柱齿轮传动又分为：

1）外啮合齿轮传动，为两个外齿轮互相啮合，两齿轮的转动方向相反，如图 5-1（a）所示。

2）内啮合齿轮传动。一个外齿轮与一个内齿轮互相啮合，两齿轮的转动方向相同，如图 5-1（b）所示。

3）齿轮齿条传动。一个外齿轮与齿条互相啮合，可将齿轮的圆周运动变为齿条的直线移动，或将直线运动变为圆周运动，如图 5-1（c）所示。

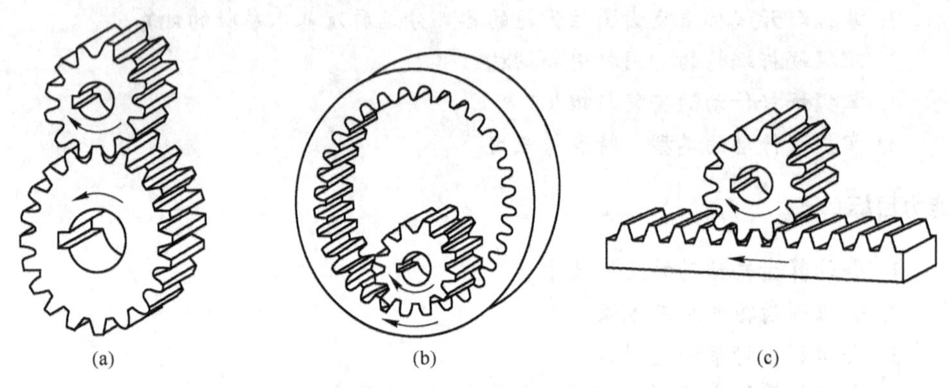

图 5-1　直齿圆柱齿轮传动

（a）外啮合；（b）内啮合；（c）齿轮齿条传动

（2）斜齿圆柱齿轮传动。齿轮的轮齿方向相对于齿轮轴线偏斜一定角度的圆柱齿轮称为斜齿圆柱齿轮，简称斜齿轮。斜齿轮也有外啮合传动、内啮合传动和齿轮齿条传动三种。一对轴线相平行的斜齿轮相啮合，构成平行轴斜齿轮传动，如图 5-2 所示。

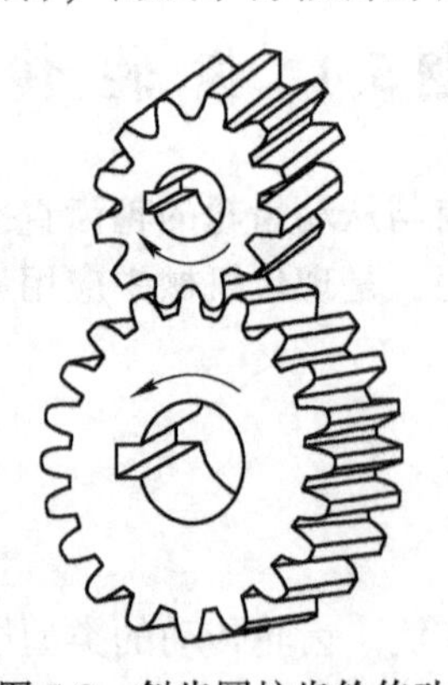

图 5-2　斜齿圆柱齿轮传动

（3）人字齿轮传动。人字齿轮可以看做是由轮齿偏斜方向相反的两个斜齿轮组成的，可制成整体式和拼合式，如图 5-3 所示。

2. 空间齿轮传动

用来传递两不平行轴之间的转动的齿轮传动，称为空间齿轮传动。按照两轴线的相对位置不同，又可将空间齿轮传动分为两类。

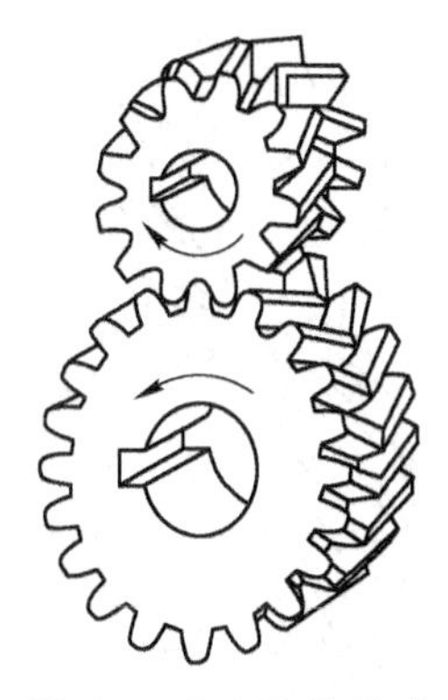

图5-3 人字齿轮传动

（1）传递两相交轴之间的齿轮传动。这种齿轮的轮齿排列在轴线相交的两个圆锥体的表面上，故称为圆锥齿轮。按其轮齿的形状，可分为如下三种：

1）直齿圆锥齿轮，如图5-4（a）所示，这种锥齿轮应用最为广泛。

2）斜齿圆锥齿轮，因不易制造，故很少应用。

3）圆弧圆锥齿轮，如图5-4（b）所示，这种齿轮可用在高速、重载的场合，但需用专门的机床加工。

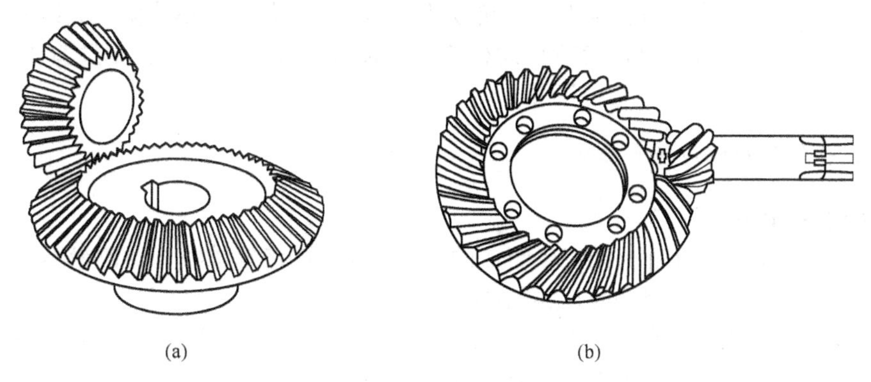

(a) (b)

图5-4 圆锥齿轮

（a）直齿圆锥齿轮；（b）圆弧圆锥齿轮

（2）传递两交错轴之间的齿轮传动。螺旋齿轮机构常用于传递两交错轴之间的运动，如图5-5所示。

另外，按齿轮防护方式的不同，齿轮传动又可分为闭式齿轮传动和开式齿轮传动。开式齿轮传动适用于低速及不重要的场合，闭式齿轮传动适用于高速及重要的场合。

（二）齿轮传动的特点

齿轮传动是现代机械中应用最广的一种机械传动形式。在工程机械、矿山机械、冶金机械、各种机床及仪器、仪表工业中被广泛地用来传递运动和动力。与其他机械传动相比，齿轮传动具有以下优点：

（1）能保证瞬时传动比的恒定，传动平稳性好，传递运动准确可靠。

（2）传递的功率和速度范围大。传递的功率小至低于1W，大至5×10^4kW。

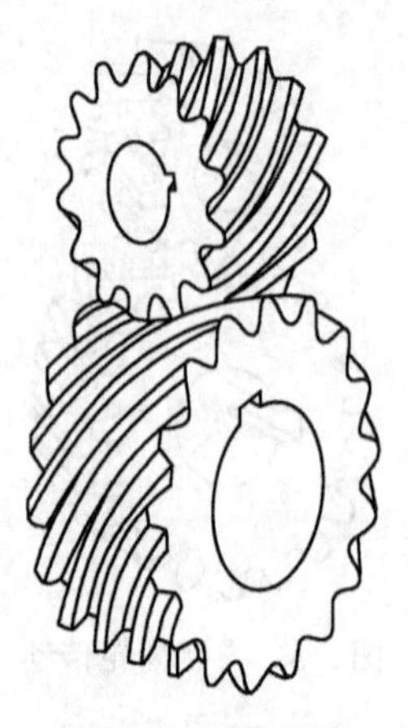

图 5-5　螺旋齿轮

（3）传动效率高。一般传动效率 $\eta=0.94\sim0.99$。

（4）结构紧凑，工作可靠，寿命长。设计正确、制造精良、润滑维护良好的齿轮传动，可使用数年乃至数十年。

齿轮传动也存在不足：

（1）制造和安装精度要求高，工作时有噪声。

（2）齿轮的齿数为整数，能获得的传动比受到一定的限制，不能实现无级变速。

（3）中心距过大时将导致齿轮传动机构结构庞大、笨重，因此，不适宜中心距较大的场合。

（三）齿轮传动的原理和速比

1. 齿轮传动的原理

齿轮副是由两个相互啮合的齿轮组成的基本机构，两齿轮轴线相对位置不变，并各绕其自身的轴线转动。齿轮副是线接触的高副。

齿轮传动是利用齿轮副来传递运动和动力的一种机械传动。齿轮副的一对齿轮的齿依次交替地接触，从而实现一定规律的相对运动的过程和形态称为啮合。齿轮传动属啮合传动。如图 5-6 所示，当齿轮副工作时，主动轮 O_1 的轮齿 1，2，3，4，…，通过啮合点（两齿轮轮齿的接触点）处的法向作用力 F_n，逐个地推动从动轮 O_2 的轮齿 1′，2′，3′，4′，…，使从动轮转动并带动从动轴回转，从而实现将主动轴的运动和动力传递给从动轴。

2. 速比

对于图 5-6 中的一对齿轮传动，设主动齿轮的转速为 n_1，齿数为 z_1，从动齿轮的转速为 n_2，齿数为 z_2，则主动齿轮每分钟转过的齿数为 n_1z_1，从动齿轮每分钟转过的齿数为 n_2z_2。因为在两齿轮啮合传动过程中，主动齿轮每转过一个轮齿，从动轮相应地转过一个轮齿，所以在每分钟内两轮转过的齿数相等，即

$$n_1z_1=n_2z_2$$

由此可得一对齿轮传动的速比为：

$$i=\frac{n_1}{n_2}=\frac{z_2}{z_1} \tag{5-1}$$

式 5-1 表明，一对齿轮传动中，两轮的转速与它们的齿数成反比。一对齿轮的传动速比不

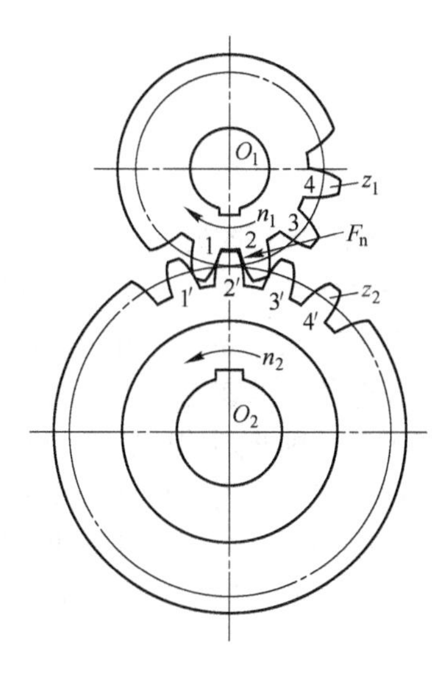

图 5-6 齿轮传动

宜过大，否则会使结构尺寸过大，不利于制造和安装。通常圆柱齿轮传动的速比 $i \leqslant 5 \sim 8$，圆锥齿轮传动的速比 $i \leqslant 3 \sim 5$。

（四）齿轮的精度

根据齿轮传动的使用要求，对齿轮制造精度提出以下四方面要求：(1) 传递运动的准确性；(2) 传动的平稳性；(3) 载荷分布的均匀性；(4) 齿侧间隙要求。

渐开线圆柱齿轮的精度等级按国标 GB/T 10095.1—2001 规定分为 12 级。1 级精度最高，12 级精度最低。

齿轮精度的选择应根据传动的用途、工作条件、传递功率的大小、圆周速度的高低，以及经济性和其他技术要求等决定。通常的精度等级为 6~9 级，具体选择时可参考表 5-1。

表 5-1 齿轮精度等级的选择

精度等级	圆周速度/$m \cdot s^{-1}$		应用范围
	直齿	斜齿	
6	≤15	≤30	航空与汽车中的高速齿轮、一般分度机构用的齿轮
7	≤10	≤15	一般机械制造中重要的齿轮、标准系列减速器中的齿轮
8	≤6	≤10	广泛应用于一般机器中次要的传动齿轮，如航空和汽车拖拉机中不重要的传动齿轮、起重机构的齿轮、农业机械中的重要齿轮
9	≤2	≤4	重载、低速传动齿轮

二、渐开线齿廓

（一）渐开线齿廓曲线

对齿轮传动的基本要求之一，就是保证瞬时速比等于一个恒定不变的值，即主动轮匀角速度转动时，从动轮必须匀角速度转动。否则，由于从动轮角速度的变化，将产生惯性力，这种惯性力将引起冲击和振动，甚至会导致轮齿的损坏。当然，就转过整个的周数而言，不论轮齿的齿廓形状如何，齿轮传动的速比是不变的，即与它们的齿数成反比。但若使其每一瞬间的速比都保持恒定不变，则必须选用适当的齿廓曲线。在理论上可以设计出许多种这样的齿廓曲线，但是目前生产中应用的只有渐开线、摆线和圆弧曲线齿廓。

渐开线齿轮不仅能满足传动平稳的要求，而且具有便于制造和安装等优点，故通常使用的齿轮中绝大多数为渐开线齿廓。下面讨论渐开线的形成原理和特点。

（二）渐开线的形成及特性

在平面上，一条动直线（发生线）沿着一个固定的圆（基圆）作纯滚动时，此直线上一点的轨迹，称为圆的渐开线。

如图 5-7 所示，直线 AB 与一半径为 r_b 的圆相切，并沿此圆作无滑动的纯滚动，则直线 AB 上任意一点 K 的轨迹 CKD 称为该圆的渐开线。与直线作纯滚动的圆称为基圆，r_b 为基圆半径，直线 AB 称为发生线。

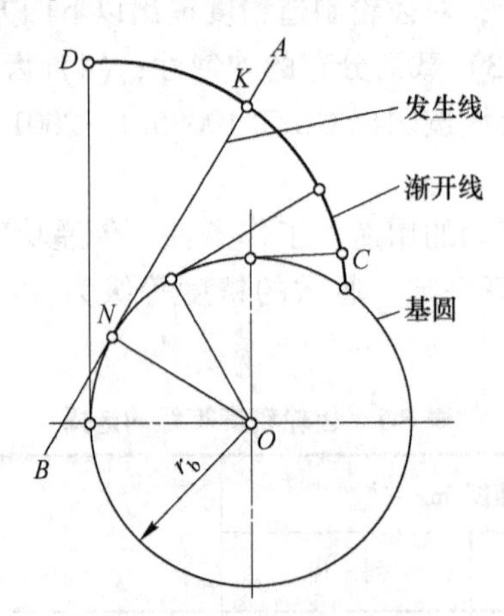

图 5-7 渐开线的形成

以渐开线作为齿廓曲线的齿轮称为渐开线齿轮。图 5-8 所示齿轮轮齿的可用齿廓是由同一基圆的两条相反（对称）的渐开线组成的，称为渐开线齿轮。

从渐开线的形成可以看出，它具有下列性质：

（1）发生线在基圆上滚过的线段长度 NK，等于基圆上被滚过的一段弧长 $\overset{\frown}{NC}$，即 $NK=\overset{\frown}{NC}$（见图 5-7）。

（2）渐开线上任意一点的法线必定与基圆相切。如图 5-7 所示，渐开线上任意一点 K 的法线 KN 与基圆相切于点 N，法线 KN 与发生线 AB 重合。切点 N 是渐开线上 K 点的曲

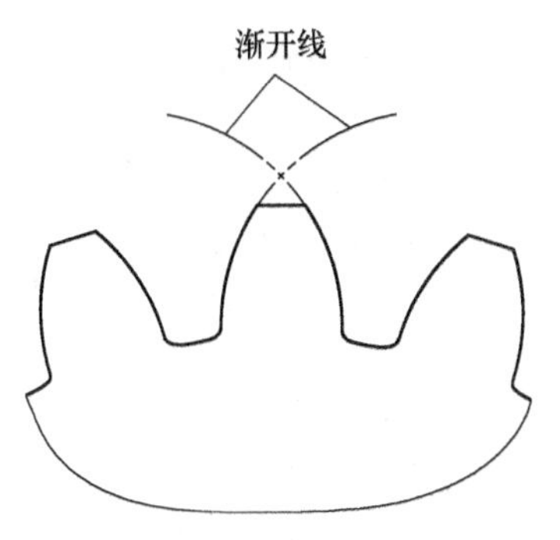

图 5-8 渐开线轮齿

率中心，线段 NK 为 K 点的曲率半径。

（3）渐开线上各点的曲率半径不相等。K 点离基圆越远，其曲率半径 NK 越大，渐开线越趋于平直；K 点离基圆越近，曲率半径越小，渐开线越弯曲；当 K 点与基圆上的点 C 重合时，曲率半径等于零。

（4）渐开线的形状取决于基圆的大小。基圆相同，渐开线形状相同。基圆越小，渐开线越弯曲；基圆越大，渐开线越趋平直。当基圆半径趋于无穷大时，渐开线成直线，这种直线形的渐开线就是齿条的齿廓曲线（见图 5-9）。

（5）渐开线是从基圆开始向外逐渐展开的，所以基圆内无渐开线。

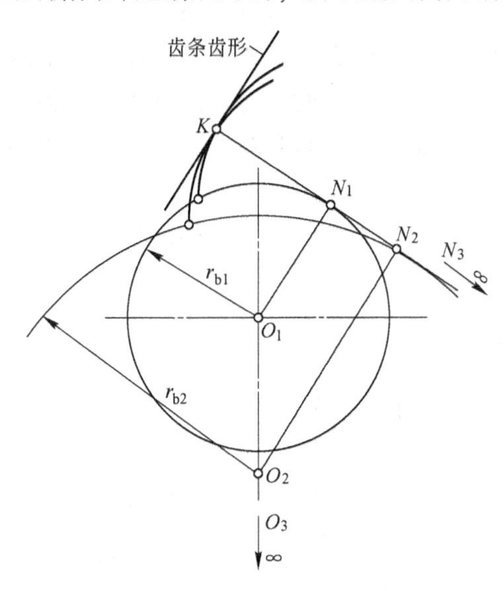

图 5-9 不同基圆的渐开线

（三）渐开线齿廓的压力角

所谓压力角，是指渐开线齿廓上任意一点 K 与另一齿轮的渐开线齿廓相接触时，所受作用力 F_K 的方向（即渐开线在 K 点的法线方向）与该点绕基圆圆心 O 回转时的速度 v_K 方向所夹的锐角，称为渐开线齿廓上任意一点 K 处的压力角 α_K，也就是过齿廓上任意点 K 处的径向直线与齿廓在该点处的切线所夹的锐角（见图 5-10）。显然，α_K 角越小，渐开线齿轮传动越省力。

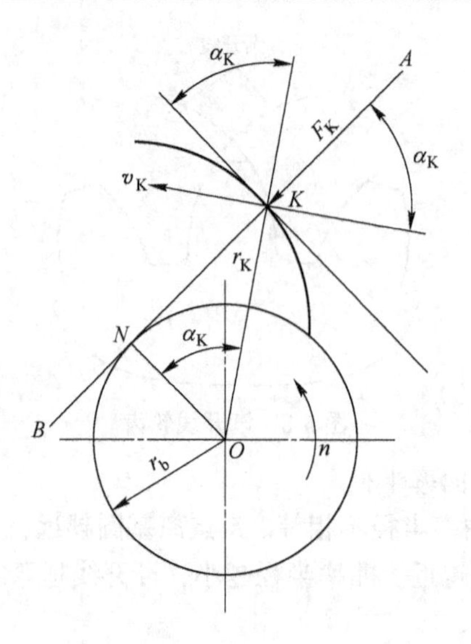

图 5-10　渐开线齿廓的压力角

由图 5-10 可知：在直角三角形 ONK 中，$\angle NOK=\alpha_K$，且有

$$\cos\alpha_K = \frac{ON}{OK} = \frac{r_b}{r_K} \tag{5-2}$$

对于同一基圆的渐开线，基圆半径 r_b 是常量（定值），所以由式 5-2 可知，压力角 α_K 的大小随 K 点的向径 r_K 变化。K 点离基圆越远，r_K 越大，压力角 α_K 越大；反之，K 点离基圆越近，r_K 越小，压力角 α_K 越小。在渐开线的起点（即 K 点在基圆上），$r_K=r_b$，$\cos\alpha_K=1$，$\alpha_K=0°$，即基圆上的压力角等于零。

压力角越小，齿轮传动越省力，因此，通常采用基圆附近的一段渐开线作为齿轮的齿廓曲线。

（四）渐开线齿廓的啮合特点

一对渐开线齿廓在啮合过程中有下列特点。

1. 满足定传动比要求

如图 5-11 所示，在$\triangle O_1N_1P$ 和$\triangle O_2N_2P$ 中，根据相似三角形的性质，可得出如下结论：

$$i_{12} = \frac{\omega_1}{\omega_2} = \frac{O_2P}{O_1P} = \frac{r_2'}{r_1'} = \frac{r_{b2}}{r_{b1}} = \text{常数}$$

由此可以导出两渐开线齿轮传动的瞬时速比等于两齿轮基圆半径的反比。当一对渐开线齿轮制成后，轮的基圆半径已经确定，所以一对渐开线齿轮传动的瞬时速比为一常数，即能保证瞬时速比恒定。

2. 中心距的可分性

因为制造、安装误差，轴承磨损或工作需要等原因，实际中心距与设计中心距往往是不相等的。但由于渐开线齿轮传动比等于两基圆半径的反比，而齿轮制成后基圆大小不变，所以中心距稍有变动，不会改变传动比的大小，这一性质称为渐开线齿轮传动的中心距可分性。这一性质给齿轮制造、安装带来很大的方便。

3. 渐开线齿廓间正压力方向恒定不变

如图 5-11 所示，当一对渐开线齿轮啮合时，啮合点一定沿着两轮基圆的内公切线移动。由于两基圆同侧内公切线只有一条，由渐开线的性质可知，渐开线上任一点的法线恒与基圆相切，而齿廓之间传递的正压力一定沿着公法线的方向。啮合线、公法线、两基圆的内公切线、正压力方向线四线重合，因此，渐开线齿廓间正压力方向恒定不变，从而使传动平稳，这一特性正是机械工程中广泛应用渐开线齿轮的重要原因。

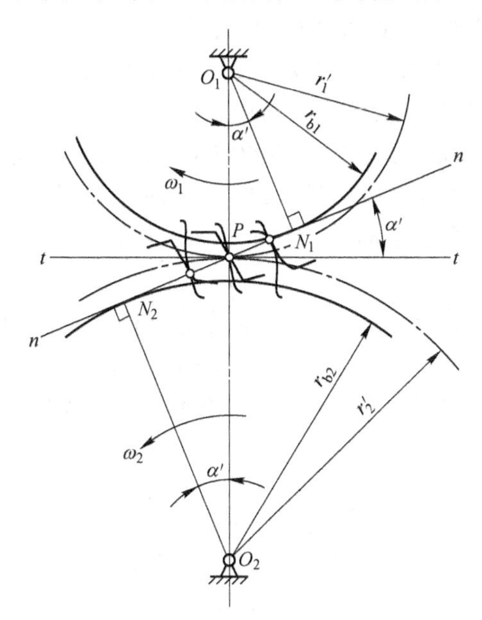

图 5-11 齿轮啮合特点

三、直齿圆柱齿轮传动

(一) 直齿圆柱齿轮各部分名称及主要参数

如图 5-12 所示，渐开线直齿圆柱齿轮各部分的名称及几何关系如下。

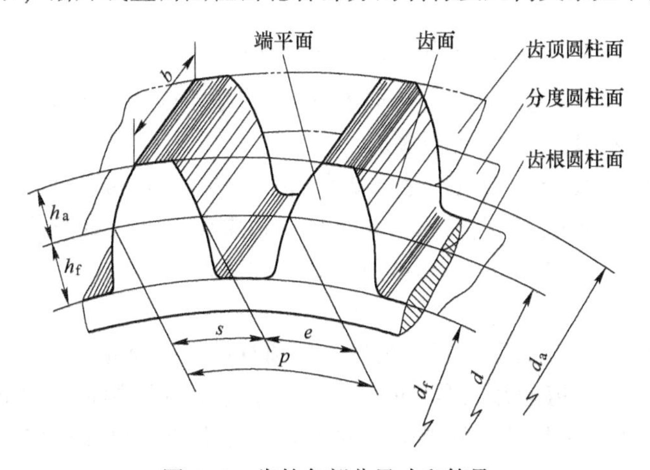

图 5-12 齿轮各部分尺寸和符号

(1) 齿数：在齿轮整个圆周上轮齿的总数称为齿轮的齿数，用 z 表示。

(2) 齿顶圆：过齿轮顶端的圆称为齿顶圆，齿顶圆直径用 d_a 表示。

(3) 齿厚、齿槽宽和齿距：在任一圆上量得的同一轮齿两侧齿廓间的弧长称为齿厚，用 s_k 表示；在任一圆上量得的齿槽两侧齿廓间的弧长称为齿槽宽，用 e_k 表示；在任一圆上量得的相邻两齿同侧齿廓间弧长称为齿距，用 p_k 表示，显然有

$$p_k = s_k + e_k \tag{5-3}$$

(4) 齿根圆：过齿轮槽底的圆称为齿根圆，齿根圆直径用 d_f 表示。

(5) 分度圆和模数：为确定一个齿轮各部分的几何尺寸，在齿轮上选择一个圆作为计算的基准，该圆称为分度圆。分度圆上对应的各参数分别用 r，d，s，e 和 p 表示。而且 $p=s+e$，对于标准齿轮有 $s=e$。由于分度圆的周长 $=\pi d=zp$，于是得 $d=z \cdot p/\pi$。式中，π 是无理数，给齿轮设计、制造和检测带来麻烦。为此，国家标准对 p/π 进行了有理化，并称为模数，用 m 表示，单位为 mm，即 $m=p/\pi$，从而

$$d = mz \tag{5-4}$$

模数 m 的大小反映了齿距 p 的大小，也就是反映了轮齿的大小。模数越大，轮齿越大，齿轮所能承受的载荷就大；反之模数越小，轮齿越小，齿轮所能承受的载荷越小。图 5-13 所示为两个齿数相同（$z=16$）而模数不同的齿轮，可以比较其几何尺寸和轮齿大小。

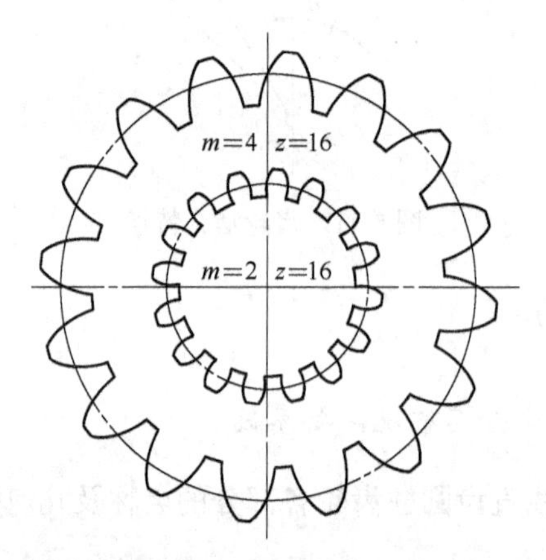

图 5-13 相同齿数不同模数齿轮的不同几何尺寸和轮齿大小比较

图 5-14 所示为分度圆直径相同（$d=72$mm），模数不同的四种齿轮轮齿的比较。不难看出，模数小的，轮齿就小，其齿数多。

齿轮的模数在我国已经标准化，表 5-2 为国家标准中的标准模数系列。

(6) 压力角：渐开线上各点的压力角不同。通常将渐开线在分度圆上的压力角简称为压力角，用 α 表示。由式 5-2、式 5-4 可得基圆直径为

$$d_b = mz\cos\alpha \tag{5-5}$$

可见，只有 m、z 和 α 都确定了，齿轮的基圆直径 d_b 才确定，渐开线形状才确定。所以，m、z 和 α 是决定轮齿渐开线形状的 3 个基本参数。为了制造、检验和互换使用的方便，分度圆的压力角 α 也规定了标准值。我国规定标准压力角 $\alpha=20°$，其他国家常用压力角除 20°外，还有 14.5°、15°、22.5°、25°等。

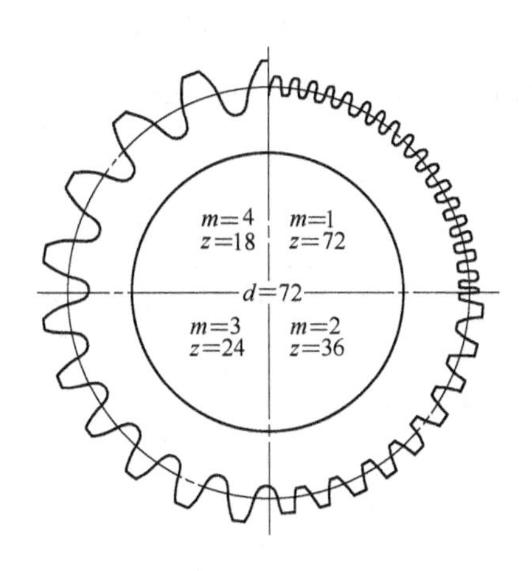

图 5-14 分度圆直径相同，模数不同的齿轮轮齿大小的比较

表 5-2 标准模数系列

第一系列	…	1	1.25	1.5	2	2.5	3	4	5	6
	1	8	10	12	16	20	25	32	40	50
第二系列	…	1.25	2.75	(3.25)	3.5	(3.75)	4.5	5.5	(6.5)	
	7	9	(11)	14	18	22.28	(30)	36	45	

注：1. 本表适用于渐开线圆柱齿轮，对斜齿轮是指法向模数；

2. 选用模数时，应优先选用第一系列，括号内的模数尽可能不用。

显然，齿轮分度圆是齿轮上具有标准模数和标准压力角的圆。

(7) 齿顶高：齿顶圆与分度圆之间的径向距离称为齿顶高，$h_a=h'_a m$ 。其中，h'_a是齿顶高系数。

(8) 齿根高：齿根圆与分度圆之间的径向距离称为齿根高，$h_f=(h'_a+c')m$。其中，h'_a是齿顶高系数，c'是顶隙系数。

(9) 全齿高：齿根圆与齿顶圆之间的径向距离称为全齿高，$h=h_a+h_f=(2h'_a+c')m$。

于是得齿顶圆直径和齿根圆直径的计算公式为

$$d_a=d+2h_a=(z+2h'_a)m$$

$$d_f=d-2h_f=(z-2h'_a-2c')m$$

标准正常齿制：$h'_a=1$，$c'=0.25$。

标准短齿制：$h'_a=0.8$，$c'=0.3$。

我们将模数、压力角、齿顶高系数、顶隙系数均定为标准值，且分度圆上齿厚等于齿槽宽的齿轮称为标准齿轮。对于标准齿轮有 $s=e=\pi m/2$。

（二）外啮合渐开线标准直齿圆柱齿轮几何尺寸的计算公式（见表 5-3）

表 5-3　外啮合渐开线标准直齿圆柱齿轮几何尺寸的计算公式

序　号	名　称	符　号	计 算 公 式
1	模　数	m	根据齿轮承受载荷、结构条件等确定，选用标准值
2	压力角	α	选用标准值 $\alpha=20°$
3	分度圆直径	d	$d=mz$
4	齿顶高	h_a	$h_a=h'_a m$
5	齿根高	h_f	$h_f=(h'_a+c')m$
6	全齿高	h	$h=h_a+h_f=(2h'_a+c')m$
7	齿顶圆直径	d_a	$d_a=d+2h_a=(z+2h'_a)m$
8	齿根圆直径	d_f	$d_f=d-2h_f=(z-2h'_a-2c')m$
9	基圆直径	d_b	$d_b=d\cos\alpha$
10	齿　距	p	$p=\pi m$
11	齿　厚	s	$s=\frac{1}{2}\pi m$
12	齿槽宽	e	$e=\frac{1}{2}\pi m$
13	顶　隙	c	$c=c'm$
14	中心距	a	$a=\frac{1}{2}(d_2+d_1)=\frac{1}{2}m(z_2+z_1)$

（三）标准直齿圆柱齿轮的正确啮合条件和连续传动条件

1. 正确的啮合条件

图 5-15 表示一对渐开线齿轮啮合传动，相邻两齿的啮合点分别为 K 和 K'，它们都在啮合线 N_1N_2 上。要使两对齿轮同时啮合，则必须使相邻两齿的同侧齿廓在公法线 N_1N_2 上的距离（法向齿距 p_n）都等于 KK'。公法线 N_1N_2 也是两轮基元的内公切线，因此可将其视为两轮齿廓的发生线。根据渐开线性质可知，法向距离 KK' 既等于齿轮 1 上的基圆齿距 p_{b1}，也等于齿轮 2 上的基圆齿距 p_{b2}，即 $KK'=p_{b1}=p_{b2}$。

经过推导可得一对渐开线齿轮正确啮合的条件为

$$m_1\cos\alpha_1 = m_2\cos\alpha_2$$

由于齿轮分度圆上的压力角和模数必须为标准值，所以实际上只有

$$m_1 = m_2 = m$$

$$\alpha_1 = \alpha_2 = \alpha = 20°$$

因此，一对标准直齿圆柱齿轮正确啮合的条件是：两齿轮的模数和压力角必须分别相等，并等于标准值。

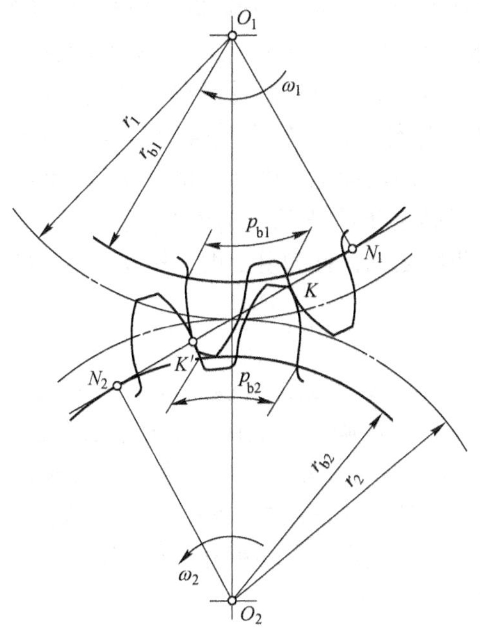

图 5-15 正确啮合条件

2. 连续传动条件

为了使齿轮副顺利地传动，必须保证在前一对齿轮尚未结束啮合，后继的一对轮齿已进入啮合状态。否则，传动就会出现中断现象，发生冲击，无法保证传动的连续平稳性。

如图 5-16 所示，齿轮 1 为主动轮，齿轮 2 为从动轮。两轮开始啮合时，由主动轮的齿根处推动从动轮的齿顶，即从动轮齿顶圆与啮合线的交点 B_2 为开始啮合点。随着轮 1 推

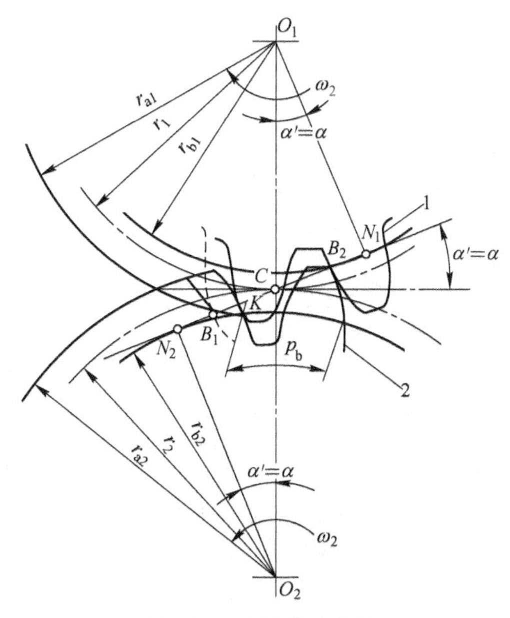

图 5-16 连续传动条件

1—主动轮；2—从动轮

动轮 2 转动，当啮合点移动到齿轮 1 的齿顶圆与啮合线的交点 B_1 时齿廓啮合终止。线段 B_1B_2 为啮合点的实际轨迹，称为实际啮合线，N_1N_2 称为理论啮合线。

要使齿轮能连续传动，至少要求前一对轮齿在 B_1 点退出啮合时，后一对轮齿已在 B_2 点进入啮合，传动便能连续进行。这时实际啮合线段 B_2B_1 不小于齿轮的法向齿距 KB_2。如果实际啮合线段小于齿轮的法向齿距，则啮合将会发生中断而引起冲击，由于法向齿距与基圆齿距 p_b 相等，故连续传动条件是直线 $B_2B_1 \geqslant p_b$。

实际啮合线段与基圆齿距之比，称为重合度，用 ε 表示，即

$$\varepsilon = \frac{B_2B_1}{p_b} \geqslant 1$$

理论上，当重合度 $\varepsilon=1$ 时，齿轮副即能连续传动，也就是说，前一对齿轮啮合终止的瞬间，后继的一对轮齿正好开始啮合。但由于制造、安装误差的影响，实际上必须使 $\varepsilon>1$，才能可靠地保证传动的连续性，重合度 ε 越大，传动越平稳。

对于一般齿轮传动，连续传动的条件是 $\varepsilon \geqslant 1.2$。对直齿圆柱齿轮来说，$1<\varepsilon<2$。标准齿轮传动均能满足上述条件。应注意，中心距分离时，重合度会降低。

3. 根切现象及避免根切的措施

（1）根切现象。

用齿条刀具按展成原理加工渐开线标准齿轮时，如果被加工齿轮齿数过少，如图 5-17（a）所示，刀具齿顶线与啮合线的交点 B_2 将会超过极限啮合点 N_1，这时刀具会把已加工好的齿根渐开线齿廓切去一部分，如图中阴影处，这种现象称为根切。根切的齿轮如图 5-17（b）所示。显然，齿轮轮齿根切会使齿根部位变窄，这不仅使轮齿强度削弱，还会使齿轮传动时的重合度下降，影响齿轮转动的平稳性。因此，在加工制造齿轮时应避免根切现象。

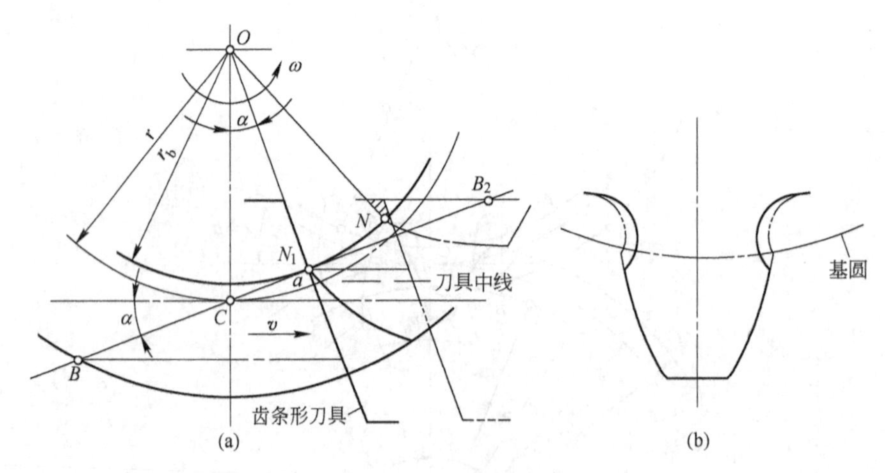

图 5-17　齿轮根切

（a）啮合图；（b）根切图

（2）避免根切的措施。

1）展成法加工标准齿轮的最少齿数：用展成法加工齿轮时，轮齿产生根切的现象与齿数有关，用齿条刀具切制标准直齿圆柱齿轮不产生根切的最少齿数可用下式求得：

$$z_{\min}=\frac{2h_a'}{\sin^2\alpha}$$

对于正常齿制标准齿轮 $h_a'=1$，$\alpha=20°$，则 $z_{\min}=17$ 是标准渐开线齿轮避免根切的最少齿数。为避免根切，通常选择齿数不小于17。

2）采用展成法变位加工：由图5-17（a）看出，如果把齿条刀具沿径向外移一段距离，使 B_2 点移至 N_1 点或 N_1 点以下，这样加工便不会发生根切，这种加工方法称为变位加工。

四、斜齿圆柱齿轮传动的特点及应用

（一）斜齿圆柱齿轮的形成

将一个直齿圆柱齿轮的轮齿沿轴线扭转一个角度，便得到斜齿圆柱齿轮，其轮齿齿线变为螺旋线，如图5-18所示。

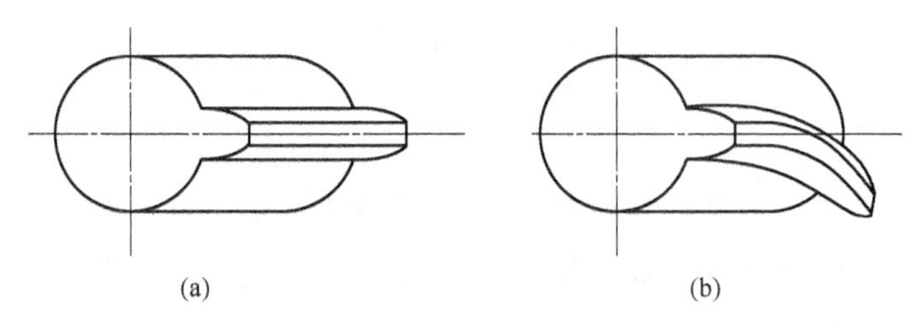

图5-18　斜齿与直齿的比较
（a）直齿；（b）斜齿

斜齿圆柱齿轮分度圆柱上的螺旋线和齿轮轴线方向的夹角称为斜齿圆柱齿轮的螺旋角。图5-19是一斜齿圆柱齿轮沿分度圆柱面的展开图，其中带剖面线部分表示齿厚，空白部分表示齿槽，β 为齿轮的螺旋角。β 角越大，则轮齿倾斜越厉害；当 $\beta=0$ 时，就变成直齿圆柱齿轮。所以，螺旋角 β 是斜齿圆柱齿轮的一个重要参数。

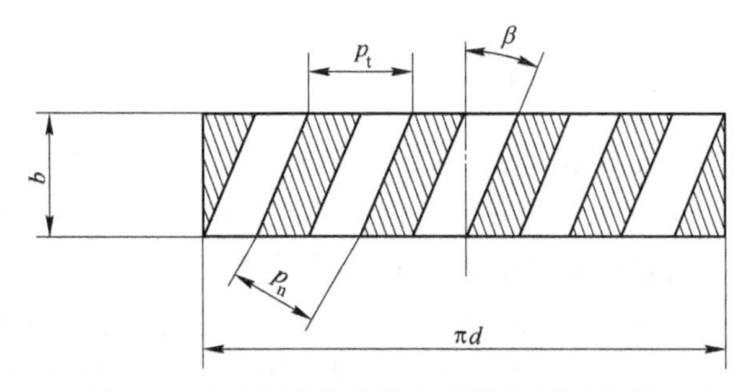

图5-19　斜齿圆柱齿轮沿分度圆柱面的展开图

（二）斜齿圆柱齿轮传动特点

（1）传动更加平稳：当两直齿轮啮合时，其齿面接触线是与整个齿轮轴线平行的直线，如图5-20（a）所示。

因此，直齿轮啮合时，整个齿宽同时进入和退出啮合，所以容易引起冲击、振动和噪声，从而影响传动的平稳性，不适宜高速传动；当两斜齿轮啮合时，由于轮齿的倾斜，一端先进入啮合，另一端后进入啮合，其接触线由短变长，再由长变短，如图 5-20（b）所示，降低了冲击、振动和噪声，改善了传动的平稳性。

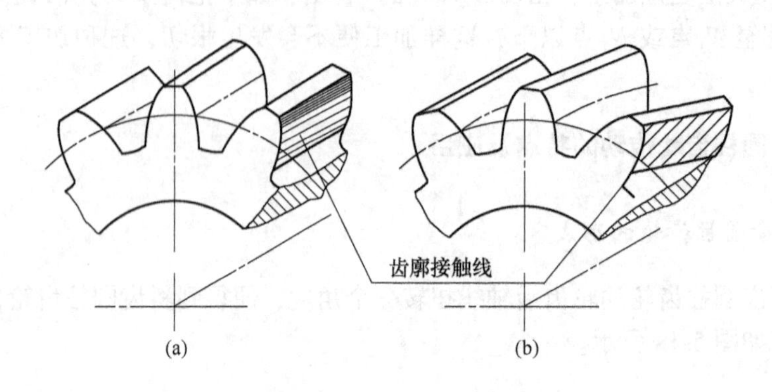

图 5-20 齿廓接触线

（a）直齿圆柱齿轮；（b）斜齿圆柱齿轮

（2）承载能力强：斜齿圆柱齿轮相对于直齿圆柱齿轮而言，可以增大重合度，即在啮合区，齿面上的接触线总长度比直齿圆柱齿轮的齿面接触线长，这样会降低齿面的接触应力，从而提高齿轮承载能力，减小结构尺寸。

（3）产生轴向力：斜齿圆柱齿轮与直齿圆柱齿轮相比，会多出一个沿轴线方向的轴向力，这将对齿轮的支撑结构和传动效率产生影响。要消除轴向力的影响，可以采用左右对称的人字齿或反向同时使用两个斜齿轮传动。

斜齿圆柱齿轮的螺旋角 β 越大，其传动特点越明显。为了不使轴向力过大，一般取 $\beta=7°\sim20°$。

（4）不能用作变速滑移齿轮。

五、圆锥齿轮传动的特点及应用

圆锥齿轮传动用于传递两相交轴之间的运动和动力，两轴的交角可以是任意的，通常是 90°，如图 5-21（a）所示。锥齿轮有直齿、斜齿和曲齿三种形状的轮齿，直齿圆锥齿轮由于其设计、制造和安装均较为方便，因此应用最广泛。

圆柱齿轮的轮齿是分布在圆柱面上的，而圆锥齿轮的轮齿是分布在圆锥面上的，且轮齿从大端逐渐向锥顶缩小，沿齿宽各截面尺寸都不相等，大端尺寸最大，如图 5-21（b）所示。锥齿轮由大端至小端，其模数不同。在设计和计算中，规定以大端模数为依据并采用标准模数。

与圆柱齿轮相比，圆锥齿轮的加工和安装比较困难，而且圆锥齿轮传动中有一个齿轮只能悬臂安装，这不仅使支撑结构复杂化，而且会降低齿轮啮合传动精度和承载能力。因此，圆锥齿轮传动一般用于轻载、低速的场合。

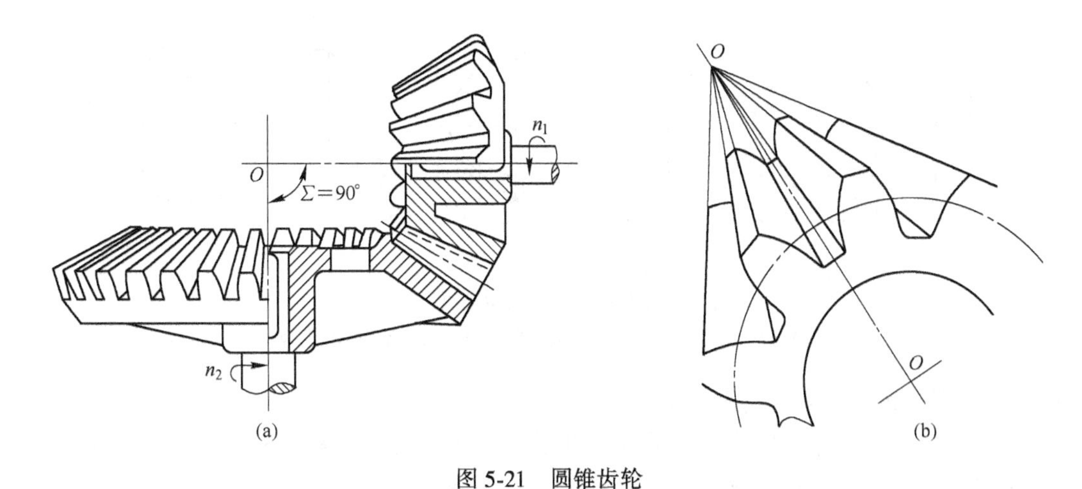

图 5-21　圆锥齿轮

（a）两轴的交角是 90°的标准直齿圆锥齿轮传动；（b）圆锥齿轮的轮齿分布

课题 5.2　蜗 杆 传 动

一、蜗杆传动原理及其速比的计算

蜗杆传动是一种传递空间交错轴间运动和动力的机构，它们的轴线通常在空间交错成 90°角，主要由蜗杆和蜗轮组成，如图 5-22 所示。

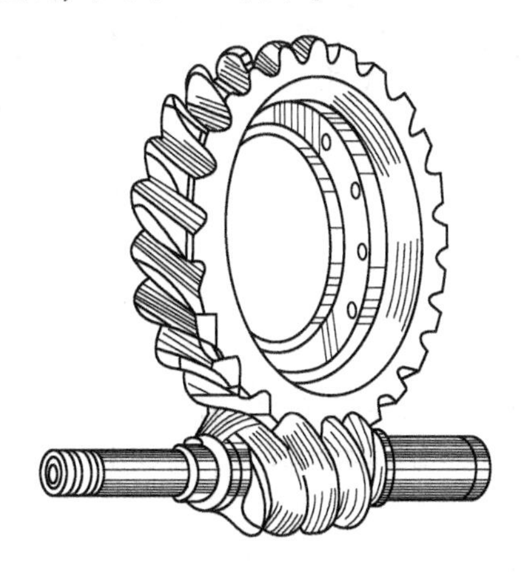

图 5-22　蜗杆传动

根据外形不同，蜗杆分为圆柱蜗杆、环面蜗杆和锥面蜗杆三类（见图 5-23），圆柱蜗杆制造简单，应用广泛。圆柱蜗杆按齿廓形状不同，可分为阿基米德蜗杆（又称普通蜗杆），渐开线蜗杆和延伸渐开线蜗杆。本节仅介绍常用的阿基米德蜗杆。

阿基米德蜗杆（普通蜗杆）是一个具有梯形螺纹的螺杆。与螺杆相同，其螺纹有左旋、右旋和单头、多头之分。常用蜗轮是在一个沿齿宽方向具有弧形轮缘的斜齿轮。一对相啮合的蜗杆传动，其蜗杆、蜗轮轮齿的旋向相同，且螺旋角之和为 90°，即 $\beta_1+\beta_2=90°$

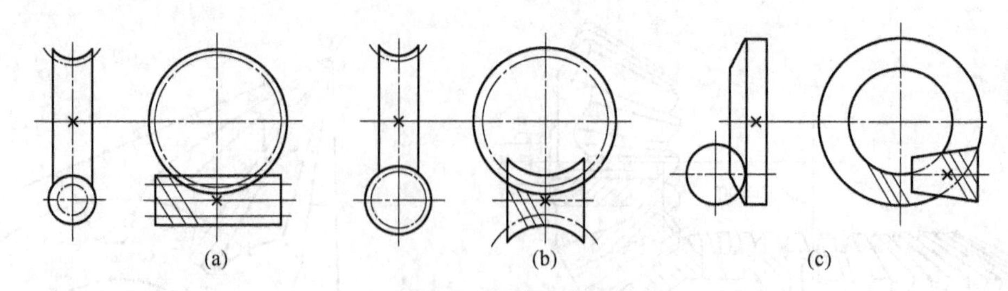

图 5-23　蜗杆传动类型

(a) 圆柱蜗杆传动；(b) 环面蜗杆传动；(c) 锥面蜗杆传动

(β_1为蜗杆螺旋角，β_2为蜗轮螺旋角)。

通常蜗杆为主动件，蜗轮为从动件。设蜗杆头数为 z_1，通常取 $z_1=1$，2，4，蜗杆头数过多时不易加工，蜗轮齿数为 z_2，通常取 $z_2=27\sim80$。

当蜗杆转动一周时，蜗轮转过 z_1 个齿，即转过 z_1/z_2圈。当蜗杆转速为 $n_2=n_1z_1/z_2$时，蜗杆传动的速比应为

$$i=\frac{n_1}{n_2}=\frac{z_2}{z_1} \tag{5-6}$$

蜗杆传动中，蜗轮的回转方向不仅与蜗杆的回转方向有关，而且与蜗杆轮齿的螺旋方向有关。蜗轮的转向可用左右手螺旋定则判断：蜗杆右旋使用右手，左旋使用左手。半握拳，四指指向蜗杆回转方向，蜗轮的回转方向与大拇指指向相反，如图 5-24 所示。

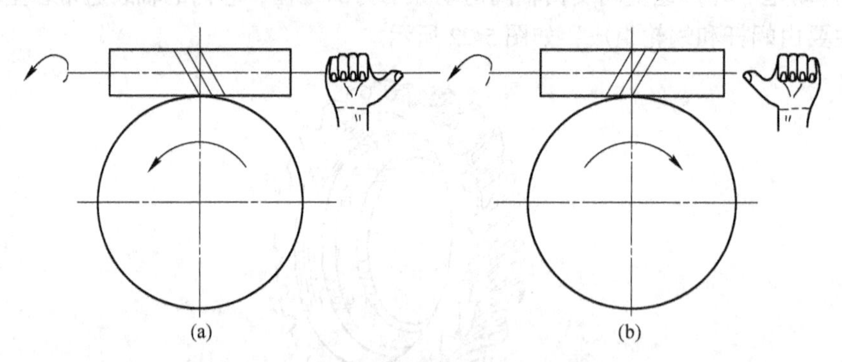

图 5-24　蜗杆传动中蜗轮回转方向的判定

(a) 右旋蜗杆传动；(b) 左旋蜗杆传动

二、蜗杆传动的主要特点

蜗杆传动的主要优点如下：

(1) 传动比大，而且准确，结构紧凑。蜗杆头数较少，蜗杆头数为 1~4，蜗杆传动能获得较大的传动比，因此，单级蜗杆传动所得到的速比要比齿轮传动大得多。在动力传动中，通常 $i=10\sim30$，一般传动中 $i=60\sim85$，在分度机构中，i 可达 1000 以上。

(2) 传动平稳，无噪声。由于蜗杆的轮齿沿螺旋线连续分布，它与蜗轮的啮合是逐渐进入和退出的，同时啮合的齿数又较多，因此传动平稳，噪声小。

(3) 有自锁作用。如果蜗杆的螺纹升角较小，只能蜗杆驱动蜗轮，蜗轮却不能驱动

蜗杆，这种现象称为自锁。在图 5-25 所示的简易起重设备中，应用了蜗杆传动的自锁性能。当加力于蜗杆使之转动时，重物就被提升；当蜗杆停止加力时，重物也不因自重而下落。

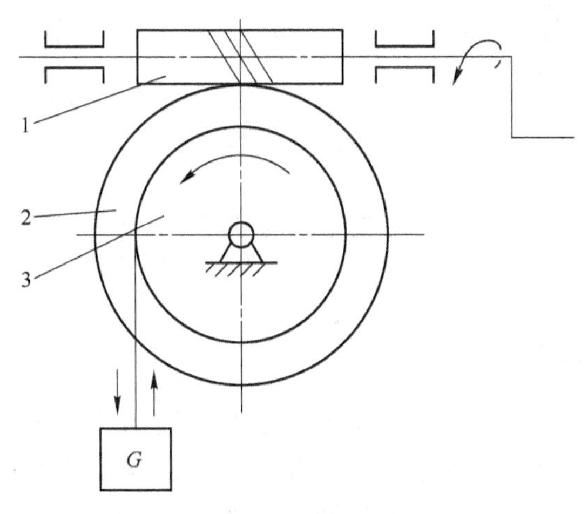

图 5-25 蜗杆的自锁作用

1—蜗杆；2—蜗轮；3—卷筒

蜗杆传动的主要缺点如下：

（1）传动效率低。蜗杆传动时，因蜗杆与蜗轮的齿面之间存在着剧烈的滑动摩擦，所以易发生齿面磨损和发热，传动效率低（一般 $\eta=0.5\sim0.9$，对具有自锁性的传动：$\eta=0.4\sim0.5$）。由于蜗杆传动存在这一缺点，所以要求工作时要有良好的润滑和冷却。

（2）成本较高。为了减磨，提高效率和使用寿命，蜗轮通常用减磨材料（铜合金、铝合金）制造，提高了蜗杆传动的成本。

随着加工工艺技术的发展和新型蜗杆传动技术的不断出现，蜗杆传动的优点得到进一步的发扬，而其缺点得到较好的克服。因此，蜗杆传动已普遍应用于各类运动与动力传动装置中。

课题 5.3 带 传 动

一、带传动的工作原理及其速比

（一）带传动的组成

带传动是应用很广泛的一种机械传动。当主动轴和从动轴相距较远时，常采用这种传动方式。

带传动由主动带轮 1、从动带轮 2 和挠性带轮 3 组成，借助带与带轮之间的摩擦或相互啮合，将主动带轮 1 的运动传给从动带轮 2，实现两轴间运动和动力的传递，如图 5-26 所示。

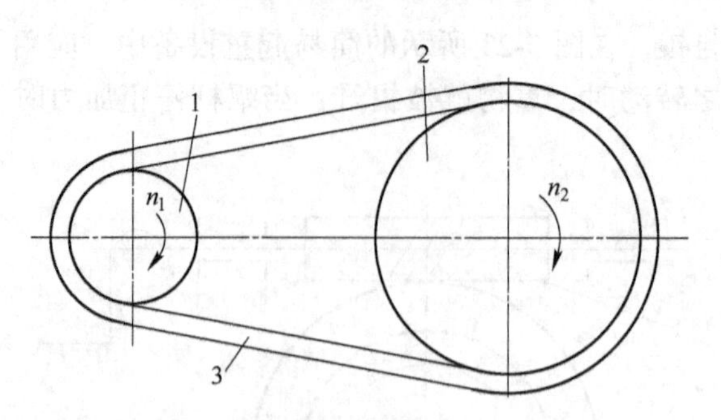

图 5-26　摩擦带传动的工作原理

1—主动带轮；2—从动带轮；3—挠性带轮

（二）带传动的工作原理

带传动按传动原理的不同可分为摩擦型带传动和啮合型带传动。摩擦型带传动依靠带的张紧作用，使带与带轮互相压紧，从而使带与两轮的接触面产生摩擦力。当主动轮转动时，由于带和带轮间存在摩擦力，因此便拖动从动带轮一起转动，并传递动力，如平带和三角带传动。啮合型带传动的原理是当主动带轮转动时，由于带和带轮间的啮合，因此便拖动从动带轮一起转动，并传递动力，如同步带传动。

（三）带传动的速比

机构中瞬时输入速度与输出速度的比值称为机构的传动比。对于带传动，其传动比就是主动轮转速 n_1 与从动轮转速 n_2 的比值，也等于主动轮角速度 ω_1 与从动轮角速度 ω_2 的比值。传动比用符号 i 表示，表达式为

$$i = \frac{n_1}{n_2} = \frac{\omega_1}{\omega_2}$$

如果不考虑带的弹性变形，并假定带在带轮上不发生滑动，那么，主、从动带轮的圆周速度是相等的，即

$$v_1 = v_2$$

若以 D_1、D_2 分别表示主、从动带轮的直径，则

$$v_1 = \frac{\pi D_1 n_1}{60}$$

$$v_2 = \frac{\pi D_2 n_2}{60}$$

代入传动比公式可得

$$i = \frac{\omega_1}{\omega_2} = \frac{n_1}{n_2} = \frac{D_2}{D_1} \tag{5-7}$$

式 5-7 表明，带传动中的两轮速比与带轮直径成反比。

二、带传动的类型

按照带横截面形状的不同，带可分为平带、三角带、多楔带、圆带、同步带等多种类

型。常用的带传动主要有平带传动和三角带传动。

（一） 平带传动（见图 5-27（a））

平带的横截面为扁平矩形，其工作面为内表面。常用的平带为橡胶帆布带。

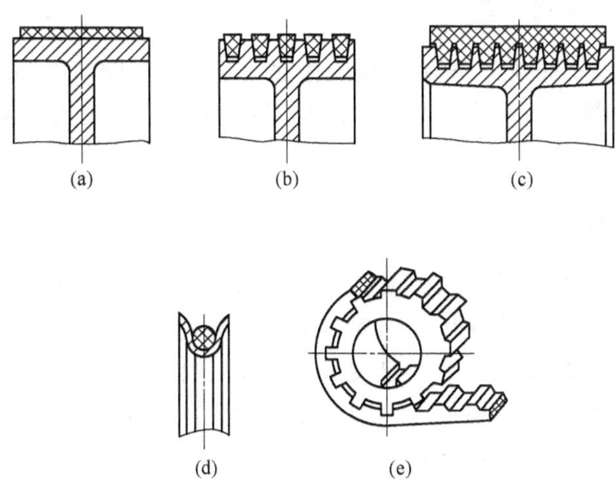

图 5-27 带传动的类型

（a）平带传动；（b）V 带传动；（c）多楔带传动；（d）圆带传动；（e）同步带传动

平带传动的形式一般有三种：最常用的是两轴平行，转向相同的开口传动（见图 5-28（a））。

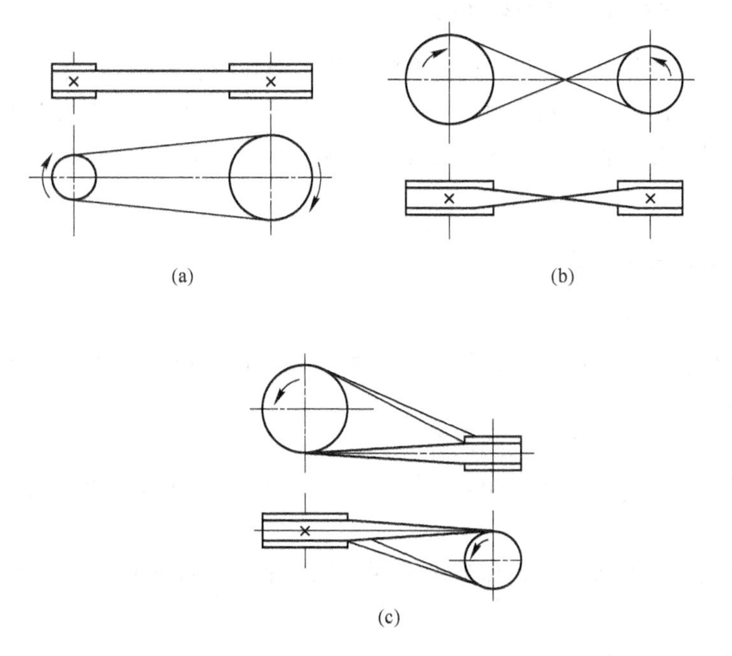

图 5-28 平带传动形式

（a）开口传动；（b）交叉传动；（c）半交叉传动

还有两轴平行，转向相反的交叉传动（见图 5-28（b））和两轴在空间交错 90°的半交叉传动（见图 5-28（c））。

平带传动结构简单，带轮制造方便，平带质轻且挠曲性好，故多用于高速和中心距较大的传动。

（二）V 带传动（见图 5-27（b））

V 带的横截面为等腰梯形，两侧面是工作面。根据楔面摩擦原理，在初拉力相同时，V 带传动所产生的摩擦力比平带传动约大 70%，而且允许的传动比较大，结构紧凑，故在一般机械中已取代平带传动。

（三）多楔带传动（见图 5-27（c））

多楔带是在绳芯结构为平带的基体上接有若干纵向三角形楔的环形带，工作面为楔的侧面。这种带兼有平带挠曲性好和 V 带摩擦力较大的优点。与普通 V 带传动相比，在传动尺寸相同时，多楔带传动的功率可增大 30%，且克服了 V 带传动各根带受力不均的缺点，传动平稳，效率高，故适用于传递功率较大且要求结构紧凑的场合，特别是要求 V 带根数较多或轮轴垂直于地面的传动。

（四）圆带传动（见图 5-27（d））

圆带的横截面呈圆形。圆带传动仅用于载荷很小的传动，如用于缝纫机和牙科医疗器械中。

（五）同步带传动（见图 5-27（e））

同步带是带齿的环形带，与之相配合的带轮工作表面也有相应的轮齿。同步带传动是一种啮合传动，其优点是：无滑动，既能缓冲、吸振，又能使主动带轮和从动带轮圆周速度同步，保证固定的传动比；带的柔韧性好，所用带轮直径较小。但对制造与安装精度要求高，成本也较高。

三、带传动的特点与应用

带传动的主要优点如下：

（1）由于传动带用橡胶制造，具有良好的弹性，所以能缓和冲击，吸收振动，传动平稳，噪声小。

（2）适用于两轴中心距较大的场合。

（3）过载时，带与带轮间发生打滑，从而可以避免其他零件的损坏，起到安全保护作用。

（4）结构简单，制造、安装和维护方便，无需润滑，成本低，且制造和安装精度要求不高。

带传动的主要缺点如下：

（1）外廓尺寸及带作用于轴的力均较大。

（2）带与带轮之间存在一定的弹性滑动，不能保持准确的传动比。

(3) 传动效率低，带的寿命较短，需经常更换。

(4) 需要定期张紧。

(5) 在高温、易燃、有油和水的场合不能使用。

根据上述特点，带传动多用于两轴中心距较大，传动比要求不严格的机械中。一般带传动的传动比不超过 5，传递功率为 50 ~ 100kW，带速为 5 ~ 25m/s，传动效率为 0.92~0.97。

四、三角带的结构与型号

(一) 三角带的结构

V 带为无接头环形带。截面为梯形，带两侧工作面的夹角 α 称为带的楔角，$\alpha=40°$。

标准三角带分为帘布结构和绳芯结构两种。图 5-29 (a) 为帘布结构，由拉伸层(胶料)、强力层 (胶帘布)、压缩层 (胶料) 和包布层 (胶帆布) 组成。图 5-29 (b) 为绳芯结构，由拉伸层 (胶料)、强力层 (胶线绳)、压缩层 (胶料) 和包布层 (胶帆布) 组成。

一般用途的三角带主要采用帘布结构，帘布结构 V 带抗拉强度较高，制造方便，用于较大功率的传动。绳芯结构 V 带的柔韧性好，抗弯强度高，适用于转速较高、带轮直径较小的场合。

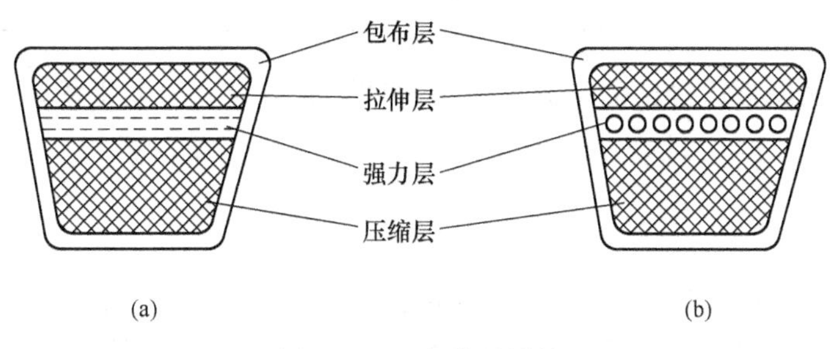

图 5-29 三角带的结构
(a) 胶帘布芯结构；(b) 绳芯结构

(二) 三角带的型号

V 带的尺寸已标准化，按截面尺寸自小到大，普通 V 带分为 Y、Z、A、B、C、D、E 七种型号；窄 V 带有 SPZ、SPA、SPB、SPC 四种型号，见表 5-4。对于不同型号，其截面尺寸和公称长度 (内周长) 不相同。

带的截面尺寸越大，所能传递的功率就越大。生产现场中使用最多的是 Z、A、B 三种型号。

五、带传动的张紧

带传动中，由于传动带长期受到拉力的作用，将会产生永久变形，使带的长度增加。因而容易造成张紧能力减小，张紧变为松弛使传动能力降低。为了保持带在传动中的能力，

表 5-4　V 带截面尺寸　　(mm)

V 带截面图	型　号		节宽 b_p	顶宽 b	高度 h	楔角 α
	普通 V 带	Y	5.3	6.0	4.0	40°
		Z	8.5	10.0	6.0	
		A	11	13.0	8.0	
		B	14	17.0	11.0	
		C	19	22.0	14.0	
		D	27	32.0	19.0	
		E	32	38.0	23.0	
	窄 V 带	SPZ	8	10.0	8.0	40°
		SPA	11	13.0	10.0	
		SPB	14	17.0	14.0	
		SPC	19	22.0	18.0	

可使用张紧装置来调整。常见的张紧装置有定期张紧装置、自动张紧装置和张紧轮张紧装置。

(一) 定期张紧装置

图 5-30（a）所示为移动式，电动机固定在导轨上，调节时，松开螺母，旋动调节螺钉，将电动机沿滑轨向右推到所需位置后，再拧紧螺母，从而实现张紧，这种装置适用于水平或接近水平的带传动中。

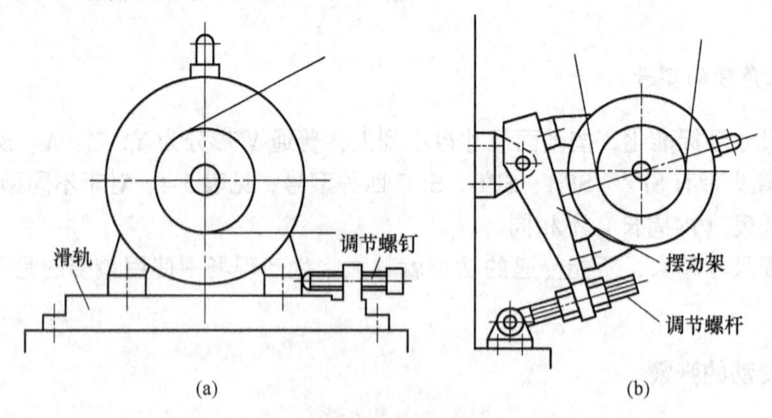

图 5-30　定期张紧装置
(a) 移动式；(b) 摆动式

图 5-30（b）所示为摆动式，电动机固定在可调节的摆架上，转动调节螺母，使摆架绕固定支点顺时针摆动，将带张紧，这种装置适用于垂直或接近垂直的带传动中。

（二）自动张紧装置

图 5-31（a）所示电动机固定在浮动的摆架上，利用电动机和摆架的自重使摆动架绕固定支点顺时针自动摆动，将带张紧。图 5-31（b）所示为利用重锤自动张紧。

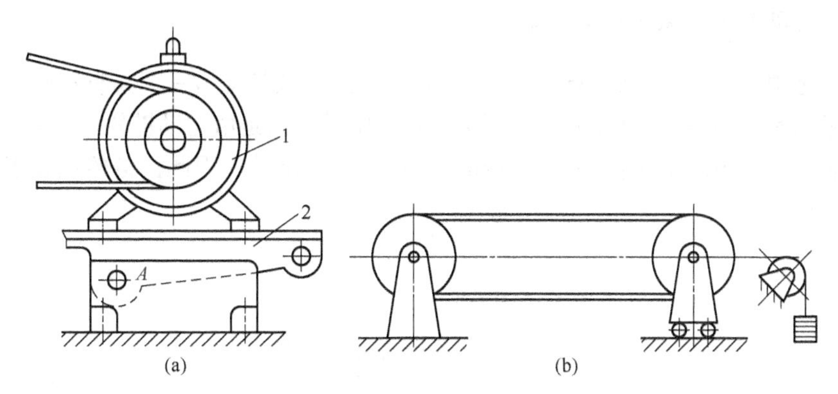

图 5-31 自动张紧装置

（a）自重张紧；（b）重锤张紧

（三）张紧轮张紧装置

这是在中心距不能调整时采用的方法。

图 5-32（a）所示为平型带传动时采用的张紧轮装置，它是利用重锤使张紧轮张紧平型带。平型带传动时的张紧轮应安放在平型带松边的外侧，并要靠近小带轮处，这样小带轮的包角可以得到增大，提高了平型带的传动能力。

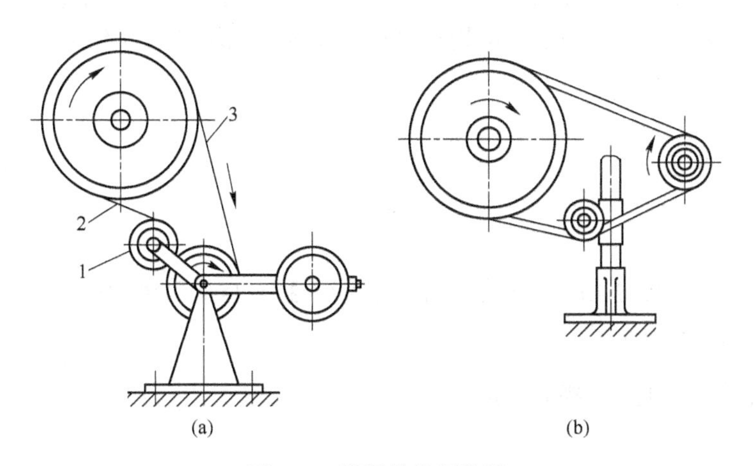

图 5-32 张紧轮张紧装置

（a）平带张紧轮装置；（b）三角形带张紧轮装置

1—张紧轮；2—松边；3—紧边

图 5-32（b）所示为三角形带传动时采用的张紧轮装置，对于三角带传动的张紧轮，其位置应安放在三角带松边的内侧，这样可使三角带传动时只受到单方向的弯曲。同时张紧轮应尽量靠近大带轮的一边，这样可使小带轮的包角不至于过分减小。

课题 5.4 链 传 动

一、链传动的工作原理及其速比

链传动是由一个具有特殊齿形的主动链轮，通过链条带动另一个具有特殊齿形的从动链轮传递运动和动力的一套传动装置。如图 5-33 所示，它是由主动链轮 1、链条 2 和从动链轮 3 组成的。当主动链轮转动时，从动链轮也就跟着旋转。因此，链传动属于有中间挠性件的啮合传动。

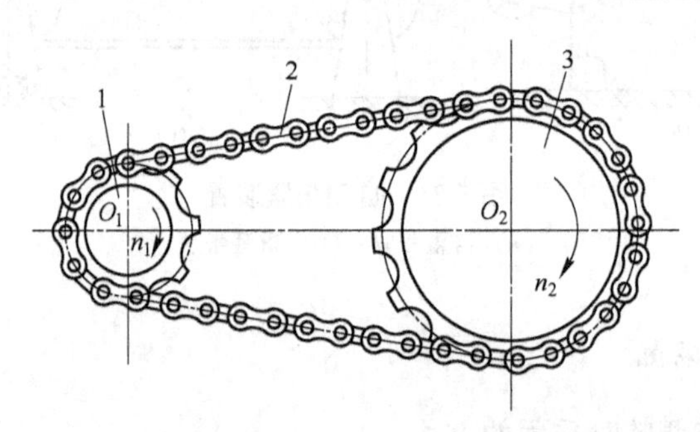

图 5-33 链传动
1—主动链轮；2—链条；3—从动链轮

设在某链传动中，主动链轮的齿数为 z_1，从动链轮的齿数为 z_2，主动链轮每转过一个齿、链条就移动一个链节，而从动轮也就被链条带动转过一个齿。若主动链轮转过 n_1 转时，其转过的齿数为 z_1n_1，而从动链轮跟着转过 n_2转，则转过的齿数为 z_2n_2。显然两链轮转过的齿数应相等。即

$$z_1n_1 = z_2n_2$$

由此可得链传动的速比为

$$i = \frac{n_1}{n_2} = \frac{z_2}{z_1} \tag{5-8}$$

式 5-8 表明链传动的速比，就是主动链轮的转速 n_1 与从动链轮的转速 n_2之比，也等于两链轮齿数 z_1、z_2的反比。

二、链传动的特点、分类和应用

（一）链传动的特点

链传动既不同于挠性带的摩擦传动，又不同于齿轮的啮合传动，与带、齿轮传动相比，链传动的主要优点如下：

（1）属啮合传动，不会打滑，平均速比准确，无滑动。

（2）结构简单，需要的张紧力小，轴上压力小，可减少轴承的摩擦损失。

（3）传动效率高，一般可达0.95~0.98。

（4）结构紧凑、工作可靠，能实现较大的传动比，传动较平稳。

（5）可远距离传动，最大中心距可达8m。

（6）能在低速、重载和高温条件下，以及尘土飞扬、淋水、淋油等不良环境中工作。

链传动的主要缺点如下：

（1）瞬时速比不恒定。

（2）传动时有噪声、冲击。

（3）铰链易磨损，会造成脱链现象。

（4）无过载保护作用。

（二）链传动的分类

链传动按用途不同可分为：

（1）起重链：主要在起重机械中用于提升重物，其工作速度不大于0.25m/s。

（2）曳引链：主要在各种输送装置和机械化装卸设备中用于输送重物，其工作速度不大于2~4m/s。

（3）传动链：主要在一般机械中用于传递动力和运动，通常都在中等速度（$v \leqslant 20$m/s）以下工作。

（三）链传动的应用

链传动在传递功率、速度、传动比、中心距等方面都有很广的应用范围。目前，最大传递功率达到5000kW，最高速度达到40m/s，最大传动比达到15，最大中心距达到8m。由于经济及其他原因，一般链传动的传递功率$P<100$kW、传动比$i \leqslant 8$、链速$v \leqslant 15$m/s、中心距$a \leqslant 8$m、效率$\eta = 0.95 \sim 0.97$。

复习思考题

5-1 齿轮传动的类型有哪些？

5-2 齿轮传动的特点是什么？

5-3 齿轮的精度有哪些？

5-4 渐开线齿廓各点的压力角如何变化？

5-5 模数表示什么含义？模数的大小对齿轮有什么影响？

5-6 渐开线齿廓的啮合特点是什么？

5-7 某标准直齿圆柱齿轮的齿数$z=30$，模数$m=3$mm。试按表5-2确定该齿轮各部分的几何尺寸。

5-8 一对渐开线标准直齿轮的正确啮合条件和连续传动的条件是什么？

5-9 什么是齿轮的根切现象？如何避免？

5-10 与直齿圆柱齿轮传动相比较，斜齿圆柱齿轮的主要优缺点是什么？

5-11 圆锥齿轮传动一般适用于什么场合？
5-12 蜗杆传动一般适用于什么场合？
5-13 蜗杆传动的主要优缺点是什么？
5-14 简述带传动的工作原理和速比的计算方法。
5-15 三角带主要由哪几层构成？
5-16 为什么带传动要有张紧装置？常用的张紧方法有哪些？
5-17 在相同的条件下，为什么三角带比平带的传动能力大？
5-18 链传动的主要特点是什么？链传动适用于什么场合？

项目六　常用机械零件

知识目标

1. 掌握螺纹连接的主要类型和应用。
2. 掌握滚动轴承的结构、类型和特点。
3. 掌握轴的材料及结构。
4. 了解联轴器、离合器、制动器的作用。
5. 了解弹簧的作用。

能力目标

1. 识别螺纹连接的类型。
2. 识别滚动轴承的类型。
3. 会选用轴的材料。

机械传动离不开机械零件，本章将介绍螺纹、键、轴、轴承、联轴器、制动器和弹簧等通用零部件的结构特点、工作原理及基本选用方法。

课题 6.1　连　　接

一、螺纹连接

螺纹连接结构简单、装拆方便、类型多样，是机械中应用最广泛的紧固件连接。

（一）螺纹的类型及其主要参数

1. 类型

按螺纹牙型不同，常用的螺纹有三角形螺纹、矩形螺纹、梯形螺纹和锯齿形螺纹；按用途不同，螺纹分连接用螺纹和传动用螺纹。连接螺纹的牙形多为三角形，而且多为单线螺纹，应用最广的牙形角是 60°，用于传动的螺纹，有矩形螺纹、梯形螺纹和锯齿形螺纹；按螺旋线的数目可分为单线螺纹和多线螺纹。沿一条螺旋线形成的为单线螺纹（见图 6-1），其自锁性好，常用于连接；沿两条或两条以上等距螺旋线形成的为多线螺纹（见图 6-2），其效率较高，常用于传动；按螺旋线方向不同，螺纹分为右旋螺纹和左旋螺纹，常用右旋螺纹。

2. 主要参数

如图 6-1 和图 6-2 所示，螺纹的主要参数为：

大径 d：螺纹的最大直径，即公称直径。

小径 d_1：螺纹的最小直径，即强度计算直径。

中径 d_2：螺纹的轴向剖面内，螺纹的牙厚和牙间宽度相等的假想圆柱直径。即确定螺纹几何参数和配合性质的直径。

螺距 P：相邻两牙在中径线上对应点之间的轴向距离。

导程 S：同一条螺旋线上，相邻两牙在中径线上对应点之间的轴向距离。导程和螺距的关系为 $S=nP$，式中 n 为螺旋线数。

螺纹升角 ψ：在中径 d_2圆柱上，螺旋线切线方向与垂直于螺纹轴线的平面所夹的锐角称为升角。

由图 6-2 可知，螺纹的升角与导程、螺距之间的关系为

$$\tan\psi = \frac{S}{\pi d_2} = \frac{nP}{\pi d_2}$$

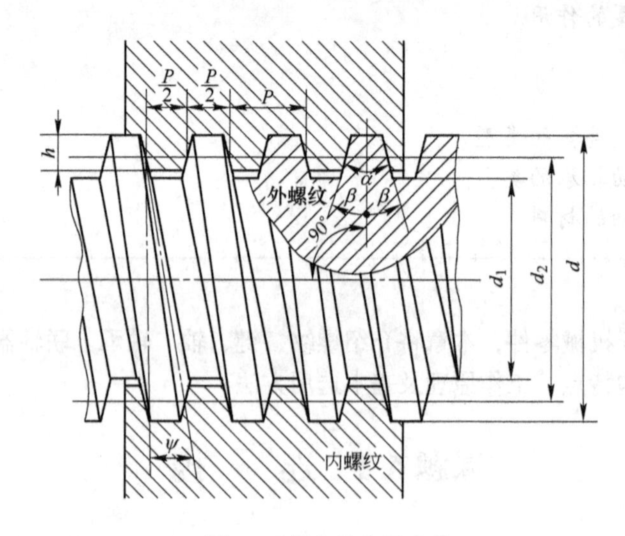

图 6-1　螺纹的主要参数

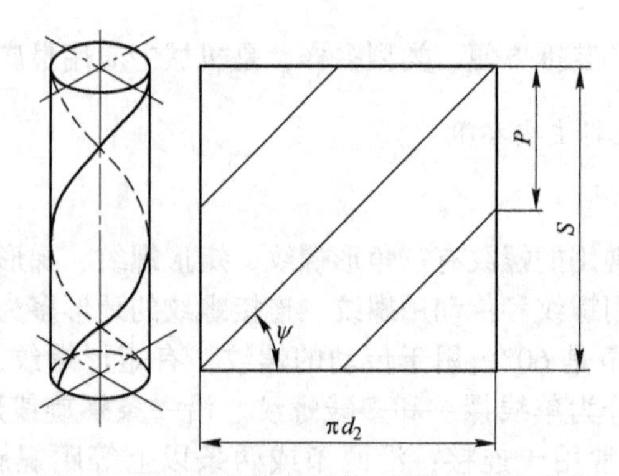

图 6-2　螺纹的升角与导程、螺距之间的关系

（二）螺纹连接的基本类型、特点和应用

螺纹连接有四种基本类型：螺栓连接、双头螺柱连接、螺钉连接及紧定螺钉连接。如

图 6-3 所示。

1. 螺栓连接

螺栓连接常用于经常装拆，且被连接件不太厚的场合。其特点是结构简单，装拆方便，成本低。螺栓连接分普通螺栓连接和铰制孔用螺栓连接。

图 6-3（a）所示为普通螺栓连接，有间隙，螺栓只受轴向力，孔的加工精度低。图 6-3（b）所示为铰制孔用螺栓连接，又称配合螺栓连接，装配后无间隙，主要承受横向载荷，也可作定位用，其加工精度要求较高。

2. 双头螺柱连接

如图 6-3（c）所示，双头螺柱两端均制有螺纹，装配时，一端旋入被连接件，另一端配以螺母。适合于经常拆卸，而且被连接件之一较厚的场合。

3. 螺钉连接

如图 6-3（d）所示，螺钉的结构形状与螺栓相似，但螺钉头部形式较多。适合于被连接件之一较厚，不常装拆的场合。

4. 紧定螺钉连接

如图 6-3（e）所示，紧定螺钉的头部和尾部形式很多，用于固定零件的相对位置，可传递不大的轴向力及转矩。多用于轴上零件的固定。

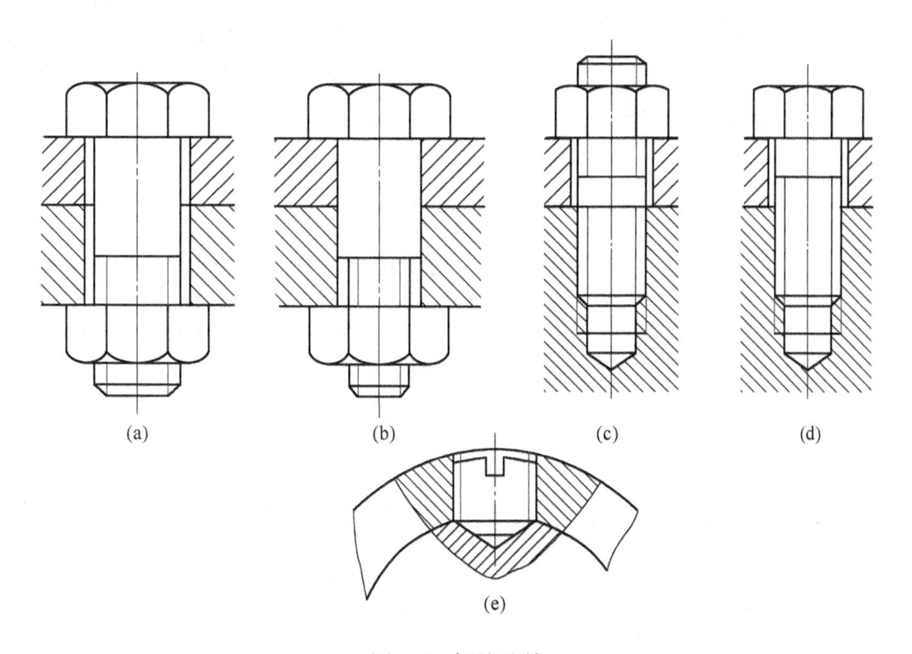

图 6-3　螺纹连接

（a）普通螺栓连接；（b）铰制孔用螺栓连接；（c）双头螺柱连接；（d）螺钉连接；（e）紧定螺钉连接

（三）螺纹连接件的主要类型

在机械中常用的螺纹连接件有螺栓、双头螺柱、螺钉、紧定螺钉、螺母、垫圈等。见表 6-1。

表 6-1　螺纹连接件的主要类型

类　型	图　例	结构特点及应用
六角头螺栓	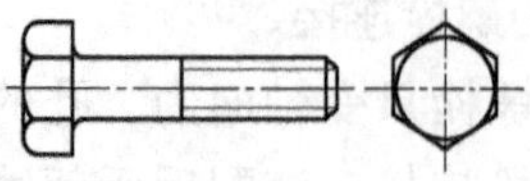	种类很多，应用最广，分为A、B、C三级，通用机械制造中多用C级。螺栓杆部可制出一段螺纹或全螺纹，螺纹可用粗牙或细牙（A、B）级
双头螺柱	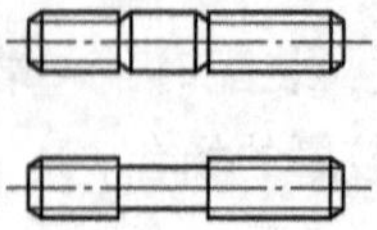 A型 B型	螺柱两端有螺纹，两端螺纹可相同或不同，螺柱可带退刀槽或制成全螺纹，螺柱的一端常用于旋入铸铁或有色金属的螺孔中，旋入后即不拆卸；另一端则用于安装螺母以固定其他零件
螺　钉	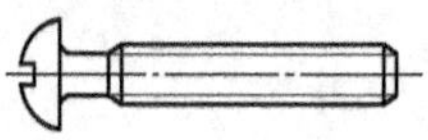 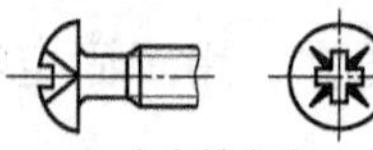 十字槽盘头 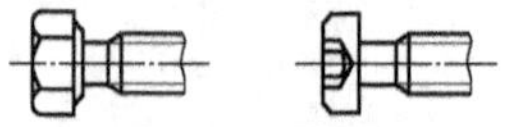 六角头　内六角圆柱头 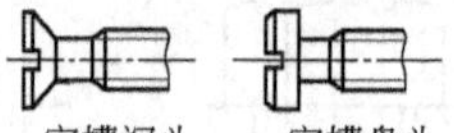 一字槽沉头　一字槽盘头	螺钉头部形状有六角头、圆柱头、圆头、盘头和沉头等，头部旋具（起子）槽有一字槽、十字槽和内六角孔等形式。十字槽螺钉头部强度高，对中性好，易于实现自动化装配；内六角孔螺钉能承受较大的扳手力矩，连接强度高，可代替六角头螺栓，用于要求结构紧凑的场合
紧定螺钉	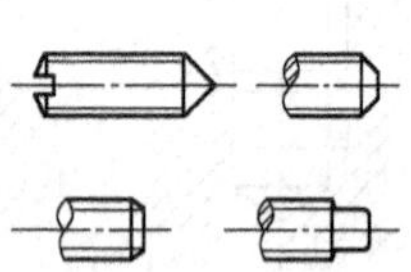	紧定螺钉的末端形状，常用的有锥端、平端和圆柱端。锥端适用于被顶紧零件的表面硬度较低或不经常拆卸的场合；平端接触面积大，不伤零件表面，常用于顶紧硬度较大的平面或经常拆卸的场合；圆柱端压入凹坑中，适用于紧定空心轴上的零件位置
六角螺母	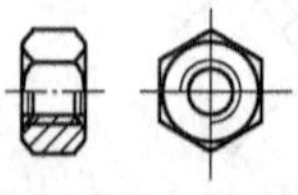	根据六角螺母厚度的不同，分为标准、厚、薄等三种。六角螺母的制造精度和螺栓相同，分为A、B、C三级，分别与同级别的螺栓配用

二、键连接

键连接主要用来连接轴和轴上的传动零件，实现周向固定并传递转矩，有的键也可以实现零件的轴向固定或轴向滑动。

键连接根据装配时的松紧状态不同，可分为松键连接和紧键连接两类。

松键连接的特点是工作时靠键的两侧面传递转矩，装配时不需打紧，键的上表面与轮毂键槽底面之间留有间隙，因而定心良好、装拆方便。

常用的松键连接有：平键连接和半圆键连接两种。

紧键连接的特点是在键的上表面具有一定的斜度，装配时需将键打入轴与轴上零件的键槽内连接成一个整体，从而传递转矩。紧键连接能够轴向固定零件，并能承受单方向轴向力，但定心较差。

常用的紧键连接有：楔键连接和切向键连接两种。

（一）平键连接

平键连接具有结构简单、装拆方便、对中性好等优点，故应用最广。

按键的用途不同，平键连接可分为普通平键连接、导向平键连接和滑键连接。

（1）普通平键连接。如图6-4（a）所示。按端部形状不同，普通平键可分为圆头（A型）、平头（B型）和单圆头（C型）三种，如图6-4（b）所示。

采用圆头或单圆头普通平键时，轴上的键槽是用端铣刀加工出的，如图6-5（a）所示。其中，圆头普通平键应用最广，单圆头普通平键多用于轴的端部。当采用平头普通平键时，轴上的键槽是用盘铣刀加工出的，如图6-5（b）所示。普通平键由于结构简单、装拆方便、对中性好，因此广泛用于传递精度要求较高、高速或承受变载、冲击的场合。但普通平键对轴上零件只能起到周向固定作用，为了防止零件的轴向窜动，必须采取其他轴向固定的措施。

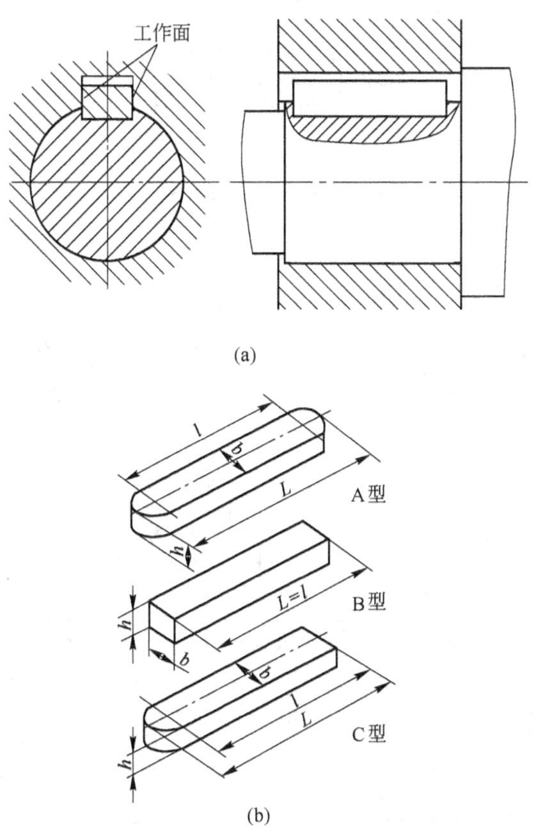

图6-4　普通平键连接

（a）普通平键连接；（b）普通平键的类型

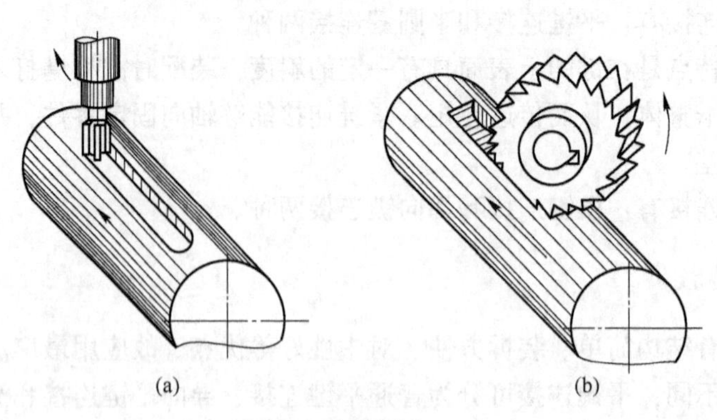

图 6-5　键槽的加工
（a）端铣加工；（b）盘铣加工

（2）当轴上安装的零件需要沿轴向移动时，可采用导向平键或滑键连接。导向平键、滑键与轮毂的键槽配合较松，属于动连接。导向平键用螺钉固定在轴的键槽中，而轮毂可沿键作轴向滑动，如图 6-6 所示。为了拆卸方便，在键的中部设有起键用的螺孔。导向平键连接适用于轴上零件轴向移动量不大的场合，如变速箱中的滑移齿轮等。

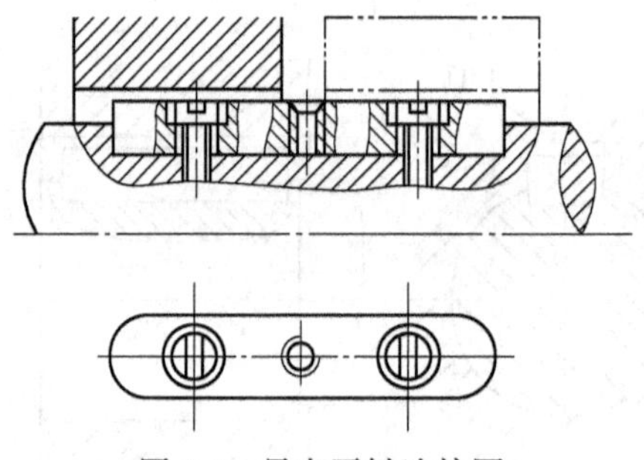

图 6-6　导向平键连接图

滑键连接如图 6-7 所示，滑键固定在轴上零件的轮毂内，工作时轮毂带着键一起沿轴上的键槽滑动。滑键连接适用于轴上零件轴向移动量较大的场合，如车床中光杠与溜板箱

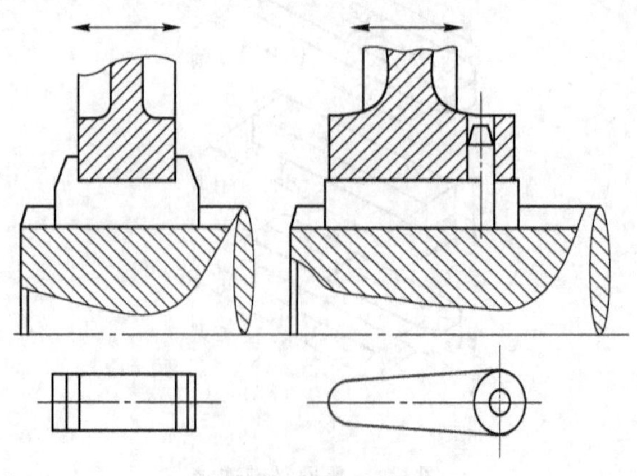

图 6-7　滑键连接图

中零件的连接等。

（二）半圆键连接

半圆键连接如图 6-8（a）所示。半圆键的两个侧面为两个相互平行的半圆形，工作时靠两侧面传递转矩。

半圆键的优点是轴槽呈半圆形，键能在轴槽内自由摆动，自动适应轴线偏转引起的位置变化，装拆方便。缺点是轴上的键槽较深，对轴的强度削弱较大，故一般用于轻载，尤其适用于锥形轴端部的连接，如图 6-8（b）所示。

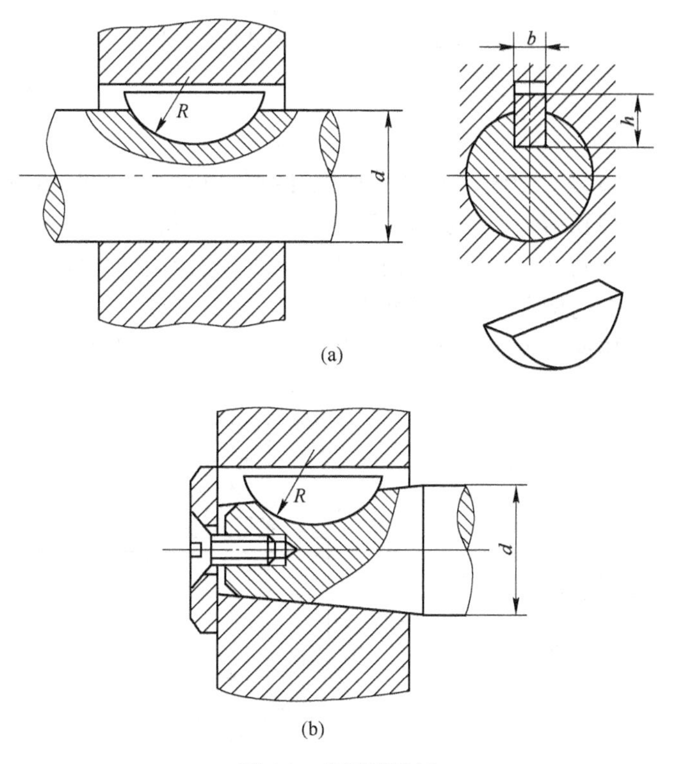

图 6-8　半圆键连接

（a）半圆键连接；（b）半圆键用于轴端部的连接

（三）楔键连接

装配时将键打入轴与轴上零件之间的键槽内，由于楔键的上表面有 1∶100 的斜度，两侧面互相平行，上下两面是工作面，使工作面上产生很大的挤压力。工作时靠接触面间的摩擦力来传递转矩，而键的两侧面为非工作面，与键槽留有间隙。

根据楔键的结构不同，楔键连接分为普通楔键连接、钩头楔键连接两种，如图 6-9 所示。

由于楔键在装配时被打入轴和轮毂之间的键槽内，所以造成轮毂与轴的偏心与偏斜。因此，楔键连接通常用于精度要求不高、转速较低的场合，如农业机械和建筑机械等。钩头楔键易于拆卸，故应用较多，但因其随轴转动，容易发生事故，所以在采用时应加防护罩。

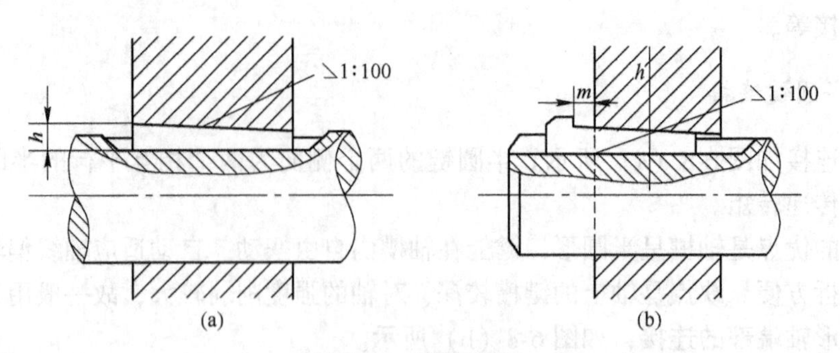

图 6-9　楔键连接

（a）普通楔键连接；（b）钩头楔键连接

（四）切向键连接

切向键是由两个具有 1∶100 斜度的普通楔键组合而成的，其结构如图 6-10 所示。装配时两个键以其斜面相互贴合，分别从轮毂的两端打入，使键楔紧在轴与轮毂的键槽中。装配后上、下两个工作面是平行的，且使其中一个工作面处于包含轴心线的平面内，工作时依靠沿轴的切线方向的挤压力来传递转矩。

切向键连接能够传递很大的转矩，常用于对中要求不高的重型机械。

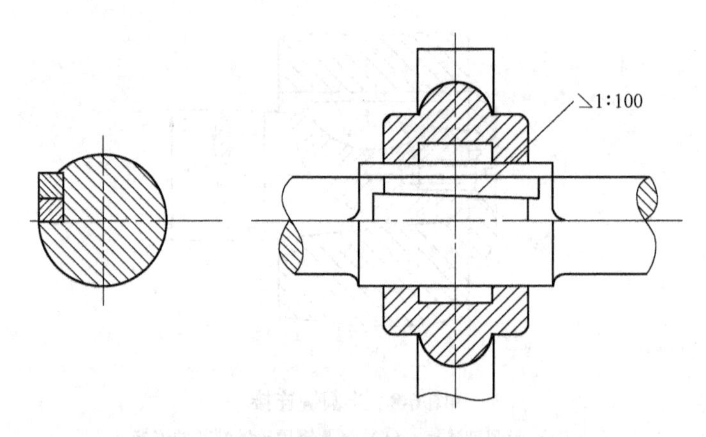

图 6-10　切向键连接

（五）花键连接

花键连接是由带多个纵向凸齿的轴和带有相应齿槽的轮毂孔组成的，如图 6-11 所示。齿的侧面为工作面，依靠这些齿侧面的相互挤压来传递转矩。

花键连接与平键连接相比，花键连接由于键齿较多、齿槽较浅，因此能传递较大的转矩，对轴的强度削弱较小，且使轴上零件与轴的对中性和沿轴移动的导向性都较好，但其加工复杂、制造成本高。

花键连接一般用于定心精度要求高、载荷大或需要经常滑移的重要连接，在机床、汽车、拖拉机等机器中得到广泛的应用。

花键按其剖面形状不同分为矩形花键和渐开线花键两种，如图 6-12 所示。

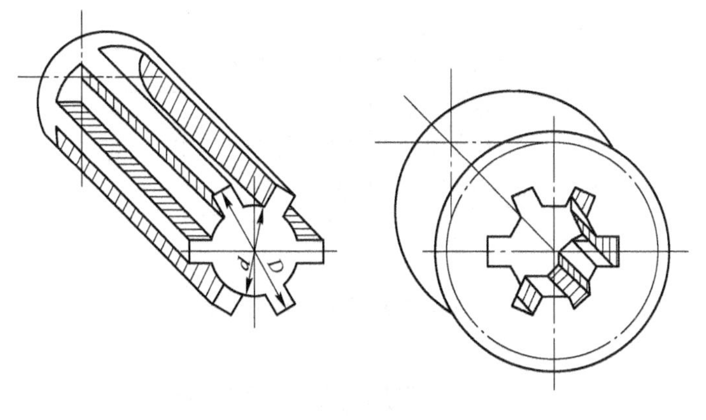

图 6-11　花键连接

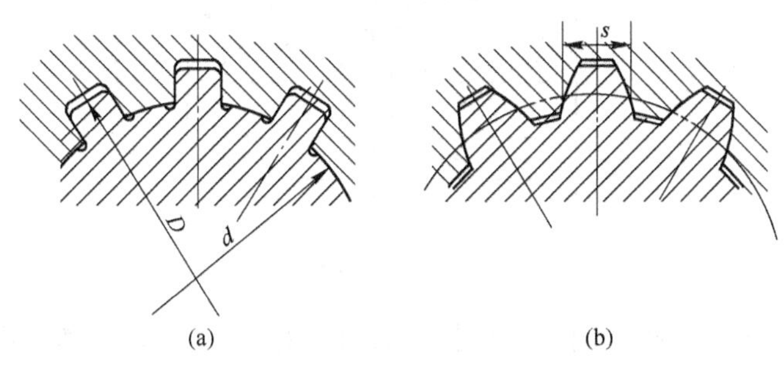

图 6-12　花键的类型

（a）矩形花键；（b）渐开线花键

三、销连接

销是标准件，可作为定位零件，用以确定零件间的相互位置（见图 6-13）；也可起连接作用，以传递横向力转矩（见图 6-14）；或作为安全装置中过载切断零件（见图 6-15）。

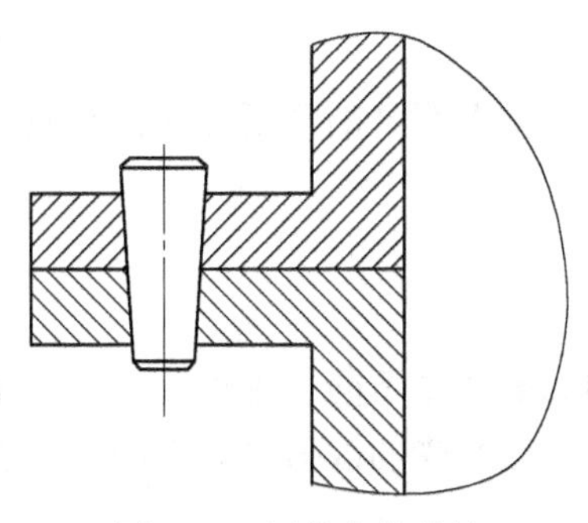

图 6-13　用作定位的销

常用的销有圆柱销（见图 6-15）、圆锥销（见图 6-13、图 6-14）和开口销等。圆柱销是靠微量过盈固定在孔中的，故不宜经常装拆；圆锥销有 1 : 50 的锥度，其小端径为标准值。圆锥销易于安装，有可靠的自锁性能，定位精度高于圆柱销，且在同一销孔中经过多

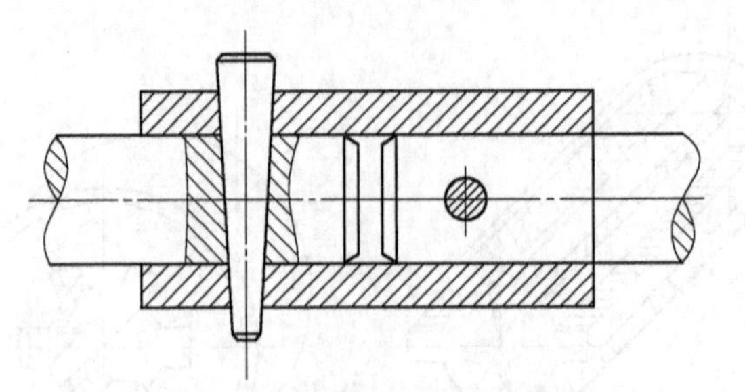

图 6-14　传递横向力转矩的销

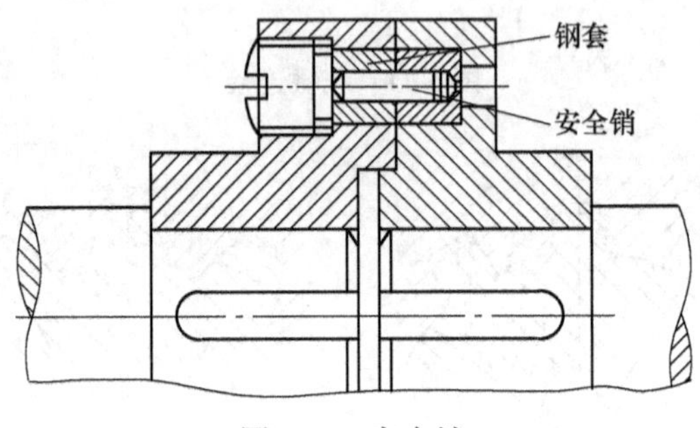

图 6-15　安全销

次装拆不会影响定位精度和连接的可靠性，所以应用广泛。圆柱销和圆锥销的销孔一般均需铰制。

销的材料一般采用 Q235、35 钢和 45 钢。否则会降低定位精度和连接的可靠性。

课题 6.2　轴　　承

一、轴承概述

（一）轴承的功用

轴承是机器中用来支撑轴及轴上零件的重要部件；它能保持轴的旋转精度，减少转轴与支撑之间的摩擦和磨损。

（二）轴承的分类

按支撑处相对运动表面的摩擦性质不同，轴承分为滑动摩擦轴承和滚动摩擦轴承，分别简称为滑动轴承和滚动轴承。按所受的载荷方向不同，轴承可分为径向载荷的向心轴承和受轴向载荷的推力轴承。

（三）轴承的特点及应用

滚动轴承摩擦力矩小，易启动，载荷、转速及工作温度的适用范围较广，轴向尺寸小，润滑、维修方便，因此滚动轴承应用很广泛。滑动轴承结构简单，易于制造，可以剖分，便于安装。所以润滑良好的滑动轴承在高速、重载、高精度以及结构要求对开的场合优点更突出。滑动轴承在汽轮机、内燃机、大型电机、仪表、机床、航空发动机及铁路机车等机械上被广泛应用。此外，在低速、伴有冲击的机械中，如水泥搅拌机、破碎机等也常采用滑动轴承。

二、滑动轴承

按受载方向不同，滑动轴承可分为向心轴承、推力轴承和向心推力轴承。

（一）整体式向心滑动轴承

如图 6-16 所示为整体式向心滑动轴承，由轴承座 1、整体轴瓦 2、润滑装置等组成。这种轴承结构简单，成本低廉，但装拆时轴或轴承需轴向移动，而且轴套磨损后轴承间隙无法调整。整体式轴承多用于间歇工作和低速轻载的机械。

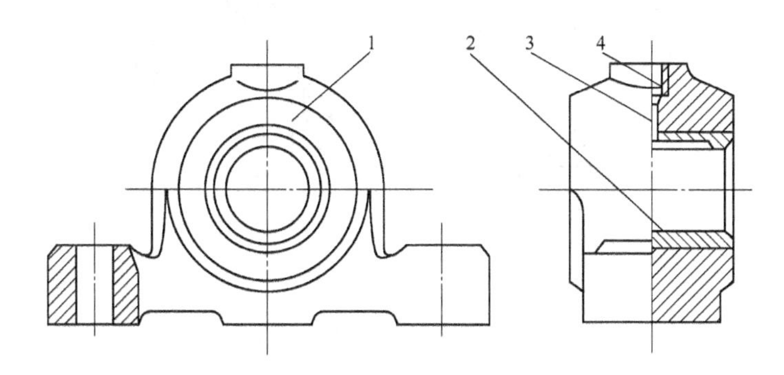

图 6-16 整体式向心滑动轴承
1—轴承座；2—整体轴瓦；3—油孔；4—螺纹孔

（二）剖分式向心滑动轴承

剖分式向心滑动轴承又称对开式滑动轴承，如图 6-17 所示。由轴承座 1、轴承盖 2、

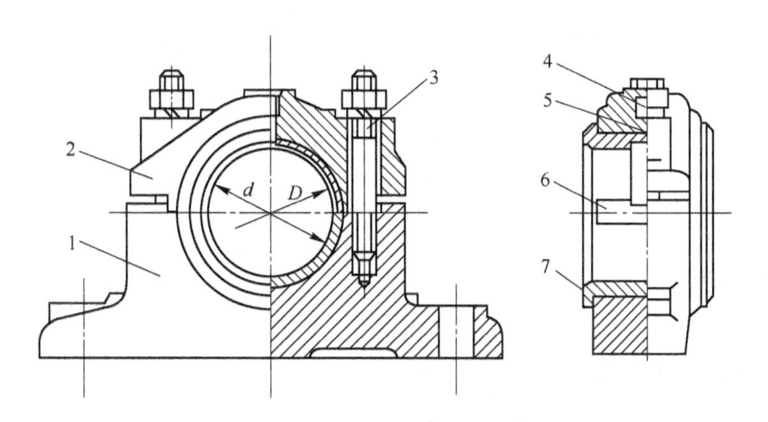

图 6-17 剖分式向心滑动轴承
1—轴承座；2—轴承盖；3—双头螺柱；4—螺纹孔；5—油孔；6—油槽；7—剖分式轴瓦

轴瓦 7 以及双头螺柱 3 等组成。轴瓦直接与轴相接触。轴瓦不能在轴承孔中转动，为此轴承盖应适度压紧。轴承盖上制有螺纹孔，便于安装油杯或油管。为了便于装配时对中和防止横向移动，轴承盖和轴承座的分合面做成阶梯型定位止口。

剖分式向心滑动轴承在分合面上配置有调整垫片，当轴瓦磨损后，可适当调整垫片或对轴瓦分合面进行刮削、研磨等切削加工来调整轴颈与轴瓦间的间隙。剖分式轴承装拆方便，当轴瓦磨损严重时，可方便地更换轴瓦，因此，应用比较广泛。

(三) 推力滑动轴承

推力滑动轴承用来承受轴向载荷，由轴承座和止推轴颈组成。常用的轴颈结构形式有：空心式、实心式；单环式、多环式，如图 6-18 所示。

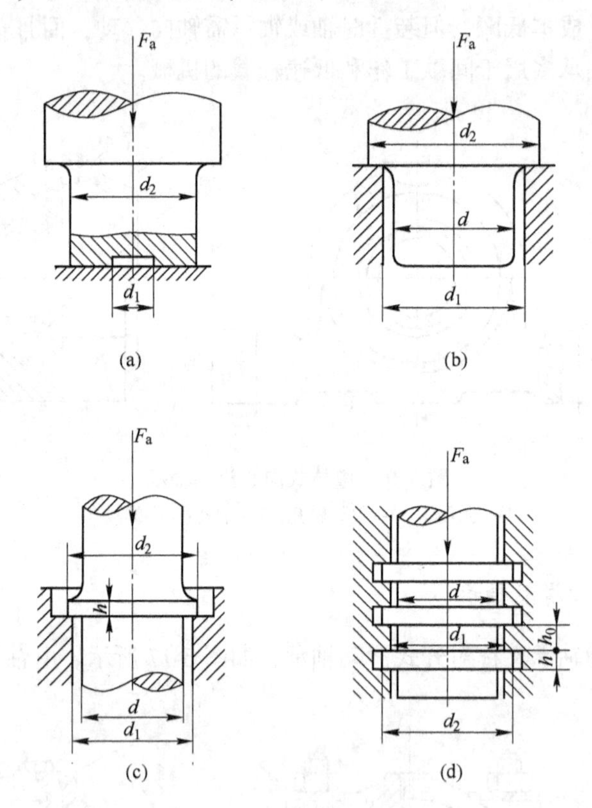

图 6-18　推力滑动轴承

(a) 空心式；(b) 实心式；(c) 单环式；(d) 多环式

三、滚动轴承

(一) 滚动轴承的结构

如图 6-19 所示，滚动轴承一般由内圈、外圈、滚动体和保持架组成。某些特殊的滚动轴承可能无内圈、无外圈或无保持架，有的还增加了其他辅助零件。内圈装在轴颈上，外圈装在机架的轴承孔内或机座上。通常内圈随轴颈旋转而外圈固定，但也有外圈旋转而内圈固定的（如滑轮轴上的滚动轴承）和内外圈都转动的（如行星轮轴上的滚动轴承）。当内外圈相对转动时，滚动体就在内、外圈的滚道中滚动。保持架的作用是将滚动体均匀地隔开，以避免滚动体直接接触而增加磨损。

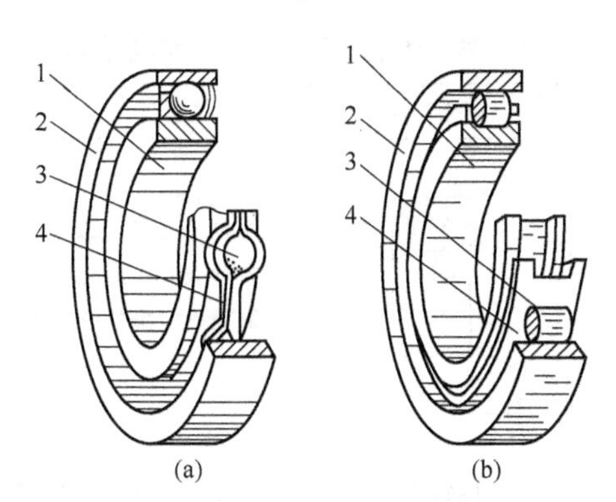

图 6-19　滚动轴承的结构图

（a）球轴承；（b）滚子轴承

1—内圈；2—外圈；3—滚动体；4—保持架

滚动体是形成滚动摩擦不可缺少的零件，它的大小、数量和形状与轴承的承载能力密切相关。滚动体的常用形式有如图 6-20 所示的几种，其形状、大小和数量都影响着轴承的承载能力和使用性能。

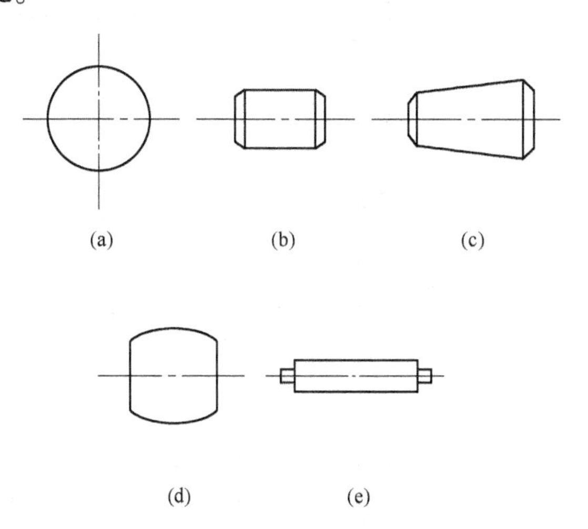

图 6-20　滚动体的形式

（a）球；（b）圆柱滚子；（c）圆锥滚子；（d）鼓形滚子；（e）滚针

滚动体与轴承内外圈的材料，都应具有较高的硬度、接触疲劳强度、耐磨性和冲击韧性。一般用含铬合金钢制造，如 GCr6、GCr9、GCr15 及 GCr15SiMn 等。热处理后，材料硬度应在 61~65 之间，工作表面须经磨削和抛光。保持架多数采用低碳钢、有色金属合金（如黄铜）或塑料等制成。

（二）滚动轴承的类型、特点及应用

滚动轴承的类型很多，按滚动体的形状，滚动轴承可以分为球轴承和滚子轴承。滚子

轴承又可分为圆柱滚子轴承、圆锥滚子轴承、调心滚子轴承和滚针轴承。按工作时是否能调心，分为刚性轴承和调心轴承。按承受载荷方向的不同，滚动轴承又可分向心轴承、推力轴承和向心推力轴承。常用滚动轴承的类型、特点及应用见表6-2。

表6-2　常用滚动轴承的类型、特点及应用

类型代号	类型名称	结构简图	特点及应用
1	调心球轴承		主要承受径向载荷，也能承受不大的双向轴向载荷，能自动调心。适用于多支撑传动轴、刚性较差的轴以及不能精确对准的支撑处
3	圆锥滚子轴承		可同时承受径向载荷和单向轴向载荷，承载能力高；内、外圈可分离，轴向和径向间隙容易调整。常用于斜齿轮轴、锥齿轮轴和蜗杆减速器轴以及机床主轴的支撑等
5	推力球轴承		只能承受单向的轴向载荷，极限转速很低。常用于转速较低、仅有轴向载荷的轴，如起重吊钩、千斤顶、机床主轴等
6	深沟球轴承		主要承受径向载荷，也能承受不大的双向轴向载荷。结构简单，摩擦系数小，极限转速高。但要求轴的刚度大，承受冲击能力差。常用于小功率电动机、齿轮变速箱等
7	角接触球轴承		可承受径向和单向轴向载荷；接触角α越大，承受轴向载荷的能力也越大，通常应成对使用；高速时用它来代替推力球轴承较好；适用于刚性较大、跨度较小的轴，如斜齿轮减速器和蜗杆减速器中轴的支撑等
N	圆柱滚子轴承		只能承受纯径向负荷，承载能力比同尺寸的球轴承大，耐冲击能力也较大，内外圈允许作微量的相对轴向移动，但对轴的偏斜或弯曲变形很敏感。适用于刚性较大、对准良好的轴。常用于大功率电机、人字齿轮减速器上

（三）滚动轴承的代号

为了表示各类滚动轴承的结构、尺寸、类型、精度等，GB/T 272—1993 规定了滚动轴承的代号。

滚动轴承代号由基本代号、前置代号和后置代号所组成。对于常用的、结构上无特殊要求的轴承，轴承代号由类型代号（见表 6-2)、尺寸系列代号、内径代号和公差等级代号组成，并按上述顺序由左向右依次排列，见表 6-3 所示。

表 6-3　滚动轴承代号的构成

<table>
<tr><td>前置代号</td><td colspan="5">基本代号</td><td colspan="8">后置代号</td></tr>
<tr><td rowspan="3">轴承分部件代号</td><td>五</td><td>四</td><td>三</td><td>二</td><td>一</td><td rowspan="3">内部结构代号</td><td rowspan="3">密封与防尘结构代号</td><td rowspan="3">保持架及其材料代号</td><td rowspan="3">特殊轴承材料代号</td><td rowspan="3">公差等级代号</td><td rowspan="3">游隙代号</td><td rowspan="3">多轴承配置代号</td><td rowspan="3">其他代号</td></tr>
<tr><td rowspan="2">类型代号</td><td colspan="2">尺寸系列代号</td><td colspan="2" rowspan="2">内径代号</td></tr>
<tr><td>宽度系列代号</td><td>直径系列代号</td></tr>
</table>

（1）类型代号。由基本代号右起第五位的数字或字母表示，见表 6-2。

（2）尺寸系列代号。尺寸系列代号由直径系列代号和轴承的宽（高）度系列代号组合而成。即由基本代号右起第三位直径系列代号和第四位宽（高）度系列代号组合而成。

直径系列是指结构、内径相同的轴承在外径和宽度方面的变化系列。分为 7（超特轻)、8 和 9（超轻)、0（窄）和 1（特轻)、2（轻)、3（中)、4（重）等系列，外径和承载能力依次增大。

宽度系列是指结构、内径和直径系列都相同的轴承，在宽度方面的变化系列。对于向心轴承分为 8（特窄)、0（窄)、1（正常)、2（宽)、3（特宽）等系列。对于推力轴承，则为高度系列，系指轴承高度的变化，分为 7（特低)、9（低)、1（正常）等系列。当宽度系列代号为 0 时，多数轴承在代号中不标出，例如 6205 是 6（0）205 的省略；但圆锥滚子轴承不可省略，如 30205 不能省略为 3205。当相组合的直径系列代号是 0 而宽度系列代号是 1 时，此宽度系列代号 1 在轴承代号中不标出，例如 6008 是 6（1）008 的省略。

（3）内径代号。用于表示轴承的内径尺寸。位于基本代号右起第一、二位数字，其表示方法见表 6-4。

表 6-4　滚动轴承的内径代号

内径代号	查手册	00	01	02	03	04~96
轴承内径/mm	<10 >500	10	12	15	17	代号×5

（4）公差等级代号。国家标准规定的滚动轴承的公差等级为 0、6、6X、5、4、2 六个公差等级，分别用 P0、P6、P6X、P5、P4、P2 作为代号，其中 0 级精度最低，属于普

通级，一般不标注，2 级精度最高。

滚动轴承代号举例：

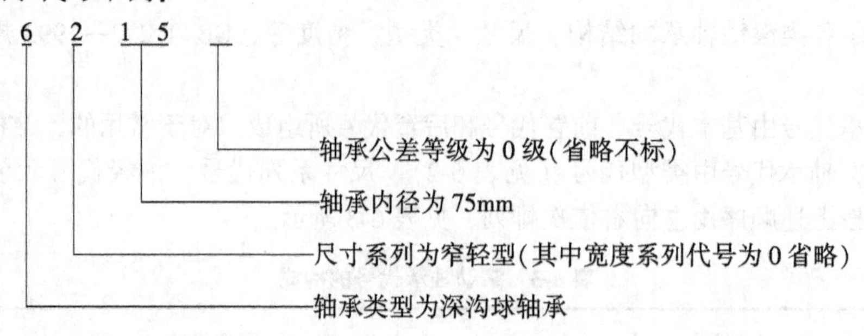

课题 6.3 轴

一、轴的作用与分类

（一）轴的作用

轴是机械产品中的重要零件之一，用来支撑作回转运动的传动零件（如齿轮、链轮、带轮等）、传递运动和转矩、承受载荷，以保证装在轴上的零件具有确定的工作位置和具有一定的回转精度。如图 6-21 所示减速器中的齿轮、轴承、联轴器等，都是安装在轴上，并通过轴才能实现传动。

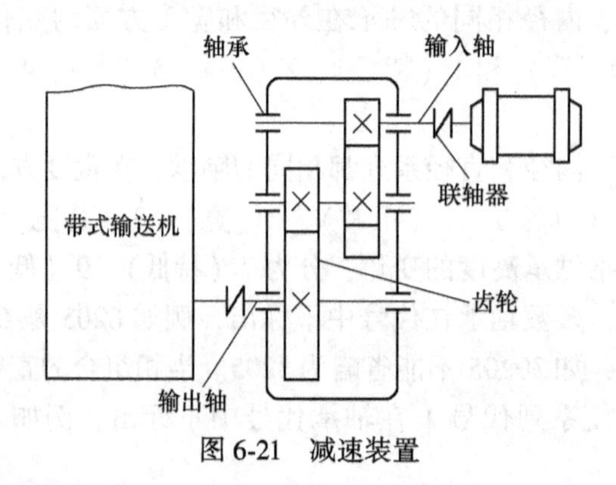

图 6-21 减速装置

（二）轴的分类

轴可根据不同的条件加以分类。

1. 按照轴线形状分

按照轴线形状轴可分为有直轴、曲轴两大类。直轴根据外形的不同，可分为光轴和阶梯轴如图 6-22（a）、（b）所示。光轴形状简单，加工方便，但轴上零件不易定位和装配；阶梯轴台阶各个截面直径不同，便于零件的安装和固定，所以比光轴应用广泛。

轴一般是实心轴，有特殊要求时也可制成空心轴，如车床的主轴，为减轻质量，常作成空心轴。除了刚性轴外，还有钢丝软轴，可以把回转运动灵活地传到不开阔的空间位置，如图6-22（c）所示。曲轴用于将回转运动变为直线往复运动或将直线往复运动变为旋转运动，是往复式机械中的专用零件。如曲柄压力机、内燃机中的曲轴。曲轴的结构如图6-22（d）。

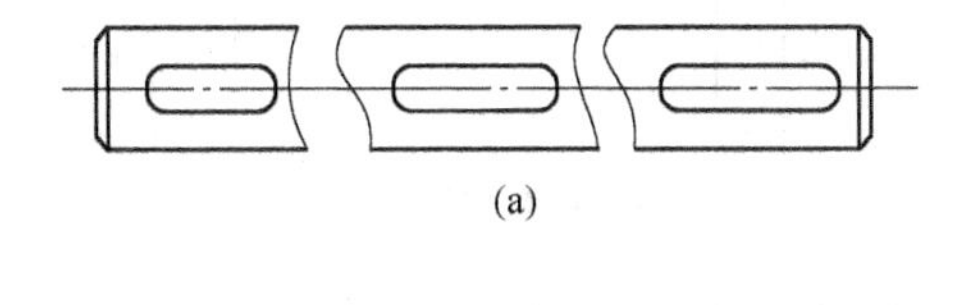

(a)

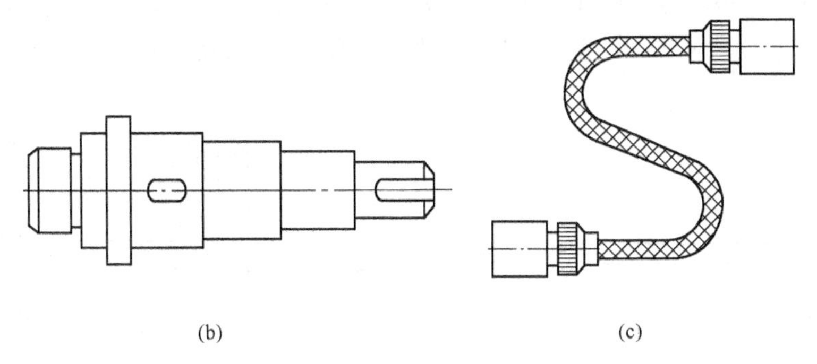

(b)　(c)

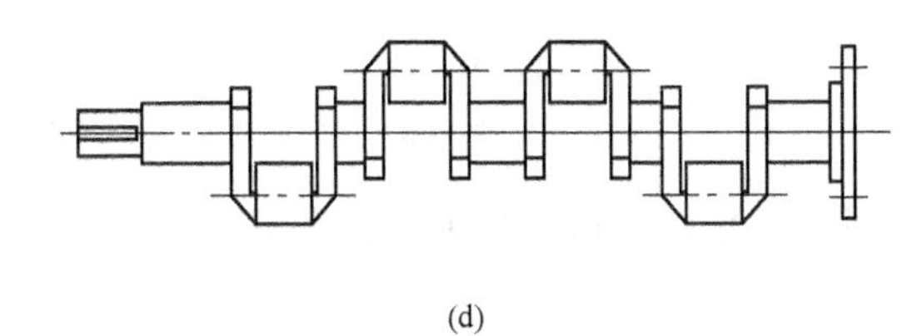

(d)

图6-22　轴

（a）光轴；（b）阶梯轴；（c）钢丝软轴；（d）曲轴

2. 按承受的载荷分

按承受的载荷不同，轴可分为转轴、传动轴和心轴。

（1）转轴。即承受弯矩又承受转矩的轴称为转轴。如图6-23所示为单级圆柱齿轮减速器中的转轴。

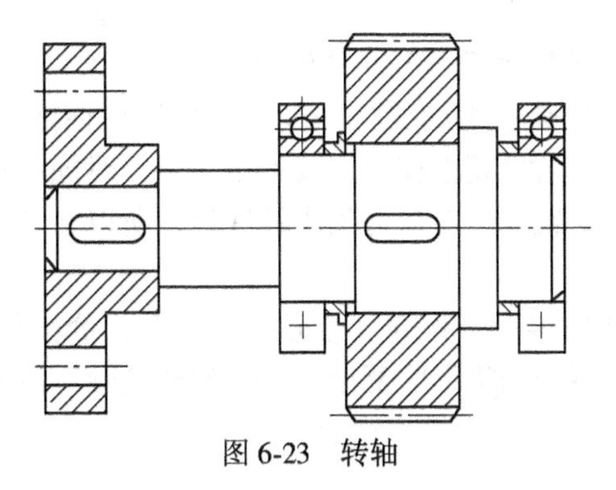

图6-23　转轴

（2）传动轴。主要承受转矩的轴称为传动轴。如图6-24所示为汽车从变速箱到后桥的传动轴。

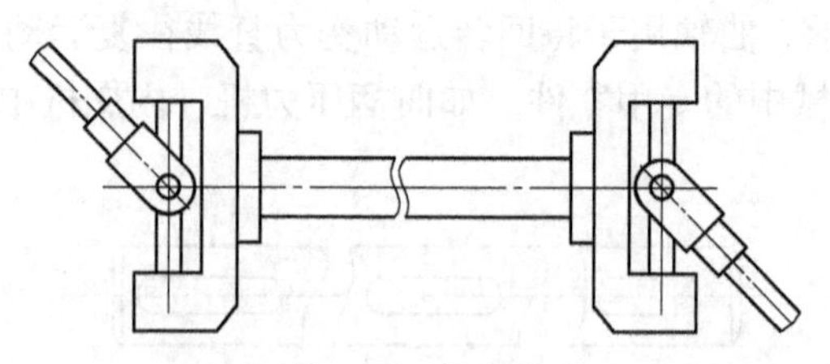

图 6-24　传动轴

（3）心轴。主要承受弯矩的轴称为心轴。根据心轴工作时是否转动，可分为转动心轴（如机车车轮轴图 6-25（a））和固定心轴（如自行车前轮轴图 6-25（b））两种。

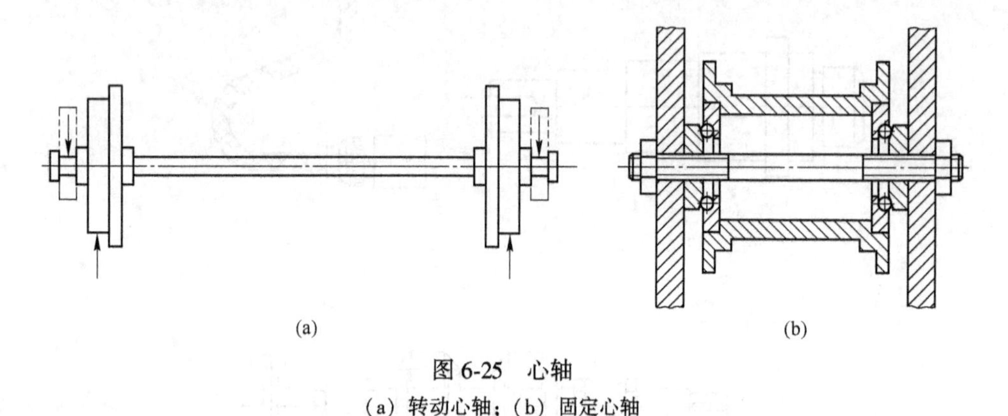

(a)　(b)

图 6-25　心轴

（a）转动心轴；（b）固定心轴

工程中最常见的是同时承受弯矩和转矩作用的阶梯轴。

二、轴的材料

轴的材料是决定承载能力的重要因素。轴的材料除应具有足够的强度外，还应具备足够的塑性、抗冲击韧性、抗腐蚀性，与轴上零件有相对滑动的部位还应具有较好的耐磨性。

轴的常用材料有碳素钢、合金钢、高强度铸铁和球墨铸铁。

（1）碳素钢。碳素钢比合金钢价格低廉，对应力集中敏感性较小，可以通过调质或正火处理以保证强度。通过表面淬火或低温回火保证其耐磨性。工程中广泛采用 35、45、50 等优质碳素钢。不重要的轴或载荷较小的轴可用普通碳素钢，如 Q235 和 Q275 等。

（2）合金钢。合金钢比碳素钢的机械强度高，热处理性能好，但对应力集中的敏感性强，主要用于对强度和耐磨性要求较高以及处于高温或腐蚀等条件下工作的轴。合金钢有较高的力学性能，但价格较贵，对应力集中较敏感，所以在结构设计时必须尽量减少应力集中。

（3）高强度铸铁和球墨铸铁。其特点是耐磨、吸振、价格低，对应力集中的敏感性小，但可靠性较差，一般用于结构形状复杂的轴，如凸轮轴、曲轴等。

三、轴的结构

如图 6-26 所示为一种常见的转轴部件结构图。轴主要由轴颈、轴头、轴身三部分组成。安装轴承的轴段称为轴颈，如图中的③、⑦段；安装轮毂的部分称为轴头，如图中

①、④段；连接轴颈和轴头的部分称为轴身，如图6-26中②、⑥段。

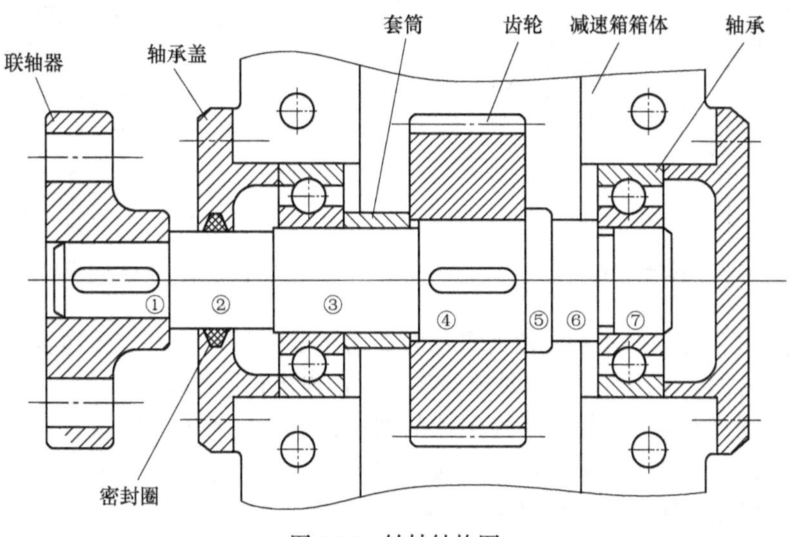

图6-26　转轴结构图

轴的结构，除了应满足强度和刚度要求外，还必须满足两点要求：一是轴上零件与轴能实现可靠的定位和紧固；二是便于加工制造、装拆和调整。

（一）轴上零件的定位和紧固

（1）轴上零件的轴向定位。

轴上零件的轴向定位主要靠轴肩和轴环来完成。该方法具有结构简单、定位可靠和能承受较大的轴向力的优点，是一种可靠的固定方法。常用于齿轮、带轮、轴承和联轴器等传动零件的轴向固定。如图6-26所示为齿轮右侧靠轴环定位，联轴器靠右侧轴肩定位。

轴上零件的轴向固定就是不许轴上零件沿轴向窜动，必须双向固定。如图6-26所示齿轮靠两侧的轴环和套筒固定，左侧轴承靠套筒和轴承端盖固定，右侧轴承靠轴肩和轴承端盖固定。

除了轴肩和轴环外，常用的轴向固定措施还有：轴的一端可采用轴端挡圈固定，如图6-27所示；当无法采用套筒或套筒过长时可采用圆螺母固定，如图6-28所示；受载荷较小时可采用弹性挡圈固定（见图6-29）、紧定螺钉固定（见图6-30）和销钉等固定。

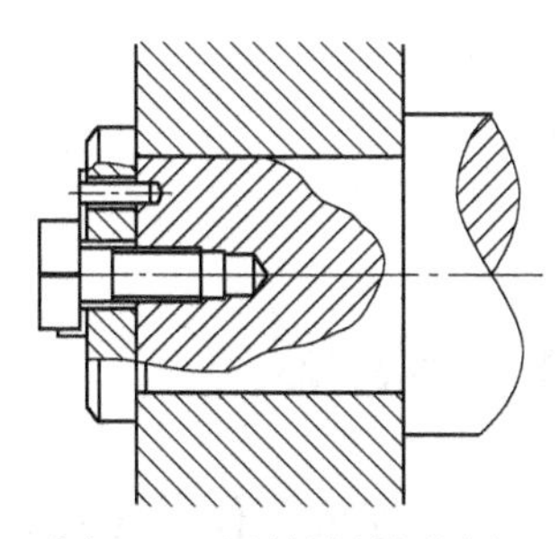

图6-27　用轴端挡圈固定

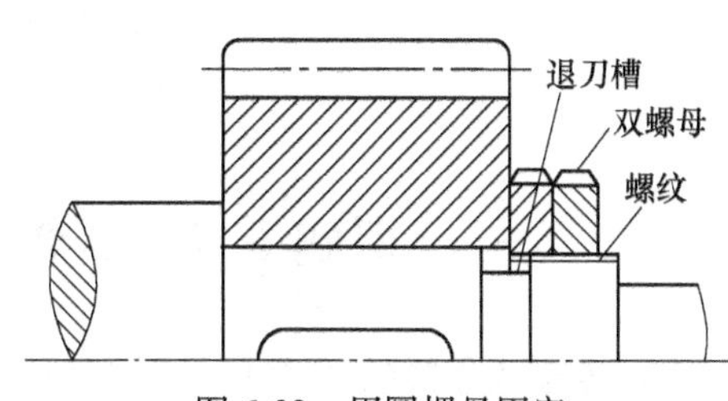

图6-28　用圆螺母固定

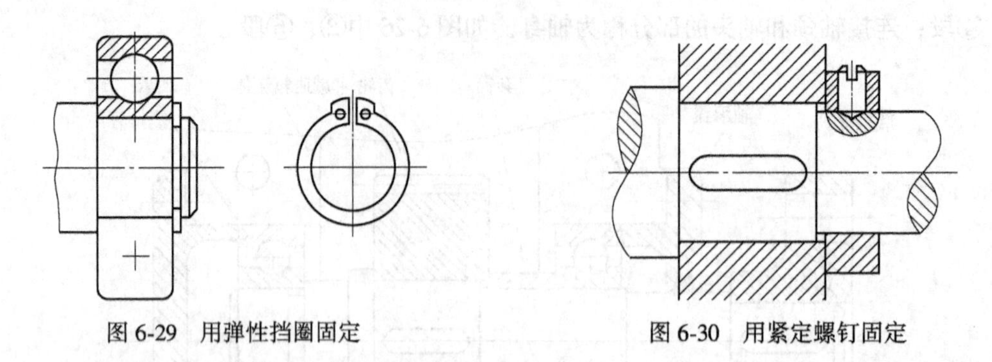

图 6-29　用弹性挡圈固定　　图 6-30　用紧定螺钉固定

（2）轴上零件的周向固定。轴上零件的周向固定的目的是为了传递转矩及防止零件与轴产生相对转动。常用的固定方式有键连接、销连接和过盈配合。

采用何种固定方式，要综合考虑载荷的性质、轴的重要程度等因素。如果是齿轮与轴，采用平键连接；对于过载、冲击或振动大的情况可用过盈配合加键连接；转矩较大时、轴上零件需作轴向移动可采用花键连接，也可采用平键连接和过盈配合连接来实现周向固定。对于轻载和转矩较小时，可采用紧定螺钉、销钉等。

（二）轴的制造工艺和装配工艺要求

轴的制造工艺要求是指轴的结构应尽可能简单便于加工、降低成本。一根形状简单的光轴，最易于加工制造。但为了便于零件在轴上装拆方便以及零件能在轴上定位，往往把轴做成阶梯形（见图 6-26），并在轴肩及轴端倒角，而且轴端倒角应尽量一致；轴肩圆角半径也要尽可能相同。若轴上采用多个单键连接时，键宽应尽可能统一，并在同一条加工直线上。如图 6-26 所示。

在车螺纹轴段应设螺纹退刀槽，如图 6-31（a）所示，有磨削工艺的轴段应设砂轮越程槽如图 6-31（b）所示。

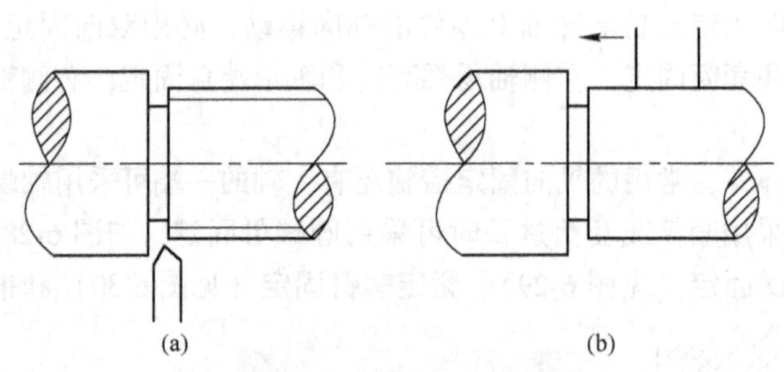

图 6-31　退刀槽和砂轮越程槽

（a）退刀槽；（b）砂轮越程槽

课题 6.4　联轴器、离合器、制动器

联轴器与离合器的功用是将轴与轴（或轴与旋转零件）连成一体，使其一同运转，并将一轴转矩传递给另一轴。联轴器与离合器都是由若干零件组成的通用部件。联轴器在

运转时，两轴不能分离，必须停车后，经过拆卸才能分离。离合器在机器运转过程中进行分离或结合。制动器主要是用来迫使机器迅速停止运转或降低机器运转速度的机械装置。

一、联轴器

机械式联轴器按照结构特点，可分为刚性联轴器和弹性联轴器两大类。

（一）刚性联轴器

常用的刚性联轴器有固定式和可移式两种。固定式分套筒联轴器和凸缘联轴器等。可移式可分为齿轮联轴器和万向联轴器等。

1. 固定式联轴器

（1）套筒联轴器。如图 6-32 所示，套筒联轴器是利用套筒及连接零件（键或销）将两轴连接起来。图 6-32（a）键是连接件，螺钉用作轴向固定；图 6-32（b）销是连接件，当轴超载时，锥销会被剪断，可起到安全保护的作用。

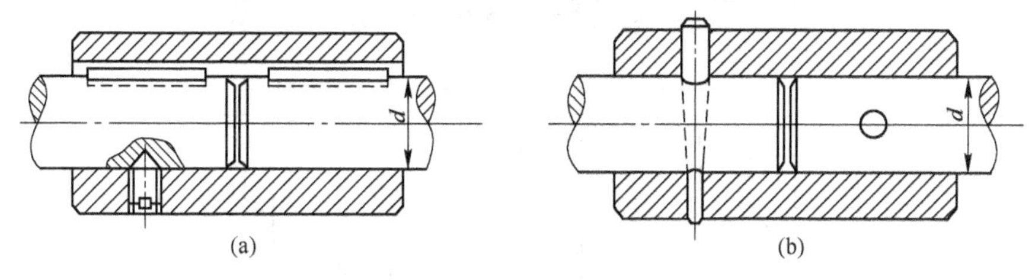

(a)　(b)

图 6-32　套筒联轴器

（a）键连接；（b）销连接

套筒联轴器结构简单、径向尺寸小、容易制造，但不能缓冲、吸振、装拆时需作轴向移动。适用于载荷不大、工作平稳、两轴严格对中并要求联轴器径向尺寸小的场合。

（2）凸缘联轴器。如图 6-33 所示，凸缘联轴器由两个带凸缘的半联轴器和一组螺栓组成。这种联轴器有两种对中方式：一种是通过分别具有凸槽和凹槽的两个半联轴器的相互嵌合来对中，半联轴器之间采用普通螺栓连接，靠半联轴器接合面间的摩擦来传递转矩，如图 6-33（a）所示；另一种是通过铰制孔用螺栓与孔的紧配合对中，靠螺栓杆承受载荷来传递转矩，如图 6-33（b）所示。当尺寸相同时后者传递的转矩较大，且装拆时轴不必做轴向移动。

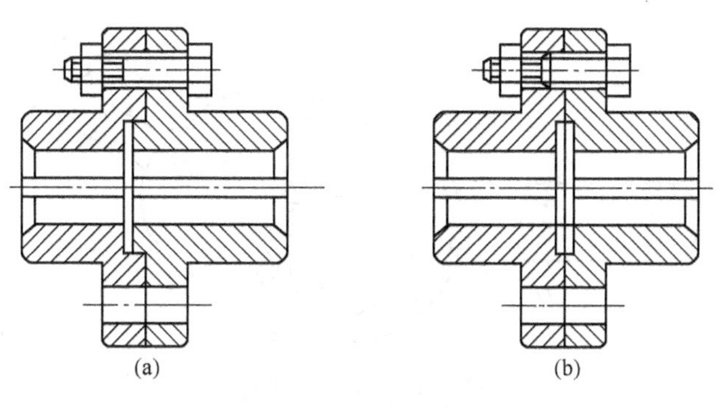

(a)　(b)

图 6-33　凸缘联轴器

（a）普通螺栓连接；（b）铰制孔用螺栓与孔

凸缘联轴器结构简单，对中精度高，传递转矩较大。但不能补偿两轴线可能出现的径向位移和偏角位移，不能缓冲和吸振。一般用于转矩较大、载荷平稳、两轴对中性好的场合。

2. 可移式联轴器

（1）齿轮联轴器（鼓形齿联轴器）。由两个具有外齿的半内套筒 1、4 和两个具有内齿的凸缘外壳 2、3 组成，两凸缘外壳用螺栓 5 联成一体，两半联轴器通过内、外齿的相互啮合而连接。如图 6-34 所示。轮齿间留有较大的齿侧间隙，外齿轮的齿顶做成球面，球面中心位于轴线上，转矩靠啮合的齿轮传递。

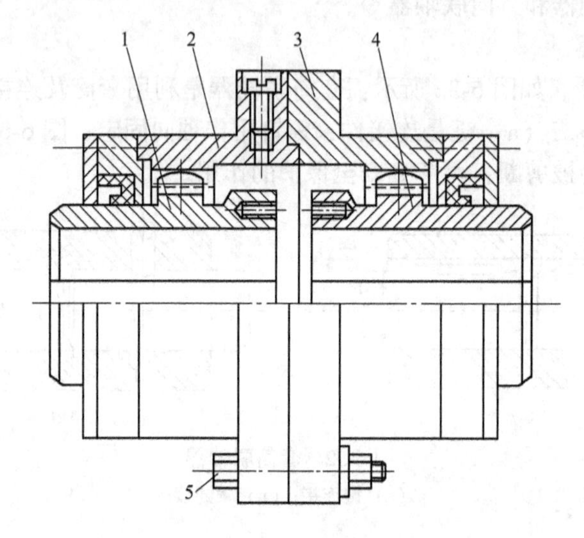

图 6-34　齿轮联轴器

1，4—半内套筒；2，3—凸缘外壳；5—螺栓

齿轮联轴器的特点是能补偿两轴的综合位移，能传递较大的转矩，但结构较复杂，制造较困难，成本高。一般多用于启动频繁、经常正、反转的重型机器和起重设备中。

（2）万向联轴器。万向联轴器主要用于两轴相交的传动，属于无弹性元件挠性联轴器。由两个分别固定在主、从动轴上的叉形接头 1、2 和一个十字形零件（称十字头）3 组成。叉形接头和十字头是铰接的，因此允许被连接两轴轴线夹角很大。如图 6-35 所示。

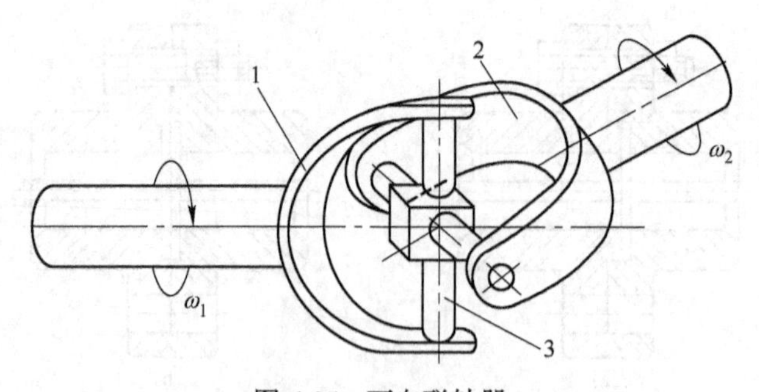

图 6-35　万向联轴器

1，2 —叉形接头；3 —十字头

（二）弹性联轴器

弹性联轴器是利用弹性连接件的弹性变形来补偿两轴相对位移、缓和冲击和吸收振动的。弹性联轴器有弹性套柱销联轴器、弹性柱销联轴器等。

1. 弹性套柱销联轴器

弹性套柱销联轴器如图 6-36 所示，是利用一端具有弹性套的柱销装在两半凸缘孔内，而实现两半联轴器的连接。它结构简单，制造容易，不用润滑，弹性圈更换方便，具有一定的补偿两轴线相对偏移和减振、缓冲的性能。适用于小转矩、经常正反转、启动频繁、转速较高的场合。

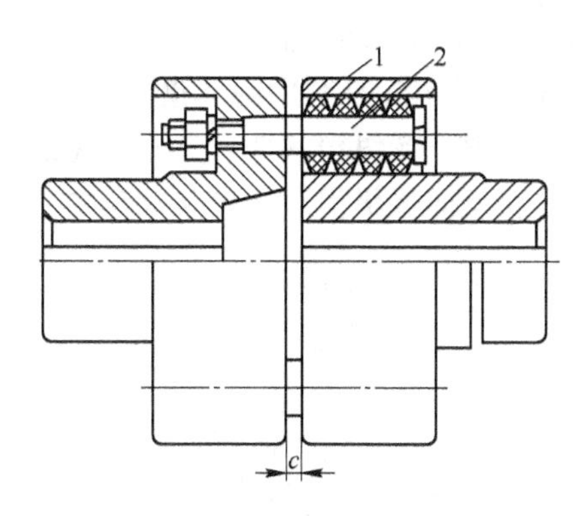

图 6-36　弹性套柱销联轴器

2. 弹性柱销联轴器

弹性柱销联轴器如图 6-37 所示，是直接利用具有弹性的非金属（如尼龙）柱销 1 作为中间连接件，将两半联轴器连接在一起。为了防止柱销由凸缘孔中滑出，在两端配置有挡板 2。这种联轴器结构简单，安装、制造方便，耐久性好，具有吸振，补偿轴向位移的能力。常用于轴向窜动量较大，经常正反转，启动频繁，转速较高的场合，可代替弹性圈柱销联轴器。

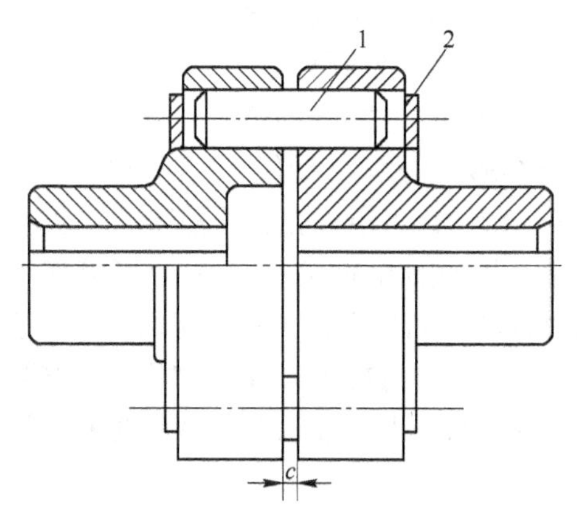

图 6-37　弹性柱销联轴器

1—柱销；2—挡板

二、离合器

离合器是主、从动部分在同轴线上传递动力和运动时，具有结合和分离功能的装置。离合器的种类很多，常见的有摩擦式离合器和牙嵌式离合器。摩擦式离合器是靠工作表面间的摩擦力来传递转矩，牙嵌式离合器靠齿的啮合来传递转矩。

（一）摩擦式离合器

摩擦离合器可分单片式和多片式。过载时，摩擦面间将发生打滑，可以避免其他零件的损坏。

1. 单片式摩擦离合器（单盘式摩擦离合器）

单片式摩擦离合器如图 6-38 所示，是利用两圆盘面 1、2 压紧或松开，使摩擦力产生或消失，以实现两轴的结合或分离。操纵滑块 3，使从动盘 2 左移，以压力 ***F*** 将其压在主动盘 1 上，从而使两圆盘结合；反向操纵滑块 3 使从动盘右移，则两圆盘分离。

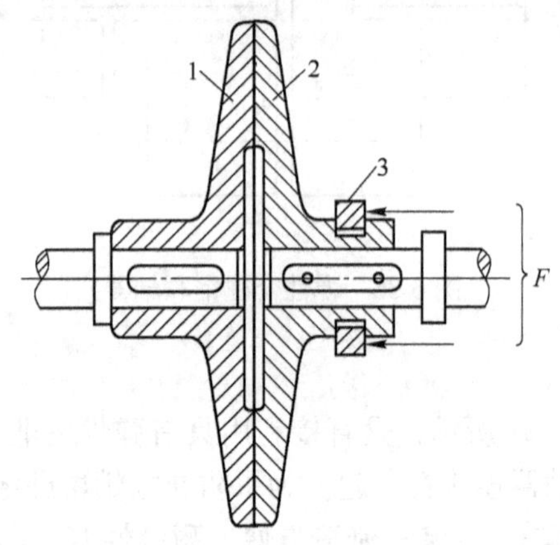

图 6-38　单片式摩擦离合器

1—主动盘；2—从动盘；3—滑块

单片式摩擦离合器结构简单，但径向尺寸大，而且只能传递不大的转矩，常用在轻型机械上。实际生产中常用多片式摩擦离合器。

2. 多片式摩擦离合器（多盘式摩擦离合器）

多片式摩擦离合器如图 6-39 所示，主动轴 1、外壳 2 与一组外摩擦片 4 组成主动部分，外摩擦片如图 6-39（b）所示，可沿外壳 2 的槽移动。从动轴 9、套筒 10 与一组内摩擦片 5 组成从动部分，内摩擦片如图 6-39（c）所示，可沿套筒上的槽滑动。滑环 8 向左移动，使杠杆 7 绕支点顺时针转，通过压板 3 将两组摩擦片压紧如图 6-39（a）所示，于是主动轴带动从动轴转动。滑环 8 向右移动，杠杆 7 下面弹簧的弹力将杠杆 7 绕支点反转，两组摩擦片松开，于是主动轴与从动轴脱开。双螺母 6 是调节摩擦片的间距用的，借以调整摩擦面间的压力。

（二）牙嵌式离合器

图 6-40 所示，牙嵌式离合器主要由两个端面带有牙齿的两个半离合器 1、2 所组成，

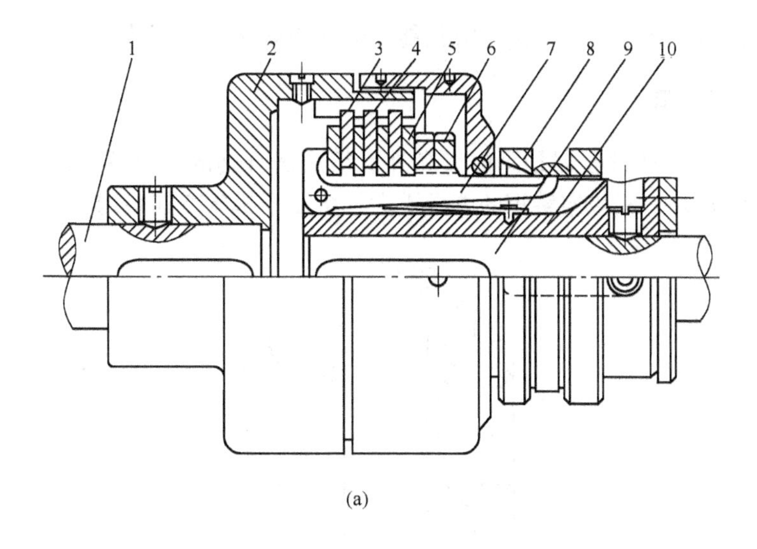

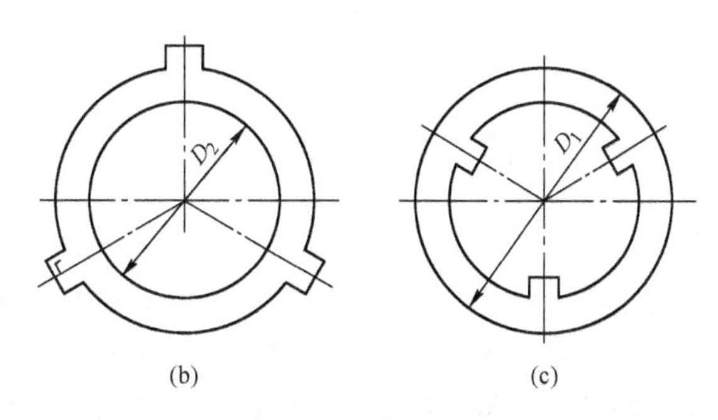

图 6-39　多片式摩擦离合器

（a）多片式摩擦离合器的结构；（b）外摩擦片；（c）内摩擦片

1—主动轴；2—外壳；3—压板；4—外摩擦片；5—内摩擦片；

6—双螺母；7—杠杆；8—滑环；9—从动轴；10—套筒

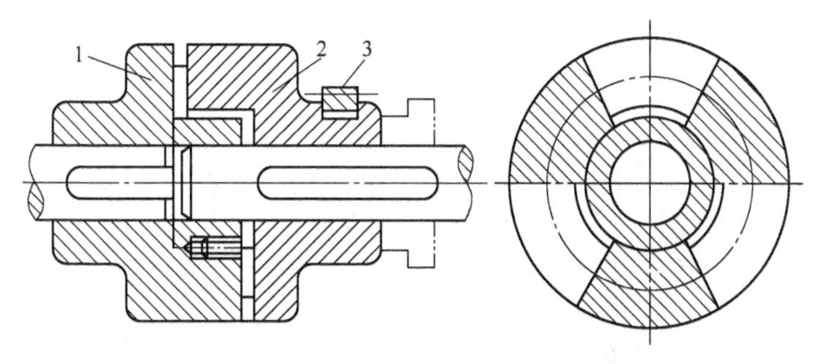

图 6-40　牙嵌式离合器

1，2—半离合器；3—滑环

通过啮合的齿来传递转矩。其中半离合器 1 固定在主动轴上，而半离合器 2 则用导向键（或花键）与从动轴相连接，利用操纵杆带动滑环 3 使其沿轴向移动来实现离合器的接合与分离。

牙嵌式离合器结构简单、外廓尺寸小，两轴结合后不会发生相对移动，并能传递较大的转矩，但在运转中接合时有冲击，故只能在低速或静止状态下接合。

（三）齿轮离合器

图 6-41 所示。齿轮离合器是用内齿和外齿组成嵌合副的离合器。齿轮离合器除具有牙嵌离合器的特点外，其传递转矩的能力更大，多用于机床变速箱内。

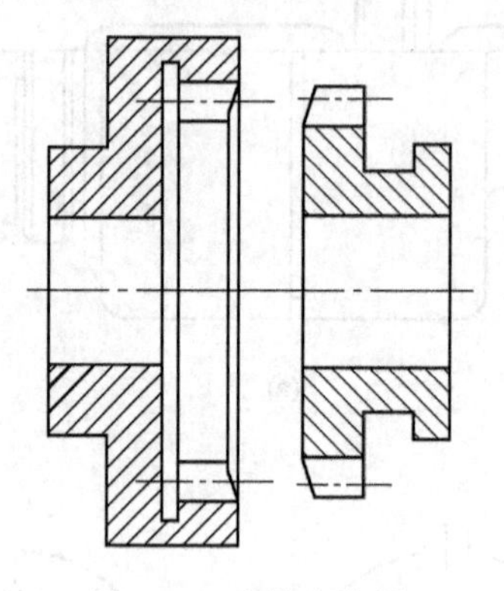

图 6-41 齿轮离合器

三、制动器

制动器是利用摩擦力来降低物体的运动速度或停止其运动的。制动器必须满足以下要求：能产生足够的制动力矩、结构简单、外形紧凑、制动迅速、平稳、调整维修方便等。

常用的制动器有蹄鼓制动器、带状制动器、涨蹄式制动器等结构形式。

（一）蹄鼓制动器（抱块式制动器）

制动器有常闭式和常开式。常闭式制动器是通电时松闸，断电时制动；常开式制动器是通电时制动，断电时松闸。

如图 6-42 所示是常闭式蹄鼓制动器。其原理是：由位于制动鼓 1 两旁的两个制动臂 3

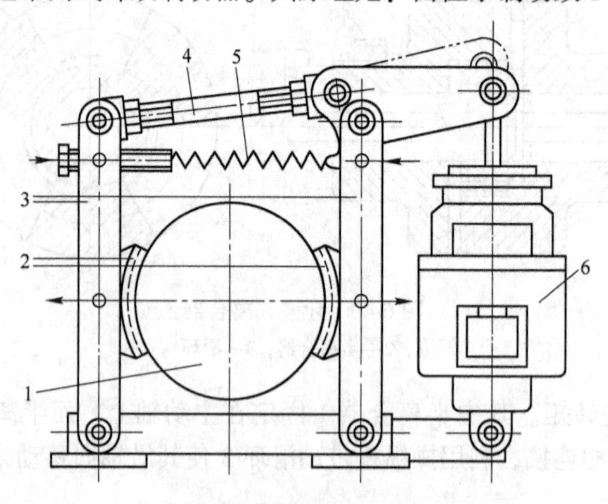

图 6-42 常闭式蹄鼓制动器

1—制动鼓；2—制动蹄；3—制动臂；4—推杆；5—弹簧；6—松闸器

和两个制动蹄2组成。在弹簧5的作用下，制动臂及制动蹄抱住制动鼓，制动鼓处于制动状态。当松闸器6通入电流时，在电磁力的作用下，通过推杆4松开制动鼓两边的制动蹄。

常闭式抱块式制动器结构简单，制动和开启迅速、性能可靠，瓦块间隙调整方便且散热较好，但制动时冲击大，电能消耗也大。不宜于制动力矩大和需要频繁启动的场合。常闭式制动器比较安全，一般用于起重运输机械。常开制动器适用于车辆的制动。

（二）带状制动器

如图6-43所示为带状制动器。主要由制动轮1、制动带2和杠杆3组成。在与轴连接的制动轮1的外缘绕一根制动带2（一般为钢带），当制动力 F 施加于杠杆3的一端时，制动带便将制动轮抱紧，从而使轴制动。为了增大制动所需的摩擦力，制动带常衬有石棉、橡胶、帆布等。

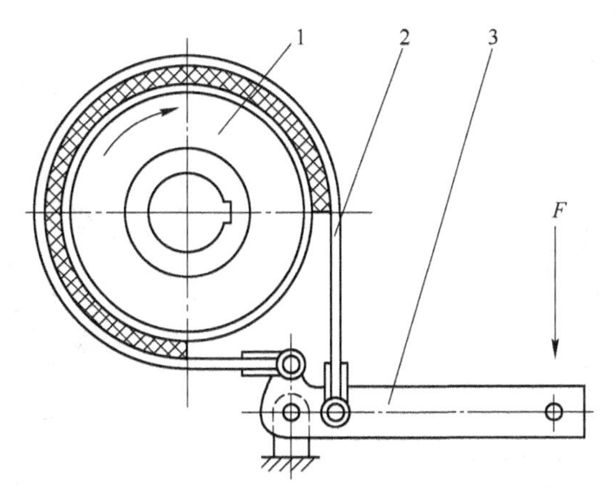

图6-43　带状制动器

1—制动轮；2—制动带；3—杠杆

带状制动器结构简单，制动效果好，容易调节，但磨损不均匀，散热不良。常用于起重设备中。

（三）内涨蹄式制动器

内涨蹄式制动器的工作原理如图6-44所示。两个制动蹄2、8分别通过销轴1、7与机架铰接。制动蹄表面装有摩擦片3，制动轮4与需制动的轴固联。压力油通过双向液压缸5，推动左右两个活塞，克服弹簧6的作用使两个制动蹄2、8压紧制动轮4，从而使制动轮制动。压力油卸载后，两个制动蹄在弹簧6的作用下与制动轮分离。

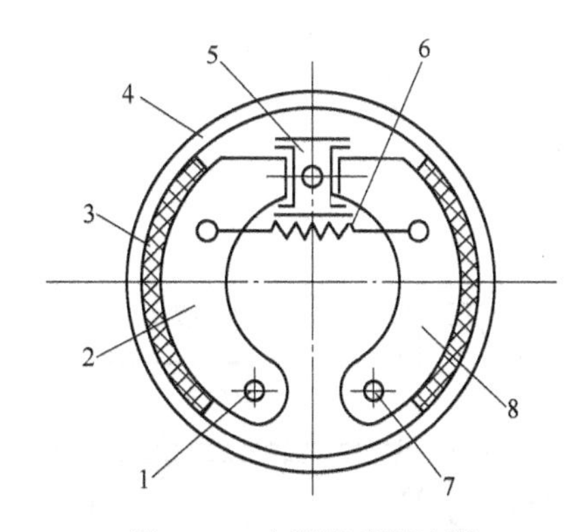

图6-44　内涨蹄式制动器

1，7—销轴；2，8—制动蹄；3—摩擦片；4—制动轮；5—双向液压缸；6—弹簧

内涨蹄式制动器结构紧凑，广泛应用在各种车辆及结构尺寸受限制的机械中。

课题 6.5　弹　簧

弹簧是利用材料的弹性和结构特点，在产生或恢复变形时实现机械功或动能与变形能相互转换的弹性零件。它具有刚度小、变形大的特点，受载后能产生较大的弹性变形，卸载后又能立即恢复原状。因此在各类机械中应用十分广泛。

一、弹簧的功用

由于使用场合不同，弹簧在机器中所起的作用也不同。其功用主要有：

（1）控制机构的运动：如图 6-45 所示为凸轮机构中保持凸轮副接触的弹簧。

（2）储存及输出能量：如图 6-46 所示为钟表中的发条等。

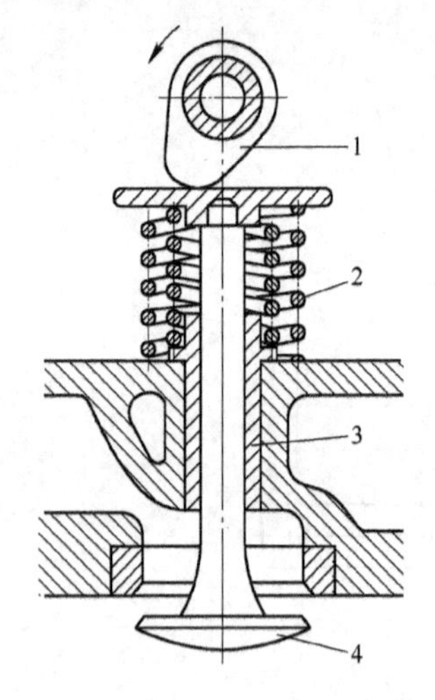

图 6-45　用于内燃机配气的凸轮机构

1—凸轮；2—弹簧；3—导套；4—气门

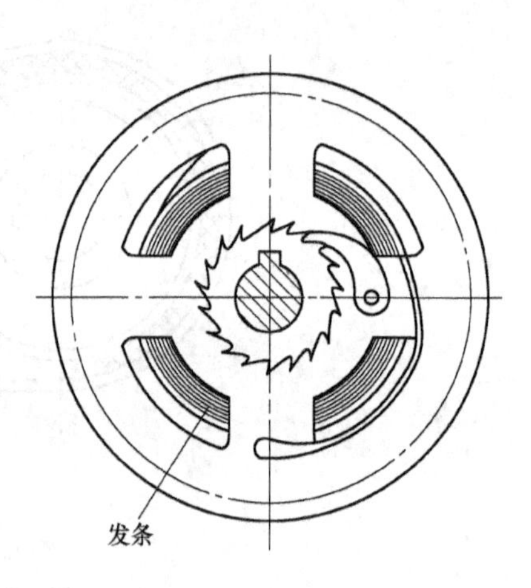

图 6-46　钟表发条

（3）减振和缓冲：如图 6-47 所示为汽车上的减振弹簧。

（4）测量载荷：如图 6-48 所示为弹簧秤。

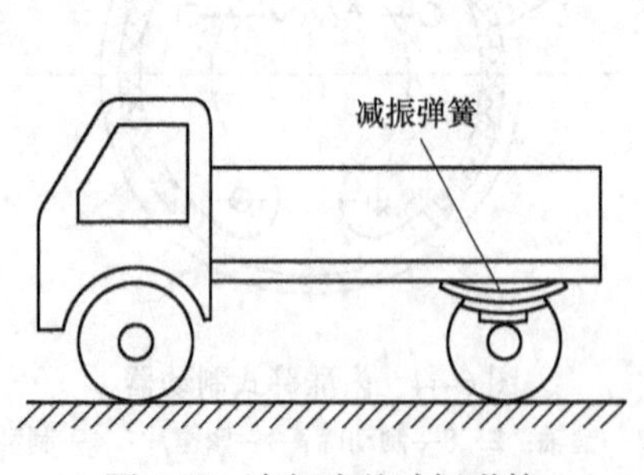

图 6-47　车辆中的减振弹簧

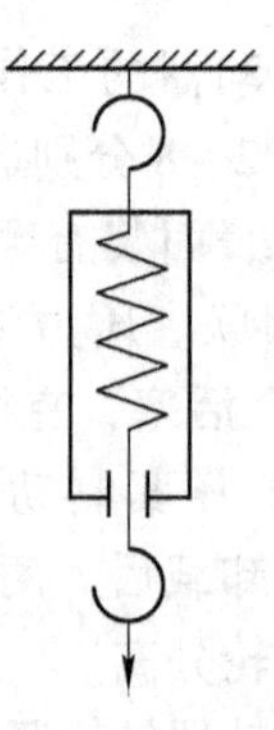

图 6-48　弹簧秤

二、弹簧的类型

按弹簧承受的载荷分：拉伸弹簧、压缩弹簧、扭转弹簧等。

按照弹簧的形状分：螺旋弹簧、环形弹簧、碟形弹簧、板弹簧等，见表 6-5。

螺旋弹簧是用弹簧丝卷绕制成的，由于制造简便，所以应用最广。在一般机械中最常用。

表 6-5 弹簧的分类

名 称	图	说 明
拉伸弹簧		承受拉力
压缩弹簧		承受压力
扭转弹簧		承受扭矩
圆锥螺旋弹簧		承受压力
碟形弹簧		承受压力
环形弹簧		承受压力
板弹簧		承受弯矩

三、弹簧的材料

为使弹簧能够可靠的工作和便于制造，要求弹簧材料应具有高的弹性极限和疲劳极限，足够的韧性和塑性，良好的热处理性能。

常用的弹簧材料有碳素弹簧钢（如 60、75、65Mn 等）、硅锰弹簧钢（如 60Si2MnA）、铬钒弹簧钢（如 50Cr-VA）、不锈钢（如 1Cr18Ni9）及青铜（如 QBe2）等。

四、弹簧的制造

螺旋弹簧的制造过程主要包括：卷制、端部加工、热处理、工艺试验及强压处理。

（1）卷制：对于弹簧卷制，在单件、小批生产时，常在机床上将弹簧丝在心轴上卷制而成；大量生产时，在自动卷簧机上进行。卷制可分为冷卷和热卷。

冷卷：弹簧丝直径较小（小于 8mm），低温回火。

热卷：弹簧丝直径较大（大于 8mm），淬火及回火。

（2）钩环的制作（拉簧和扭簧）或两端的加工（压簧）。

（3）热处理：热卷后必须经过淬火和回火处理。

（4）工艺试验及必要的强压或喷丸等强化处理。工艺试验的目的是检验弹簧热处理的效果和有无其他缺陷，如弹簧表面是否出现明显的脱碳层。强压或喷丸等强化处理是为了提高弹簧的承载能力或疲劳强度。

复习思考题

6-1 螺纹连接有哪几种基本类型？

6-2 常用的螺纹连接件有哪些？

6-3 螺纹连接的防松有哪些方法？

6-4 键连接的作用是什么？

6-5 键连接有哪几种类型？

6-6 销连接的作用有哪些？

6-7 销的种类有哪些？

6-8 轴承的功用是什么？轴承有哪些分类？

6-9 向心滑动轴承有哪几种结构类型？

6-10 典型的滚动轴承由哪四部分组成？

6-11 说明滚动轴承代号的含义：6208/P2、30208、5308/P6、N2208。

6-12 轴的功用是什么？

6-13 轴的分类有哪些？

6-14 常用轴的材料有哪些？

6-15 轴上零件的轴向和周向定位有哪些方法？

6-16 联轴器与离合器各有何功用。

6-17 联轴器与离合器的主要区别是什么？

6-18 联轴器有哪些类型？

6-19 什么是离合器？离合器油哪些种类？

6-20 牙嵌式离合器与摩擦式离合器各适合于什么场合？

6-21 常见的制动器有哪些类型？

6-22 弹簧的功用有哪些？

6-23 按承载性质和外形，弹簧有哪几种主要类型？

项目七　轮　　系

知识目标

1. 了解轮系的分类和应用。
2. 熟练掌握定轴轮系传动比的计算。

能力目标

会判断轮系的类型。

课题 7.1　轮系及分类

一、轮系

由一对齿轮所组成的齿轮机构是齿轮传动中的最简单的形式。但在机械中，仅由一对齿轮传动往往不能满足工作需要，如大传动比传动、多传动比以及换向等。为此，许多情况下采用一系列齿轮所组成的齿轮机构进行传动。这种由一系列齿轮组成的传动装置称为轮系。

二、轮系的分类

轮系传动时，根据各齿轮的轴线相对机架是否固定，可分为两种基本类型，即定轴轮系和行星轮系。

（一）定轴轮系

轮系在传动时，如果所有齿轮的轴线相对机架均为固定，称为定轴轮系或普通轮系，如图 7-1 所示。

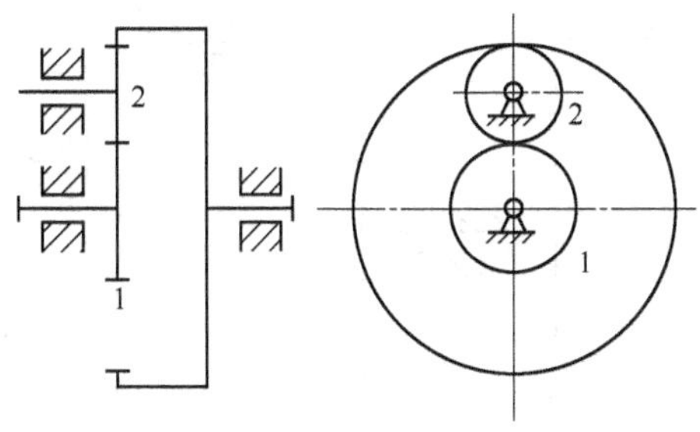

图 7-1　定轴轮系

1，2—齿轮

（二）行星轮系

轮系在传动时，至少有一个齿轮的几何轴线相对机架是不固定，而是绕另一个齿轮的轴线转动，则称该轮系为行星轮系。图 7-2 所示，齿轮 2 的几何轴线是绕齿轮 1 的几何轴线转动。

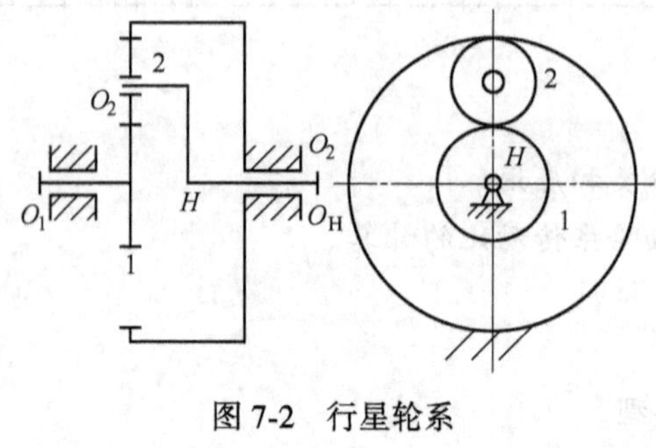

图 7-2　行星轮系

1，2—齿轮

课题 7.2　定轴轮系传动比的计算

定轴轮系的速比（也称传动比）是指始端主动齿轮 1 与末端从动齿轮 k 的角速度之比，工程上常用其转速之比来表示，即 $i_{1k}=\dfrac{\omega_1}{\omega_k}=\dfrac{n_1}{n_k}$。轮系速比的计算包括速比大小的计算和输出轴转向的确定两个内容。

一、速比大小的计算

在图 7-3 所示的定轴轮系中，首、末两轮 1 和 5 分别安装在输入轴与输出轴上，该轮系的速比为

$$i_{15}=\frac{n_1}{n_5}$$

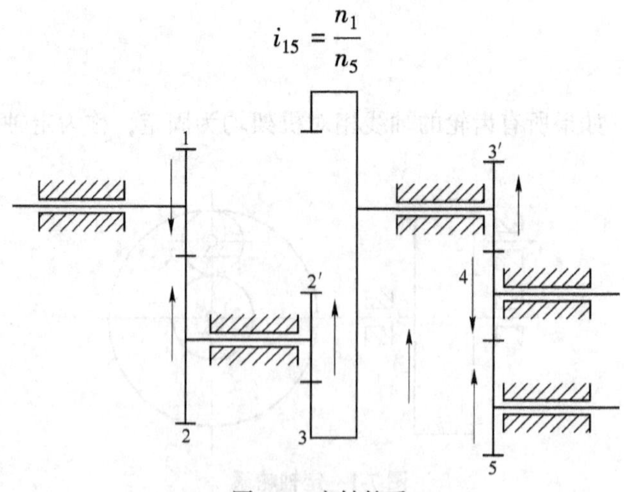

图 7-3　定轴轮系

1—首轮；2~4—齿轮；5—末轮

由于从首轮 1 到末轮 5 的传动是通过一对对齿轮依次啮合实现的，而各对齿轮副的速比大小分别为

$$i_{12}=\frac{n_1}{n_2}=-\frac{z_2}{z_1}\ ,\ i_{2'3}=\frac{n_{2'}}{n_3}=\frac{z_3}{z_{2'}}$$

$$i_{3'4}=\frac{n_{3'}}{n_4}=-\frac{z_4}{z_{3'}}\ ,\ i_{45}=\frac{n_4}{n_5}=-\frac{z_5}{z_4}$$

将上述各式等号两端连乘后得

$$i_{12}\cdot i_{2'3}\cdot i_{3'4}\cdot i_{45}=\frac{n_1 n_{2'} n_{3'} n_4}{n_2 n_3 n_4 n_5}=-\frac{z_2 z_3 z_4 z_5}{z_1 z_{2'} z_{3'} z_4}$$

$$i_{15}=\frac{n_1}{n_5}=-\frac{z_2 z_3 z_5}{z_1 z_{2'} z_{3'}} \tag{7-1}$$

由式 7-1 可知，定轴轮系速比的大小等于所有从动轮齿数的连乘积与所有主动轮齿数的连乘积之比。

在图 7-3 中，齿轮 4 同时与齿轮 3′和 5 啮合，与齿轮 3′时为啮合为从动轮，与齿轮 5 啮合时为主动轮，其齿数在式 7-1 的分子、分母中同时出现，可以约去，说明齿轮 4 的齿数不影响轮系速比的大小，仅改变了轮系输出轴的转向，这种齿轮称为惰轮。

二、输出轴转向的确定

（一）平行轴定轴轮系

图 7-3 所示的平行轴定轴轮系中，各轮轴线平行，规定输出轴与输入轴的转向相同时，速比为正，反之为负。由于一对外啮合齿轮转向相反，内啮合齿轮转向相同，每经过一对外啮合齿轮转向改变一次，因此可用轮系中外啮合齿轮的对数来确定输出轴与输入轴的转向关系。若用 m 表示轮系中外啮合齿轮的对数，则可用 $(-1)^m$ 来确定平行轴定轴轮系速比的符号

$$i_{io}=(-1)^m\frac{\text{所有从动轮齿数的连乘积}}{\text{所有主动轮齿数的连乘积}} \tag{7-2}$$

（二）非平行轴定轴轮系

图 7-4 所示的非平行轴定轴轮系中，包含了圆锥齿轮和蜗轮蜗杆等轴线不平行的空间齿轮，其速比的符号只能采用画箭头的方法确定。

对于圆柱或圆锥齿轮，表示齿轮副转向的箭头同时指向或同时背离啮合处。对于蜗轮蜗杆，从动蜗轮转向的判别方法是：对右旋蜗杆用右手法则，用四指指向主动蜗杆的转向，则与拇指指向相反的方向就是蜗轮在啮合处的圆周速度方向。对于左旋蜗杆则用左手法则进行判别。

图 7-4（a）中首末两轮的轴线平行，若其转向相反，则在速比的计算结果中加上符号“-”表示。图 7-4（b）中首末两轮的轴线不平行，它们分别在两个不同的平面内转动，所以其转向关系只能在图中用箭头表示。

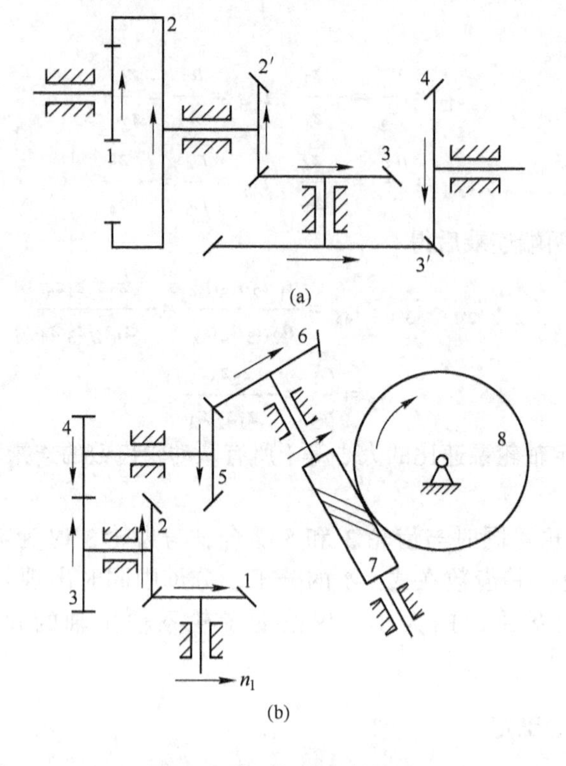

图 7-4 非平行轴定轴轮系

（a）首末两轮轴线平行的空间定轴轮系；（b）首末两轮轴线不平行的空间定轴轮系

1~8—齿轮

课题 7.3 轮系的应用

轮系在各种机械设备中得到了广泛的应用，主要体现在以下几个方面。

一、实现相距较远的两轴间的传动

当两轴相距较远，而传动比又不能太大时，若仅用一对齿轮传动，则齿轮传动的外廓尺寸就很大，如图 7-5 虚线所示，如改用图中实线所示，便可减小尺寸，节约材料、减轻质量。

二、获得大的传动比

采用一对齿轮传动时，为了避免两齿轮直径相差太大，造成齿轮的寿命悬殊，一般速比不大于 5~7。采用定轴轮系传动，由于定轴轮系传动比等于各对齿轮传动比的连乘积，可获得较大的传动比，因而能有效减小体积和齿轮啮合的频率差。如图 7-3 所示。

定轴轮系可以获得较大的传动比，而行星轮系在获得大传动比方面更具有优势。图 7-6 所示，行星轮系中，$z_1 = 100$ ，$z_2 = 101$，$z_3 = 100$ ，$z_4 = 99$，输入件 H 对输出件 1 的传动比 $i\mathrm{H}_1 = 10000$。

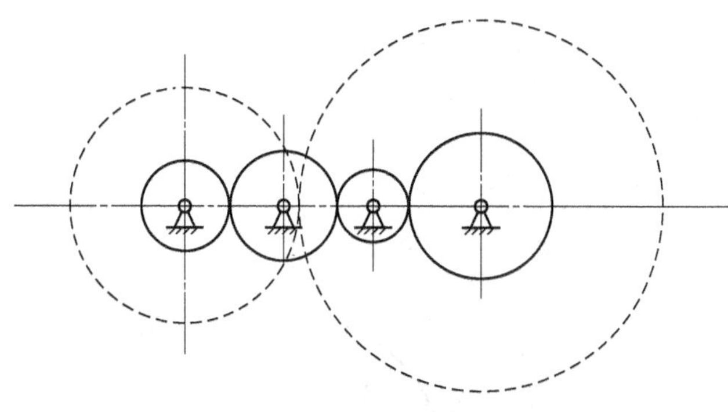

图 7-5　远距离传动

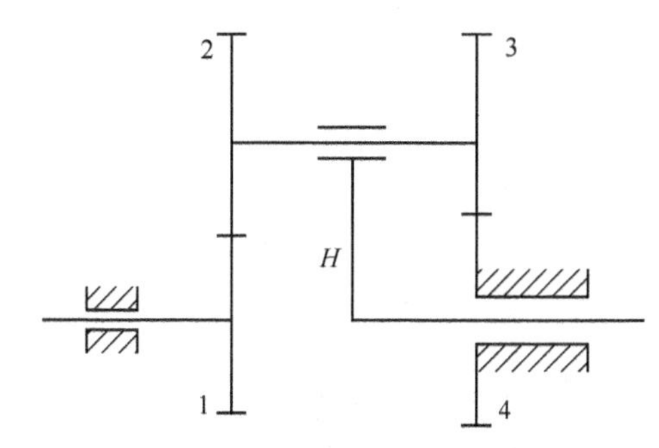

图 7-6　大传动比的行星轮系

三、实现变速、换向的传动

为适应工作条件的变化，在金属切削机床、汽车等机械中，输出轴应有多种转速。在图 7-7 所示定轴齿轮系中，Ⅰ为输入轴，Ⅱ为输出轴，双联齿轮 2-4 通过导向平键与轴Ⅱ构成动连接，当其分别与轴Ⅰ上的齿轮 1、3 啮合时，轴Ⅱ便获得两种不同的转速。

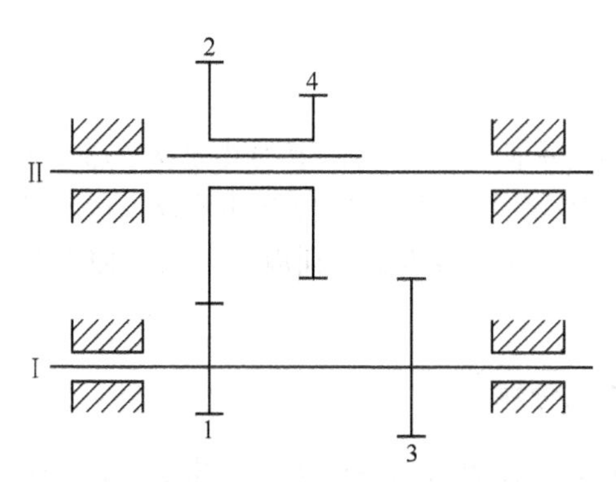

图 7-7　定轴齿轮系变速图

图 7-8 所示为卧式车床走刀系统的三星轮换向机构，是典型的采用齿轮系的换向机构。图 7-8（a）齿轮 1、3、4 啮合，齿轮 4 顺时针旋转。图 7-8（b）齿轮 1、2、3、4 啮合，齿轮 4 逆时针旋转。

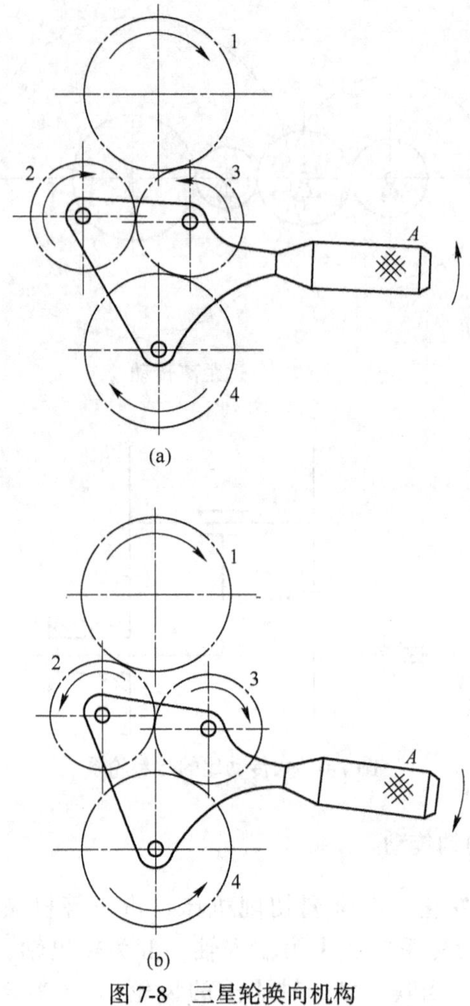

图 7-8　三星轮换向机构

（a）1、3、4 啮合；（b）1、2、3、4 啮合

四、实现分路传动

实际机械中，常采用轮系使一根主动轴带动几根从动轴一起转动，实现分路传动，以减少原动机数量。图 7-9 所示为滚齿机工作台传动系统。运动从 I 轴输入，一条路线由 1-2 传到滚刀，另一条路线由 3-4-5-6-7-8-9 传到齿坯。从而使刀具和轮坯间具有确定的对滚关系。

五、实现运动的合成和分解

利用差动轮系可以把两个独立运动合成为一个运动，或者将一个运动按确定的关系分解为两个运动。在图 7-10 所示滚齿机的差动轮系中，分齿运动由齿轮 1 传入，附加运动由行星架 H 传入，合成运动由齿轮 3 传出，使滚齿机工作台得到需要的转速。

差动轮系可将一个基本输入运动（转动）按需要分解成两个构件的运动（转动）输出。图 7-11 所示为汽车后桥差速器，汽车发动机通过传动轴驱动齿轮 5，再驱动齿轮 4 转

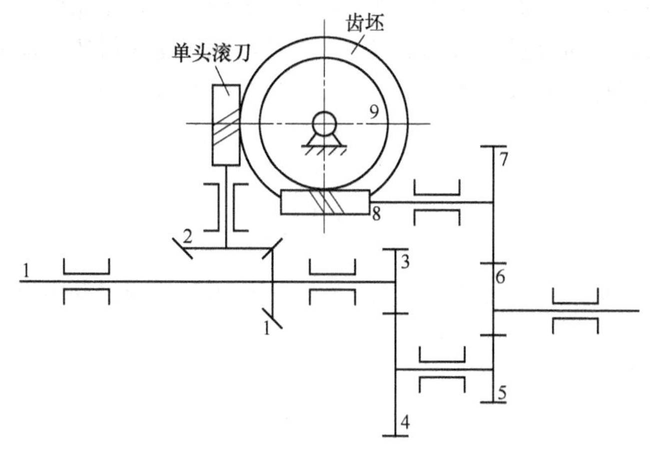

图 7-9　滚齿机工作台传动系统

1～9—齿轮

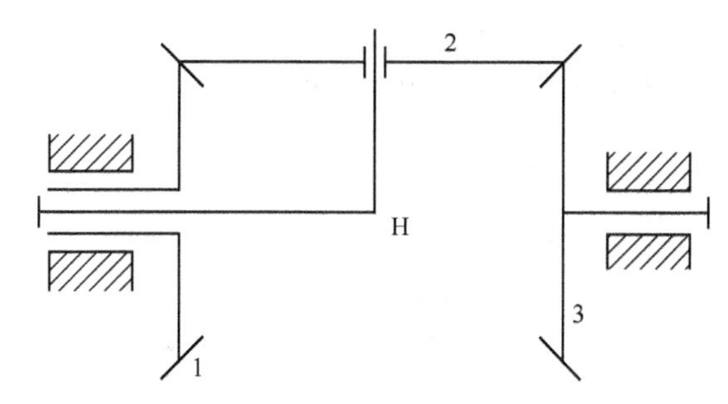

图 7-10　滚齿机差动轮系

1～3—齿轮

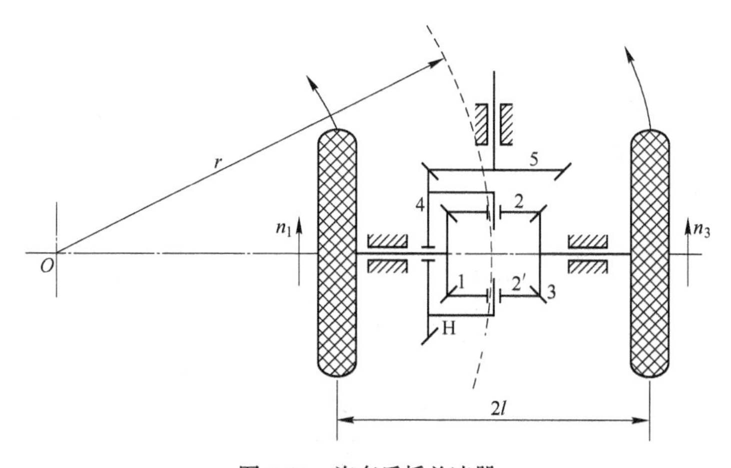

图 7-11　汽车后桥差速器

H—行星架；1，3—太阳轮；2，2′—行星轮；4，5—齿轮

动。齿轮 4 上固联着行星架 H，H 上装有行星轮 2 和 2′，与 2 直接啮合的齿轮 1 和 3 是太阳轮，故齿轮 1、2、2′、3 和齿轮 4（行星架 H）组成差动轮系。当汽车直线行驶时，两个后轮所滚过的距离相等，此时两轮的转速相等。当汽车需绕 O 点沿半径为 r 的路面左转

弯时，为了使两后轮均在地面上滚动而不发生相对滑动，以减小摩擦和车胎磨损，就要求右轮比左轮转得快。这时行星轮系产生差动效果使右侧车轮转得快，保证车轮与地面作纯滚动。即该差动轮系可将输入的转速 n_4分解为左、右轮的转速 n_1和 n_3。

$$n_1 = \frac{r-l}{r}n_4$$

$$n_3 = \frac{r+l}{r}n_4$$

差动轮系可实现运动分解的特性，在汽车、拖拉机及机床传动中得到广泛的应用。

复习思考题

7-1 轮系有哪些类型？

7-2 如何计算定轴轮系的传动比？

7-3 定轴轮系中哪一种齿轮的齿数对轮系的传动比不起作用？它又有何用途？

7-4 非平行轴定轴轮系输出轴转动方向如何确定？

7-5 在题图 7-1 中，已知 $z_1 = 20$，$z_2 = 30$，$z_{2'} = 50$，$z_3 = 40$，$z_{3'} = 20$，$z_4 = 50$，求轮系的速比 i_{14}并确定轴 O_4的转向？

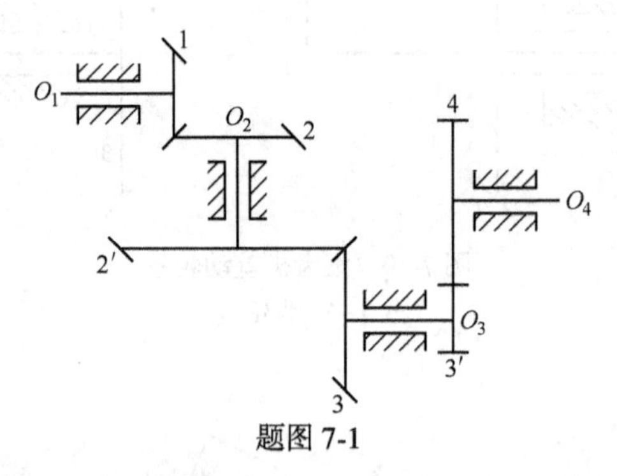

题图 7-1

7-6 在题图 7-2 所示的轮系中，$z_1 = 34$，$z_2 = 34$，$z_{2'} = 20$，$z_3 = 40$，$z_4 = 2$（左旋蜗杆），$z_5 = 40$，若 $n_1 = 800$r/min，求蜗轮的转速 n_5并确定各轮的转向。

7-7 轮系有哪些功用？

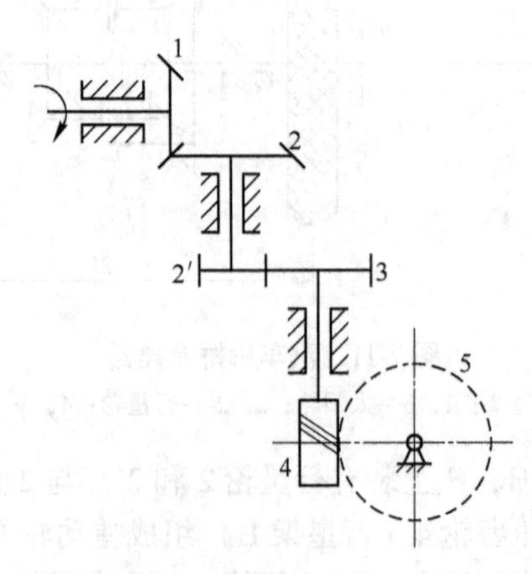

题图 7-2

项目八　切削加工基础知识

知识目标

1. 掌握切削加工的基本方法。
2. 掌握机床的分类。
3. 掌握刀具的种类和用途。

能力目标

1. 识别切削加工的基本方法。
2. 识别机床的类型。
3. 识别刀具的种类。

课题 8.1　概　　述

一、切削加工的基本方法

金属切削加工是用刀具或其他工具从毛坯上切去多余金属层，从而获得几何形状、尺寸精度和表面粗糙度都符合要求的零件的加工过程。

切削加工分为钳工加工和机械加工两部分。钳工加工一般是利用手工操作工具来对工件进行切削加工。机械加工是通过人工操作机床来对工件进行切削加工。切削加工的主要方法有车削、钻削、镗削、磨削、铣削、刨削等，如图 8-1 所示。与之相对应的切削机床是：车床、钻床、镗床、磨床、铣床、刨床等。其中车床主要用来加工各种回转表面(包括圆柱面、圆锥面等)；钻床可进行钻孔、扩孔和铰孔等一些加工工作；镗床主要用来加工孔，也可加工平面；磨床可加工内外圆柱面、内外圆锥面、平面以及螺纹、齿形、花键；铣床和刨床主要用于平面和沟槽等项加工工作。

二、切削运动

在金属切削加工时，为了切除工件上多余的材料，形成工件要求的合格表面，刀具和工件之间须完成一定的相对运动，即切削运动。切削运动按其所起的作用不同，可分为主运动和进给运动。

(一) 主运动

主运动是切除工件上多余金属层所必须的基本运动。其特点是速度高，消耗机床动力

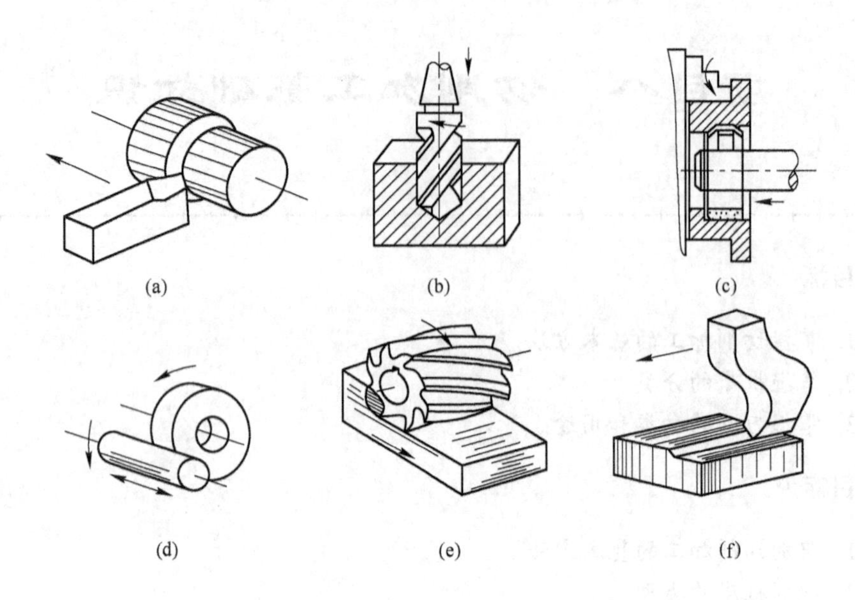

图 8-1　切削加工的主要方法
（a）车削；（b）钻削；（c）镗削；（d）磨削；（e）铣削；（f）刨削

也最多。车削时主运动是工件的旋转运动；铣削和钻削时主运动是刀具的旋转运动；磨削时主运动是砂轮的旋转运动；刨削时主运动是刀具（牛头刨）或工件（龙门刨床）的往复直线运动等。一般切削加工中主运动只有一个。

（二）进给运动

在切削加工中为使金属层不断投入切削，保持切削连续进行，而附加的刀具与工件之间的相对运动称为进给运动。进给运动可以由一个或多个组成。车削时进给运动是刀具的纵向和横向移动；铣削时进给运动是工件的移动；钻削时进给运动是钻头沿其轴线方向的移动；内、外圆磨削时进给运动是工件的旋转运动和移动等。

切削加工中主运动一般只有一个，而进给运动则可能有一个（如车削）或几个（如磨削），也可能没有（如拉削）。主运动和进给运动可以由刀具完成，也可以由工件完成；可以是旋转运动，也可以是直线运动；可以是连续运动，也可以是间歇运动。

三、切削用量

在切削运动作用下，工件上存在着 3 个不断变化的表面，分别是：

（1）待加工表面：工件上有待加工的表面。

（2）已加工表面：工件上经刀具切削后形成需要的表面。

（3）过渡表面：工件上正在进行加工的表面。

外圆车削运动及形成的表面如图 8-2 所示。

在切削加工中，切削速度、进给量和背吃刀量（切削深度）总称为切削用量。它表示主运动和进给运动量。

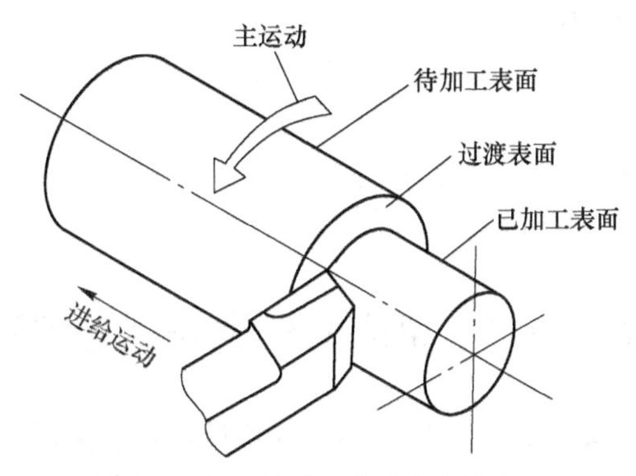

图 8-2　外圆车削运动及形成的表面

（一）切削速度 v_c

切削速度是刀具切削刃上选定点相对工件主运动的线速度，用 v_c 表示，单位为 m/min。当主运动是旋转运动时，切削速度计算公式为：

$$v_c = \frac{\pi dn}{1000} = \frac{dn}{318}$$

式中　d——工件加工表面或切削刃上选定点的旋转直径，单位为 mm；

n——主运动的转速，单位为 r/min。

当主运动为往复直线运动时，切削速度为其平均速度，即

$$v_c = \frac{2Ln}{1000}$$

式中　L——往复运动的行程长度，mm；

n——主运动每分钟的往复次数，str/min。

（二）进给量 f

进给量是指当主运动一个循环内，刀具与工件之间沿进给运动方向的相对位移量。

对于车削加工来说，进给量为工件每旋转一转，车刀在进给方向上移动的距离，单位为 mm/r；对于钻削加工来说，进给量为钻头旋转一转，钻头沿其轴线方向移动的距离，单位为 mm/r。

进给量用 f 表示，单位为 mm/r。

单位时间内刀具在进给运动方向上相对工件的位移量，称为进给速度，用 v_f 表示，单位为 mm/min。

当主运动为旋转运动时，进给量 f 与进给速度 v_f 之间的关系为

$$v_f = fn$$

当主运动是往复直线运动时，进给量为每往复一次的进给量。

（三）背吃刀量（切削深度）a_p

背吃刀量是指工件待加工表面和已加工表面之间的垂直距离，单位为 mm。

车外圆时背吃刀量 a_p 为

$$a_p = \frac{d_w - d_m}{2}$$

式中　d_w ——工件待加工表面直径，mm；

d_m ——工件已加工表面直径，mm。

课题 8.2　机床的分类与型号编制

机床是利用刀具对金属毛坯进行切削加工的机械设备。金属切削机床的品种和规格比较多，为了便于区别、管理和使用，需要对各种机床加以分类和编制型号。

一、机床的分类

机床的分类方法，主要是按加工性质和所用的刀具进行分类。根据国家制定的机床型号编制方法，目前将机床共分为 12 大类：车床、钻床、镗床、磨床、齿轮加工机床、螺纹加工机床、铣床、刨插床、拉床、特种加工机床、锯床及其他机床，其代号见表 8-1。

表 8-1　机床的分类代号

类别	车床	钻床	镗床	磨　床			齿轮加工机床	螺纹加工机床	铣床	刨插床	拉床	特种加工机床	锯床	其他机床
代号	C	Z	T	M	2M	3M	Y	S	X	B	L	D	G	Q
读音	车	钻	镗	磨	磨	磨	牙	丝	铣	刨	拉	电	割	其

除了上述基本分类法外，还可按机床的其他特征分类：

（1）按照应用范围（通用性程度）不同，同类机床可分为通用机床、专门化机床、专用机床三类。

（2）按照加工精度的不同，同一种机床又可分为普通精度级、精密级、高精度级三种精度等级。

（3）按照自动化程度不同，分为手动机床、机动机床、半自动机床和自动机床。

（4）按照机床质量和尺寸不同，可分为仪表机床、中小型机床、大型机床（质量达 10t 以上）、重型机床（质量在 30t 以上）和超重型机床（质量达 100t 以上）。

（5）自动控制类机床按其控制方式分为仿形机床、数控机床、加工中心等。

（6）按照机床主要部件的数目，可分为单轴、多轴、单刀、多刀机床等。

（7）按照机床的结构布局形式不同，又可分为立式、卧式、龙门式机床等。

二、机床的型号编制

机床的型号是按照一定规律赋予每种机床的代号，用于简明地表示机床的类别、结构特征、特性和主要的技术规格。我国机床型号的编制，按 GB/T 15375-1994《金属切削机床型号编制方法》实施，机床的型号由汉语拼音字母和数字按一定规律组合而成，适用于各类通用机床和专用机床（组合机床除外）。

通用机床的型号表示方法为：

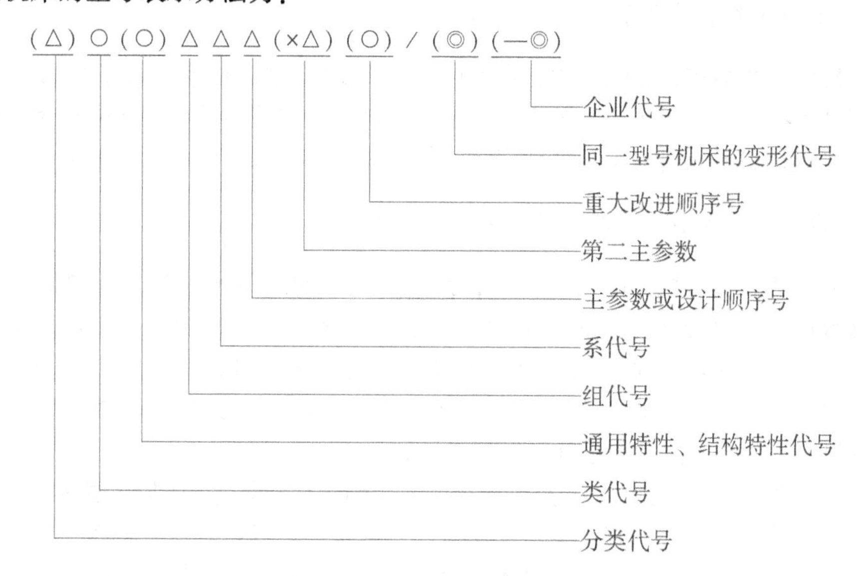

注：△表示数字；○表示大写汉语拼音字母；◎表示大写汉语拼音字母或阿拉伯数字或两者兼有之；括号中的表示可选项，当无内容时不表示，有内容时则不带括号。

（一）机床的类和分类代号

机床的分类代号用汉语拼音大写字母表示。若每类有分类，在分类代号前用数字表示，但第一分类中的 1 不予表示，例如，磨床类分为 M、2M、3M 三个分类。机床的分类代号见表 8-1。

（二）通用特性、结构特性代号

当某类机床除有普通形式外，还有某种通用特性时，则在分类代号之后用相应的代号表示。例如，CM 6132 型精密车床，在“C”后面加“M”。表 8-2 是常用的通用特性和结构特性代号。

表 8-2　机床通用特性和结构特性代号

通用特性	高精度	精密	自动	半自动	数控	加工中心（自动换刀）	仿形	轻型	加重型	简式或经济型	柔性加工单元	数显	高速
代号	G	M	Z	B	K	H	F	Q	C	J	R	X	S
读音	高	密	自	半	控	换	仿	轻	重	简	柔	显	速

对主参数值相同而结构、性能不同的机床，在型号中加结构特性代号加以区分。结构特性代号与通用特性代号不同，它在型号中没有统一的含义，只在同类机床中起区分机床结构、性能的作用。当型号中有通用特性代号时，结构特性代号应排在通用特性代号之后。结构特性代号用汉语拼音字母（通用特性代号已用的字母和 I、O 两个字母不能用）表示，当单个字母不够用时，可将两个字母组合起来使用，如 AD、EA 等。

(三) 机床的组、系代号

每类机床按其结构、性能、用途等不同划分为 10 个组，每组又划分为 10 个系，用阿拉伯数字“0~9”表示。在同类机床中，主要布局或使用范围基本相同的机床，即为同一系。机床的组别和系别代号用两位数表示，第一位数字代表组别，第二位数字代表系别。

(四) 机床的主参数和第二主参数的表示方法

机床的主参数表示机床的规格大小，是机床最主要的技术参数，反映机床的加工能力。主参数用折算值表示（一般为机床主参数实际数值的 1/10 或 1/100）表示，位于系代号之后，其尺寸单位为 mm。如 CA6140 车床，主参数折算值为 40，折算系数为 1/10，即主参数（床身上最大回转直径）为 400mm。对于某些机床，当无法用一个主参数表示时，则在型号中用设计顺序号表示。

第二主参数（多轴机床的主轴数除外）一般不予表示，是指最大模数、最大跨距、最大工件长度等。在型号中表示第二主参数，一般也以折算值表示，置于主参数之后，用乘号“×”分开，如 C2150×6 表示最大棒料直径为 500mm 的卧式六角自动车床。多轴机床的主轴数是必须表示的，应以实际数值列入型号。

(五) 机床的重大改进顺序号

当机床的结构、性能有重大改进时按其设计改进的次序，用 A、B、C、…等字母加入型号的尾部，以区别原机床型号。如 CA6140 是 C6140 型车床经过第一次重大改进后的车床。

此外，机床的其他特性代号和企业代号作为辅助部分由企业根据自己的实际情况来进行确定。

随着机床工业的不断发展，我国机床的型号编制已进行多次变动。按照有关规定，对过去已定型号还在生产的机床，其型号一律不变，如 C620-1 卧式车床、B665 牛头刨床等。

课题 8.3　切削刀具简介

一、刀具材料

(一) 刀具材料应具备的性能

在切削过程中，刀具的切削部分是在很大的切削力、较高的切削温度及剧烈摩擦等条件下工作的，同时，由于切削余量和工件材质不均匀或切削时不能形成带状切屑，还会产生冲击和振动，因此刀具切削部分的材料应具备以下几方面性能：

(1) 高硬度。刀具要顺利地从工件上切除余量，其硬度必须高于工件材料，常温硬度一般要求超过 60HRC 以上。

(2) 高耐磨性。高耐磨性是刀具抵抗磨损的保障。在剧烈的摩擦下刀具磨损要小。

一般来说，材料的硬度越高，耐磨性越好。

(3) 足够的强度和韧性。刀具只有具备足够强度和韧性，才能承受切削中较大的冲击力和切削时产生的振动，从而减少刀具脆性断裂和崩刃。

(4) 高耐热性。高耐热性是指刀具在高温下仍能保持高硬度、高强度、高韧性和耐磨性等的性能。

(5) 工艺性能要好。为了便于刀具本身的制造，刀具材料还应具有良好的工艺性能，如切削性能、磨削性能、焊接性能及热处理性能等。

刀具材料要符合所有性能均好的条件是困难的，应根据切削条件合理选用。

(二) 常用刀具材料

目前常用刀具材料有碳素工具钢、合金工具钢、高速钢、硬质合金、陶瓷、立方碳化硼以及金刚石等。碳素工具钢及合金工具钢，因耐热性较差，通常只用于手工工具及切削速度较低的刀具，陶瓷、金刚石和立方氮化硼仅用于有限的场合。目前，刀具材料中用得最多的是高速钢和硬质合金。

1. 高速钢

高速钢是含有较多钨、钼、铬、钒等合金元素的高合金工具钢，它允许的切削速度比碳素工具钢（T10A、T12A）及合金工具钢（9SiCr、CrWMn）高 1~3 倍，故称为高速钢。高速钢具有较高的硬度和耐热性，在切削温度达 550~600℃时，仍能进行切削。与硬质合金相比，高速钢的强度高（抗弯强度一般为硬质合金的 2~3 倍，为陶瓷的 5~6 倍）、韧性好、工艺性好，故在复杂、小型及刚性较差的刀具（钻头、丝锥、成形刀具、拉刀、齿轮刀具等）制造中，高速钢占主要地位，由于高速钢的硬度、耐磨性、耐热性不及硬质合金，因此只适于制造中、低速切削的各种刀具。高速钢按切削性能分，有普通高速钢和高性能高速钢。

普通高速钢是切削硬度在 250~280HBS 以下的大部分结构钢和铸铁的基本刀具材料，应用最广泛。切削普通钢料时的切削速度一般不高于 40~60m/min。所谓高性能高速钢是在普通高速钢中添加一些钴、铝等合金元素，提高了耐磨性和耐热性，较普通高速钢有着更好的切削性能，适合于加工奥氏体不锈钢、高温合金、钛合金和高强度钢等难加工材料。高性能高速钢只有在规定的使用范围和切削条件下，才能取得良好的加工效果；加工一般钢时，其优越性并不明显。

2. 硬质合金

硬质合金是用高硬度、难熔的金属碳化物（WC、TiC、TaC、NbC 等）和金属黏结剂（Co、Ni 等）在高温条件下烧结而成的粉末冶金制品。硬质合金的常温硬度达 89~93HRA，760℃时其硬度为 77~85HRA，在 800~1000℃时硬质合金还能进行切削，刀具寿命比高速钢刀具高几倍到几十倍，可加工包括淬硬钢在内的多种材料。但硬质合金的强度和韧性比高速钢差，常温下的冲击韧性仅为高速钢的 1/8~1/30，因此，硬质合金承受切削振动和冲击的能力较差。硬质合金是最常用的刀具材料之一，常用于制造车刀和面铣刀，也可用硬质合金制造深孔钻、铰刀、拉刀和滚刀。尺寸较小和形状复杂的刀具，可采用整体硬质合金制造，但整体硬质合金刀具成本高，其价格是高速钢刀具的 8~10 倍。

涂层刀具是在高速钢或硬质合金基体上涂覆一层难熔金属化合物，如 TiC、TiN、

Al_2O_3等。涂层一般采用 CVD 法（化学气相沉积法）或 PVD 法（物理气相沉积法）。涂层刀具表面硬度高、耐磨性好，其基体又有良好的抗弯强度和韧性。涂层硬质合金刀片的寿命可提高 1~3 倍以上，涂层高速钢刀具的寿命可提高 1.5~10 倍以上。随着涂层技术的发展，涂层刀具的应用会越来越广泛。

3. 其他刀具材料

（1）陶瓷。有两大类，Al_2O_3基陶瓷和 Si_3N_4基陶瓷。刀具陶瓷的硬度可达到 90~95HRA，耐磨性好，耐热温度可达 1200~1450℃（此时硬度为 80HRA），它的化学稳定性好，抗黏结能力强，但它的抗弯强度很低，仅有 0.7~0.9GPa，故陶瓷刀具一般用于高硬度材料的精加工。

（2）人造金刚石。它是碳的同素异形体，是通过合金触媒的作用在高温高压下由石墨转化而成。人造金刚石的硬度很高，是除天然金刚石之外最硬的物资，它的耐磨性极好，与金属的摩擦系数很小；它与铁族金属亲合力大，故人造金刚石多用于对有色金属及非金属材料的超精加工以及作磨具磨料用。

（3）立方氮化硼。它是由立方氮化硼经高温高压转变而成。其硬度仅次于人造金刚石达到 8000~9000HV，它的耐热温度可达 1400℃，化学稳定性很好，可磨削性能也较好，但它的焊接性能差些，抗弯强度略低于硬质合金，它一般用于高硬度、难加工材料的精加工。

二、刀具的种类和用途

在机械加工中，常用的金属切削刀具有车刀、铣刀、刨刀、孔加工刀具（中心钻、麻花钻、扩孔钻、铰刀等）、磨削刀具等。在大批量生产和加工特殊形状零件时，还经常采用专用刀具、组合刀具和特殊刀具。在加工过程中，为了保证零件的加工质量、提高生产率和经济效益，需要恰当合理地选用相应的各种类型刀具。

（一）车刀

车刀是车削加工使用的刀具，可用于各类车床。车刀的种类很多，按结构形式可分为焊接式车刀、整体式车刀、机夹重磨式车刀和可转位式车刀四类，如图 8-3 所示。

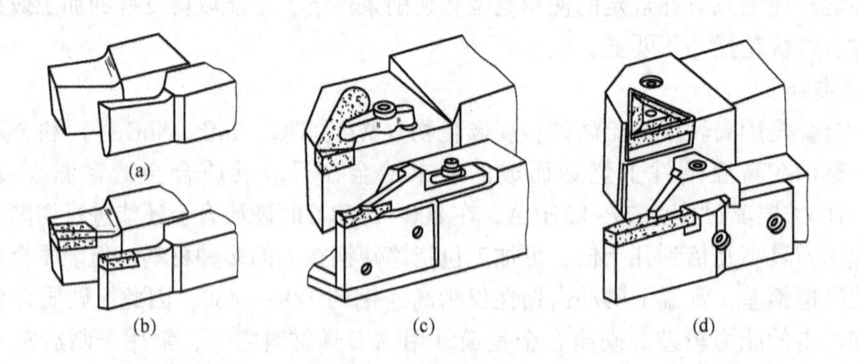

图 8-3 车刀的结构
(a) 整体式车刀；(b) 焊接式车刀；(c) 机夹重磨式车刀 ；(d) 可转位式车刀

焊接式车刀是将一定形状的硬质合金刀片用黄铜、纯铜或其他特制的焊料焊接在刀杆的刀槽内制成的。这种车刀结构简单、紧凑、刚性好、使用非常灵活、制造方便，可以根据加工条件和加工要求选择合适的硬质合金牌号和刀片的形状规格；缺点是受焊接应力的影响，降低了刀具材料的使用性能。

整体车刀仅用于高速钢车刀。

机械夹固式硬质合金车刀简称机夹式车刀。根据其使用情况不同，又可以分为机夹重磨式车刀和机夹可转位式车刀两类。机夹重磨式车刀采用普通刀片，用机械夹固的方式将刀片夹持在刀杆上。这种车刀当切削刃磨钝后，将车刀卸下，把刀片重磨一下，装上可继续使用。机夹可转位车刀又称机夹不重车刀，采用机械夹固的方法将可转位刀片夹紧并固定在刀体上。刀片上有多个刀刃，当一个刀刃用钝后不需重磨，只要将刀片转一个位置便可继续使用，直到刀片上所有刃口均已用钝，刀片就可以报废回收，由于省去了磨刀的时间，所以生产效率比较高。

车刀按用途分，有外圆车刀、端面车刀、螺纹车刀、内孔车刀、切断刀和成形车刀等，如图 8-4 所示。

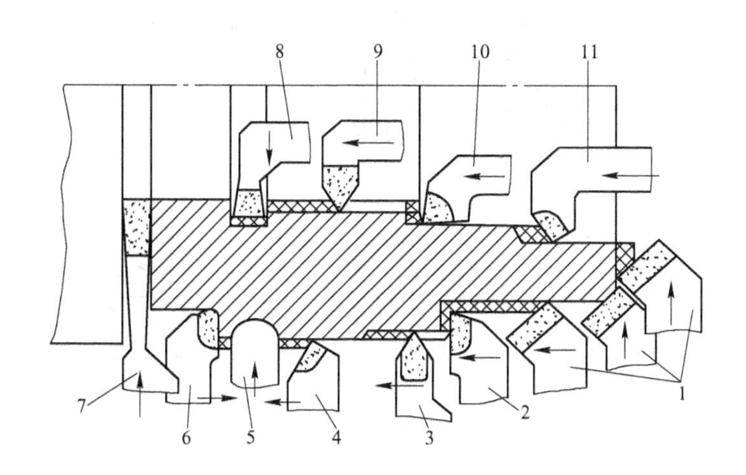

图 8-4　车刀的类型与用途

1—45°弯头车刀；2—90°外圆车刀；3—外螺纹车刀；4—75°外圆车刀；5—成型车刀；6—90°左切外圆车刀；7—切断刀；8—内孔槽刀；9—内螺纹车刀；10—盲孔车刀；11—通孔车刀

（二）铣刀

铣刀是一种由多把单刃刀具组成的多刃刀具，其每一个刀齿都相当于一把单刃刀具固定在铣刀的回转表面上。铣刀的种类很多，分类方法也较多，现按常用的几种分类方法介绍如下。

按铣刀切削部分的材料可分为高速钢铣刀和硬质合金铣刀：

（1）高速钢铣刀。这类铣刀是目前广泛应用的铣刀，尤其是形状比较复杂的铣刀，大都用高速钢制造。高速钢铣刀大都做成整体的，直径较大而不太薄的铣刀则大都做成镶齿的。

（2）硬质合金铣刀。端铣刀很多采用硬质合金做刀齿或刀齿的切削部分，其他铣刀也有采用硬质合金制造的，但比较少。目前，可转位硬质合金刀片的广泛应用，使硬质合金在铣刀上的使用日益增多。硬质合金铣刀大都不是整体的。

按铣刀安装方法可分为带孔铣刀和带柄铣刀两大类。而带柄铣刀又有直柄铣刀和锥柄铣刀之分。

(1) 带孔铣刀。带孔铣刀一般用于卧式铣床上，常用带孔铣刀种类、形状如图 8-5 所示。

①圆柱铣刀：如图 8-5 (a) 所示，主要用其外圆柱面上的刀刃铣削平面。

②三面刃铣刀：如图 8-5 (b) 所示，主要用于加工不同宽度的直角沟槽及小平面、台阶面等。

③锯片铣刀：如图 8-5 (c) 所示，主要用于切断工件。

④模数铣刀：如图 8-5 (d) 所示，主要用于加工固定模数的齿轮。

⑤角度铣刀：如图 8-5 (e)、(f) 所示，主要用于加工各种角度的沟槽和斜面等。

⑥成形铣刀：如图 8-5 (g)、(h) 所示，主要用于加工与刀刃形状相对应的成形面。

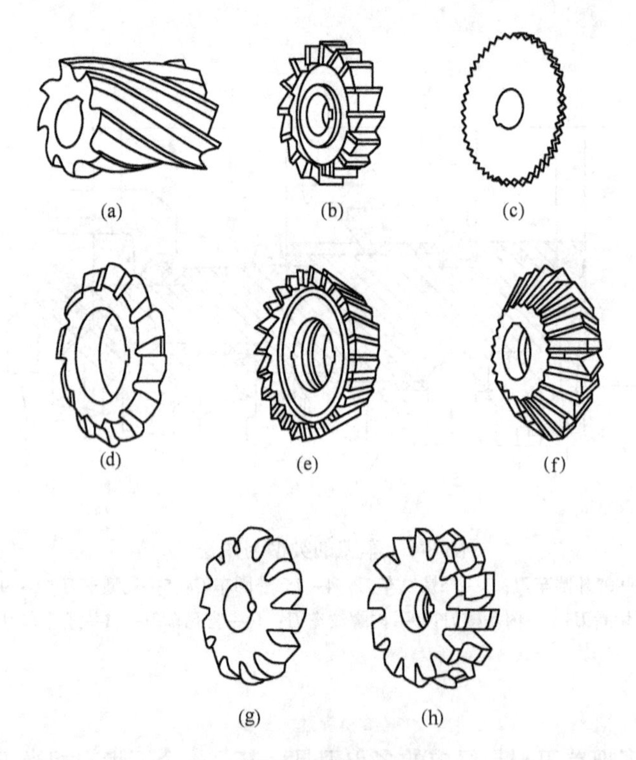

图 8-5　带孔铣刀

(a) 圆柱铣刀；(b) 三面刃铣刀；(c) 锯片铣刀；(d) 模数铣刀；
(e) 单角铣刀；(f) 双角铣刀；(g) 凸圆弧铣刀；(h) 凹圆弧铣刀

(2) 带柄铣刀。带柄铣刀一般用于立式铣床上，常用带柄铣刀种类、形状如图 8-6 所示。

①镶齿端铣刀：如图 8-6 (a) 所示，主要用于加工平面。

②立铣刀：如图 8-6 (b) 所示，主要用于加工沟槽、小平面、台阶面等。

③键槽铣刀：如图 8-6 (c) 所示，主要用于加工封闭式键槽。

④T 形槽铣刀：如图 8-6（d）所示，主要用于加工 T 形槽。

⑤燕尾槽铣刀：如图 8-6（e）所示，主要用于加工燕尾槽。

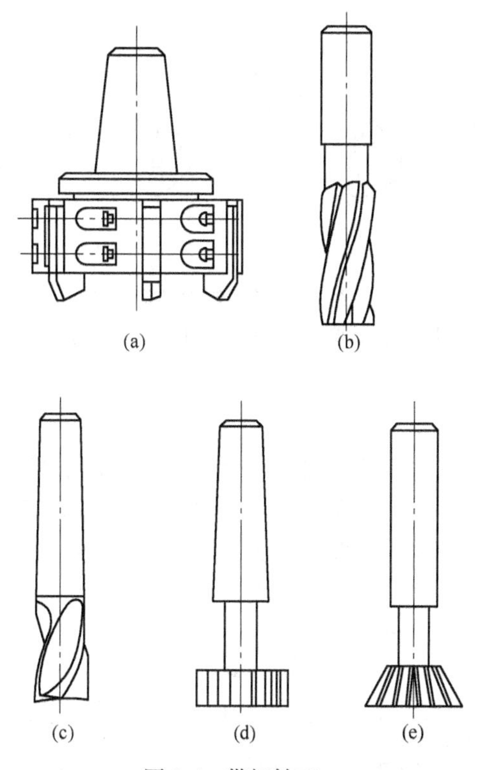

图 8-6　带柄铣刀

（a）镶齿端铣刀；（b）立铣刀；（c）键槽铣刀；（d）T 形槽铣刀；（e）燕尾槽铣刀

（三）刨刀

刨刀的形状及几何角度与车刀相似，但由于刨削属于不连续切削，切削（刨刀切入与切出）时冲击很大，容易发生“崩刃”和“扎刀”现象，因而刨刀刀杆截面比较粗大，以增加刀杆的刚性，而且往往做成弯头，使刨刀在碰到硬点时可适当产生弯曲变形而缓和冲击，以保护刀刃。如图 8-7 所示。

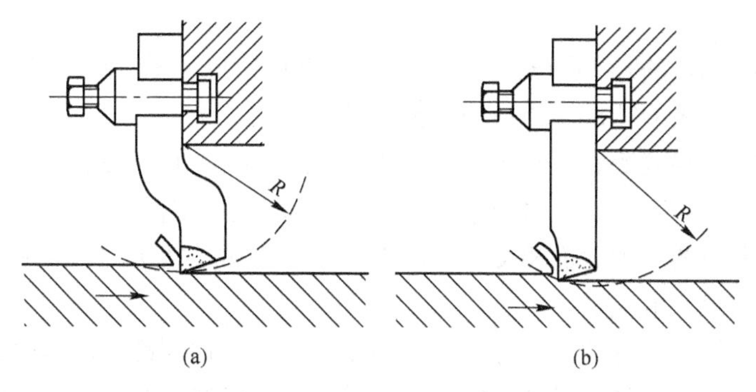

图 8-7　弯头刨刀与直头刨刀刨削时的情况

（a）弯头刨刀；（b）直头刨刀

刨刀可以用来加工平面、垂直面或斜面，也可以加工槽及切断工件等。常用刨刀的形状如图 8-8 所示。

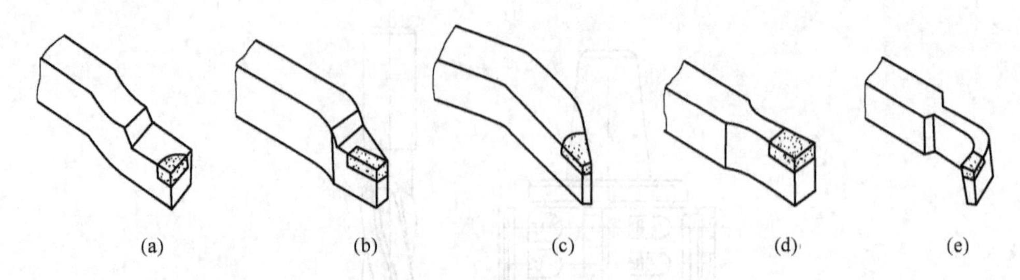

图 8-8　常用刨刀的形状

(a) 平面刨刀；(b) 偏刀；(c) 角度偏刀；(d) 切刀；(e) 弯切刀

(四) 钻头

钻头按其结构特点和用途可分为扁钻、麻花钻、深孔钻和中心钻等。生产中使用最多的是麻花钻。对直径为 0.1~80mm 的孔，都可使用麻花钻加工。

标准麻花钻如图 8-9 所示，由柄部、颈部和工作部分组成。

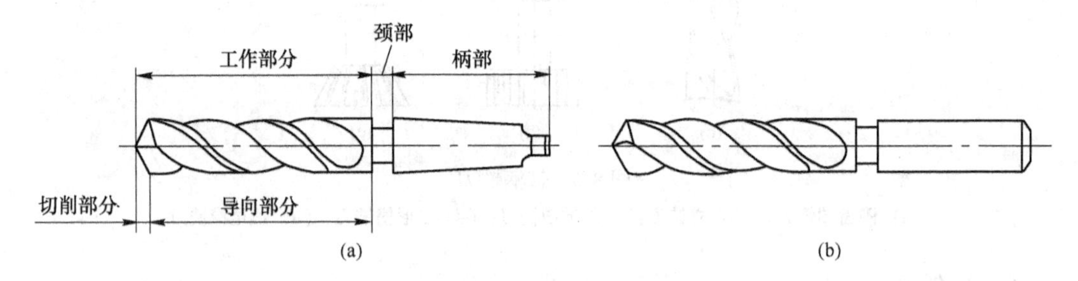

图 8-9　麻花钻

(a) 锥柄钻头；(b) 直柄钻头

(1) 柄部。柄部是钻头的夹持部分，钻孔时用于传递转矩。麻花钻的柄部有锥柄和直柄两种。直柄主要用于直径小于 13mm 的小麻花钻。锥柄用于直径较大的麻花钻，能直接插入主轴锥孔或通过锥套插入主轴锥孔中。锥柄钻头的扁尾用于传递转矩，并通过它方便地拆卸钻头。

(2) 颈部。麻花钻的颈部凹槽是磨削钻头时的砂轮越程槽，位于工作部分与柄部之间，槽底通常刻有钻头的规格、材料牌号及商标。

(3) 工作部分。麻花钻的工作部分是钻头的主要部分，由切削部分和导向部分组成。

切削部分担负着切削工作，由两个前面、主后面、副后面、主切削刃、副切削刃及一个横刃组成。横刃为两个主后面相交形成的刃口，副后面是钻头的两条韧带，工作时与工件孔壁（已加工表面）相对。

导向部分是当切削部分切入工件后起导向作用，也是切削部分的备磨部分。为了减少导向部分与孔壁的摩擦，其外径磨有倒锥。同时，为了保持钻头有足够强度，必须有一个钻芯，钻芯向钻柄方向做成正锥体。

（五）砂轮

砂轮是在硬质磨料中加入结合剂，经挤压、干燥和焙烧的方法而制成的多孔物体，是一种特殊切削工具。由于磨料、结合剂及制造工艺等的不同，砂轮特性可能相差很大，对磨削的加工质量、生产效率和经济性有着重要影响。砂轮的特性包括磨料、粒度、硬度、结合剂、组织以及形状和尺寸等。常用的砂轮磨料有氧化物类（又称刚玉类，主要成分是 Al_2O_3）和碳化物类（主要成分是 SiC）。氧化物类砂轮的韧性好，硬度较低，主要用于磨削各种钢；碳化物类砂轮的硬度高，主要用于磨削硬质合金及非金属材料。如图 8-10 所示为砂轮结构及磨削示意图。

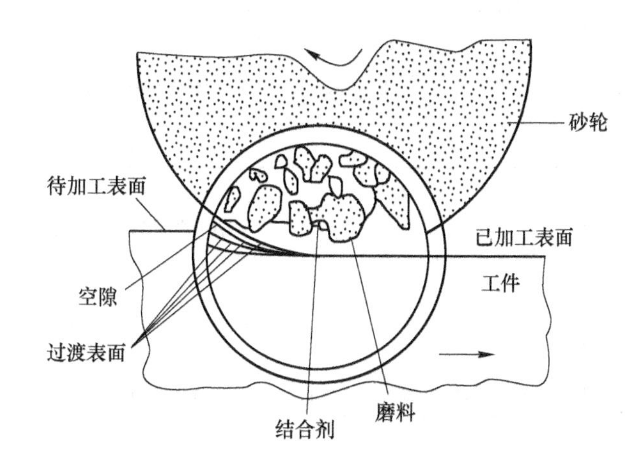

图 8-10 砂轮结构及磨削示意图

磨削过程中，磨粒在高速、高压与高温的作用下，将逐渐磨损而变圆钝。圆钝的磨粒，切削能力下降，作用于磨粒上的力不断增大。当此力超过磨粒强度极限时，磨粒就会破碎，产生新的较锋利的棱角，代替旧的圆钝的磨粒进行磨削；此力超过砂轮结合剂的黏结力时，圆钝的磨粒就会从砂轮表面脱落，露出一层新鲜锋利的磨粒，继续进行磨削。砂轮的这种自行推陈出新、保持自身锋锐的性能，称为“自锐性”。

砂轮本身虽有自锐性，但由于切屑和碎磨粒会把砂轮堵塞，使它失去切削能力；磨粒随机脱落的不均匀性，会使砂轮失去外形精度。所以，为了恢复砂轮的切削能力和外形精度，在磨削一定时间后，仍需对砂轮进行修整。

为了适应在不同类型磨床上的各种使用需要，砂轮被设计成许多形状，常用的砂轮形状、代号和用途见表 8-3。

表 8-3 常用砂轮形状、代号和用途（GB/T 2484—1994）

名 称	代号	断 面 图	基 本 用 途
平形砂轮	P		用于外圆、内圆、平面、无心磨、刃磨、螺纹磨削

续表 8-3

名　称	代号	断 面 图	基 本 用 途
双斜边一号砂轮	PSX_1	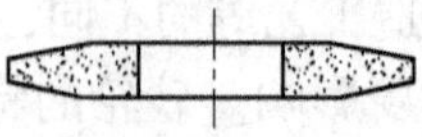	用于磨齿轮齿面和磨单线螺纹
双斜边二号砂轮	PDX_2	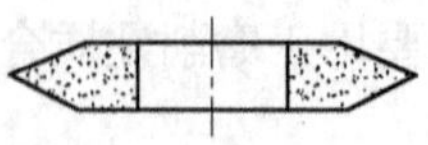	用于磨外圆单面
单斜边一号砂轮	PDX_1	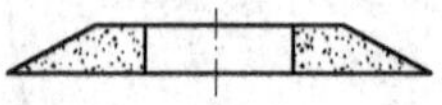	45°角单斜边砂轮多用于磨削各种锯齿
单斜边二号砂轮	PDX_2	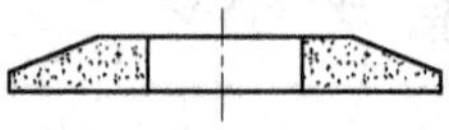	小角度单斜边砂轮多用于刃磨铣刀、铰刀、插齿刀等
单面凹砂轮	PDA	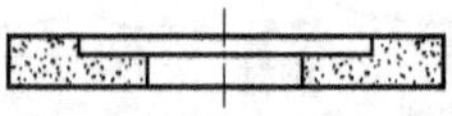	多用于内圆磨削，外径较大者都用于外圆磨削
双面凹砂轮	PSA	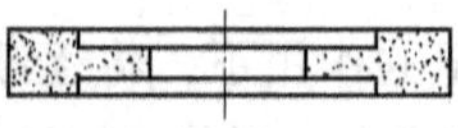	主要用于外圆磨削和刃磨刀具，还用作无心磨的导轮磨削轮
单面凹带锥砂轮	PZA	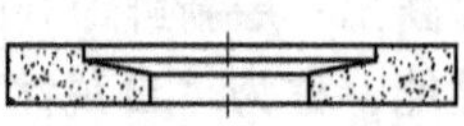	磨外圆和端面
双面凹带锥砂轮	PSZA	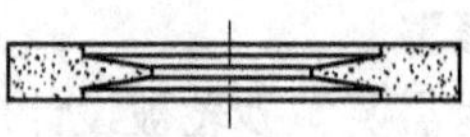	磨外圆和二端面
薄片砂轮	PB	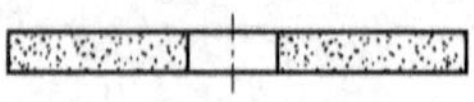	用于切断和开槽等
杯形砂轮	B	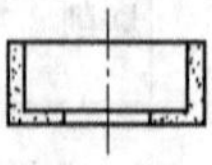	刃磨铣刀、铰刀、拉刀等

续表 8-3

名 称	代号	断 面 图	基 本 用 途
碗形砂轮	BW		刃磨铣刀、铰刀、拉刀、盘形车刀等
碟形一号砂轮	D_1		适于磨铣刀、铰刀、拉刀和其他刀具，大尺寸一般用于磨齿轮齿面
筒形砂轮	N		用在立式平面磨床

课题 8.4 零件的加工质量及经济精度

一、零件的加工质量

零件的加工质量，包括加工精度和表面质量两个方面，只有这两方面都达到了设计的要求，才能认为该零件是合格的。

（一）加工精度的基本概念

加工精度是指零件加工后的实际几何参数（尺寸、形状和位置）与理想几何参数相符合程度。

为了使零件经过加工后能够满足其功能要求，在设计时，必须对零件上相关尺寸的几何参数误差加以限制，并给出相应的误差允许变动范围，即公差。误差在公差范围内的为合格品，超出公差范围的为不合格。加工精度包括三个方面：

1. 尺寸精度

尺寸精度是指加工后零件的实际尺寸与零件理想尺寸相符合程度。尺寸精度分为 20 个等级，分别以 IT01、IT0、IT1、IT2、… IT18 表示。其中 IT 表示标准公差，其后数字表示公差等级，数字越大，精度越低。IT10~IT13 用于配合尺寸，其余用于非配合尺寸。

2. 形状精度

形状精度是指零件上的被测要素（线和面）相对于理想形状的准确度。

国家标准中规定了表面形状的精度用形状公差来控制，形状公差共有六项，其项目及相关符号见表 8-4。

表 8-4　形状公差及位置公差的项目和符号

分类	项　目	符　号	分类		项　目	符　号
形状公差	直线度	—	位置公差	定向	平行度	//
	平面度	▱			垂直度	⊥
	圆度	○			倾斜度	∠
	圆柱度	⌭		定位	同轴度	◎
	线轮廓度	⌒			对称度	⌯
	面轮廓度	⌓			位置度	⌖
				跳动	圆跳动	↗
					全跳动	⌰

形状精度主要是与机床本身的制造精度有关，例如，车床主轴在高速旋转的时候，如果旋转轴线有跳动，那么就会使工件产生圆度误差；再比如，车床的纵、横拖板导轨不直或产生了磨损现象，则会造成被加工工件的圆柱度和直线度误差。

因此，对于形状精度要求比较高的零件，就一定要在高精度的机床上完成工件的加工。当然操作方法也会对形状精度产生影响，比如在车外圆时，如果用锉刀或砂布对外圆表面进行修饰后，很容易造成被加工工件的圆度或圆柱度误差。

3. 位置精度

位置精度是指零件上被测要素（线和面）相对于基准之间的位置准确度。它由位置公差来控制。国家标准中规定了 8 项位置公差，其项目及符号见表 8-4。

位置精度主要与工件加工顺序安排、工件装夹以及操作人员技术水平、责任心有关。如车外圆时多次装夹就很可能使被加工外圆表面之间的同轴度误差值增大。

4. 表面粗糙度

表面粗糙度是指零件表面微观不平度的大小。主要是在零件的切削加工过程中，刀具在零件表面留下的加工痕迹以及由于刀具和工件的振动或摩擦等原因，会使工件已加工表面产生微小的峰谷。零件的材质、使用的刀具和加工工艺方法等不同，造成的峰谷的高低和间距的宽窄也不同。

表面粗糙度是评定零件表面质量的一项重要指标，它对零件的配合、耐磨性、抗腐蚀性、密封性和外观均有影响。表面粗糙度常用微观不平度的平均算术偏差 Ra 和轮廓最大高度 Rz 来测量。

目前，在实际生产中零件表面粗糙度的评定参数是轮廓算术平均偏差。Ra 值已标准化，常用加工方法所能达到的 Ra 值见表 8-5。

表 8-5　常用加工方法与 *Ra* 值的对应表

表面要求	*Ra*/μm	表面特征	加工方法举例
粗加工	50，25 12.5	可见明显刀痕 可见刀痕	钻孔、粗铣、粗刨、粗车、粗镗
半精加工	6.3 3.2 1.6	可见加工痕迹 微见加工刀痕 看不清加工刀痕	半精车、精车、精铣、精刨、粗镗、精镗、铰孔、拉削
精加工	0.8 0.4 0.2	可辨加工痕迹的方向 微辨加工痕迹的方向 不可辨加工痕迹的方向	精铰、拉削、精拉、精磨
精密加工	0.1~0.008	按表面光泽判别	精密磨削、珩磨、研磨、抛光超精加工、镜面磨削

（二）加工误差

加工误差是指零件加工后所得到的实际几何参数（尺寸、形状和位置）与理想几何参数之间的偏离程度称为加工误差。加工误差的大小反映了加工精度的高低。误差越大加工精度越低；反之，误差越小加工精度越高。加工误差包括尺寸误差、形状误差、位置误差和表面粗糙度。

（1）尺寸误差。零件加工后的实际尺寸和理想尺寸之差。

（2）形状误差。零件加工后的实际形状和理想形状之间的差异。如孔、轴横截面的形状应是理想圆，但加工后可能成为椭圆或棱圆。

（3）位置误差。零件加工后，各表面或中心线之间的实际相互位置与理想位置的差异。如两表面之间的垂直度、阶梯轴的同轴度等。

（4）表面粗糙度。零件加工后，刀具在零件表面上留下的波峰和波长都很小的微观几何形状误差。

二、零件的经济精度

所谓经济精度是指在正常条件下（采用符合质量标准的设备、工艺装备和标准技术等级的工人、不延长加工时间）所能保证的加工精度。若延长加工时间，就会增加成本，虽然精度能提高，但不经济。经济表面粗糙度的概念类同于经济精度。

加工误差与加工成本总是成反比关系。用同一种加工方法，如欲获得较高的精度（即加工误差较小），成本就会提高。但对某种加工方法，当加工误差较小时，即使很细心操作，很精心地调整，精度提高却很少甚至不能提高，然而成本却会提高很多；相反，对某种加工方法，即使工件精度要求很低，加工成本也不会无限制的降低，而必须耗费一定的最低成本。某种加工方法的加工经济精度一般指的是一个范围，在这个范围内都可以说是经济的。

经济精度和经济表面粗糙度均已制成表格，在有关机械加工的手册中可以查到。选择加工方法常常根据经验或查表确定，再根据实际情况或通过工艺验证进行修改。

复习思考题

8-1 机床的运动主要有哪些？请指出车削外圆与钻孔时所需的运动。

8-2 何谓切削用量？车削及铣削的切削如何表示？

8-3 金属切削机床是如何分类的？查阅资料，解释下列机床型号的含义：CM6132、MG1432、CA6140、M1432A。

8-4 目前常用的刀具材料有哪几类？对刀具切削部分的材料有什么要求？

8-5 按照用途的不同，常用车刀可分为哪几类？

8-6 常用铣刀有哪些种类？它们各适用于什么样的加工？

8-7 麻花钻由哪些部分组成？各有哪些作用？

8-8 形状公差和位置公差各有哪几项？试画出它们的符号。

8-9 什么是经济加工精度？

项目九　机械加工技术

知识目标

1. 掌握车铣刨磨加工的工艺范围。
2. 熟悉车铣刨磨机床的结构。

能力目标

认识车铣刨磨机床。

课题9.1　车 削 加 工

一、概述

车削加工是在车床上利用工件的旋转运动和刀具的直线运动来改变毛坯的尺寸和形状，加工成符合图样要求的零件的加工过程。车削加工时，工件的旋转运动为主运动，车刀的移动为进给运动。车刀可作纵向、横向或斜向的直线进给运动以加工不同表面。

车床主要用来加工各种回转体的表面，如各种轴类、套筒类及盘类零件上的回转表面，如车削内外圆柱表面、内外圆锥表面、滚花、环槽及成型回转面等，此外，还可以完成钻孔、扩孔、铰孔、攻螺纹等项工作，如图 9-1 所示。

车床的加工范围很广，适应性强，不但可以加工钢、铁材料，还可以加工有色金属和某些非金属材料；不但可以加工单一轴线的零件，也可以加工多轴线的零件。其刀具结构比较简单，制造、刃磨和安装都比较方便。

普通车床加工尺寸公差等级可达 IT8~IT7，表面粗糙度 *R*a 值可达 1.6μm；而精车时，加工精度则可达到 IT6~IT5，粗糙度 *R*a 值则可达到 0.1μm。

车床在机械制造业中应用十分广泛。在一般机械制造厂中，车床在金属切削机床中所占的比重最大，约占金属切削机床总台数的 20%~35%。因此，无论是在大批大量生产中，还是在单件小批生产以及机械的维护修理方面，车削加工都占有十分重要的地位。

二、车床

车床的种类很多，按结构和用途可分为卧式车床、立式车床、六角车床、仿形车床、自动车床、数控车床以及各种专用车床等，而其中尤以卧式车床使用最为普遍。本节以 CA6140 型卧式车床为例，介绍车床的组成、运动、传动及主要部件的结构。如图 9-2 所示为 CA6140 型卧式车床外形图。

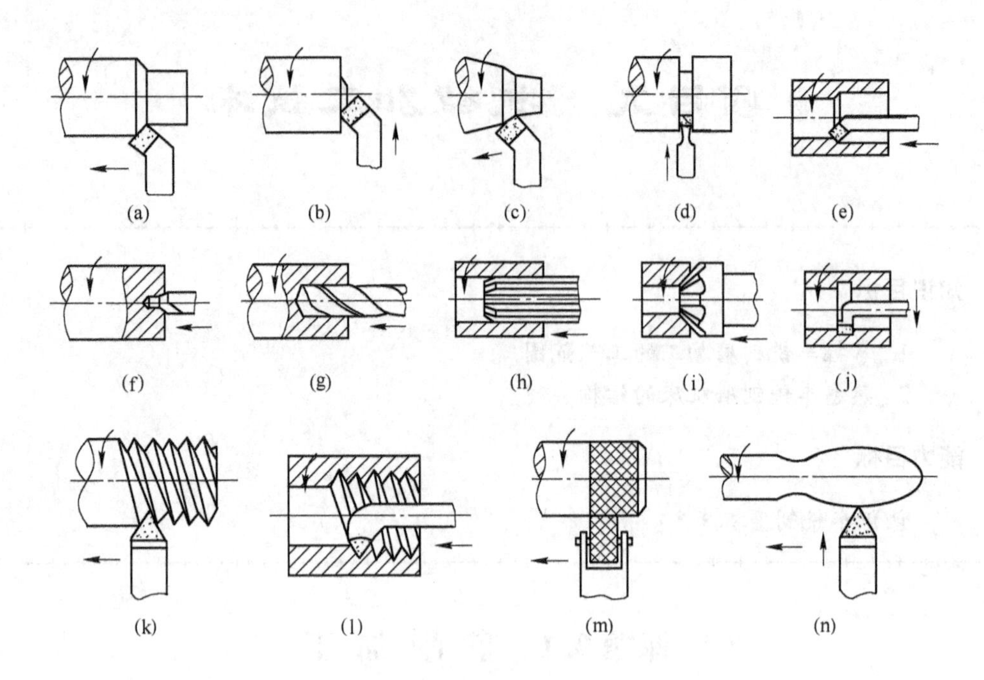

图 9-1　车床所能加工的典型表面

（a）车外圆；（b）车端面；（c）车外圆锥；（d）切槽、切断；（e）车内圆；（f）钻中心孔；（g）钻孔；（h）铰孔；（i）锪锥面；（j）车内槽；（k）车外螺纹；（l）车内螺纹；（m）滚花；（n）车成型面

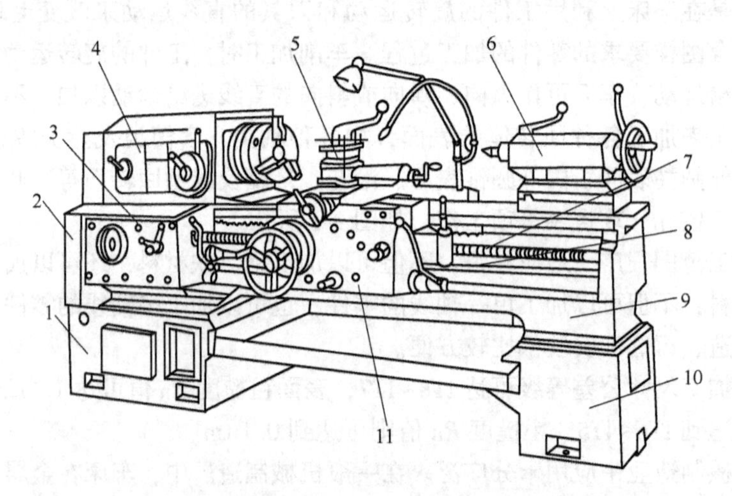

图 9-2　CA6140 型卧式车床外形图

1—左床腿；2—挂轮箱；3—进给箱；4—主轴箱；5—刀架；6—尾座；7—丝杠；8—光杠；9—床身；10—右床腿；11—溜板箱

（一）卧式车床的主要组成部件及其作用

CA6140 型卧式车床由主轴箱、刀架、进给箱、溜板箱、尾座和床身等部件组成。

（1）主轴箱。主轴箱（也称床头箱）4 固定在床身 9 的左上部，内装主轴和主轴变速机构。电动机的运动经皮带传给床头箱，通过变速机构使主轴得到不同的转速，主轴又通过齿轮传动，将运动传给进给箱。主轴为空心结构，右端有外螺纹，用以连接卡盘、拨盘等附件以夹持工件，前端内锥面用来安装顶尖，细长孔可穿入长棒料。

(2) 刀架。刀架5装在床身9的刀架导轨上，用来夹持车刀并使其作纵向、横向或斜向进给运动，由大拖板（又称大刀架)、中拖板（又称横刀架)、转盘、小拖板（又称小刀架）和方刀架组成。如图9-3所示。大拖板与溜板箱连接，带动车刀可沿床身导轨作纵向移动。中拖板沿大拖板上面的导轨作横向移动。转盘用螺纹连接的方式与中拖板紧固在一起，松开螺母，转盘可在水平面内扳转一定角度。小刀架可沿转盘上面的导轨作短距离移动，将转盘扳转某一角度后，小刀架便可带动车刀作相应的斜向移动。方刀架用于夹持刀具，可同时安装四把车刀。

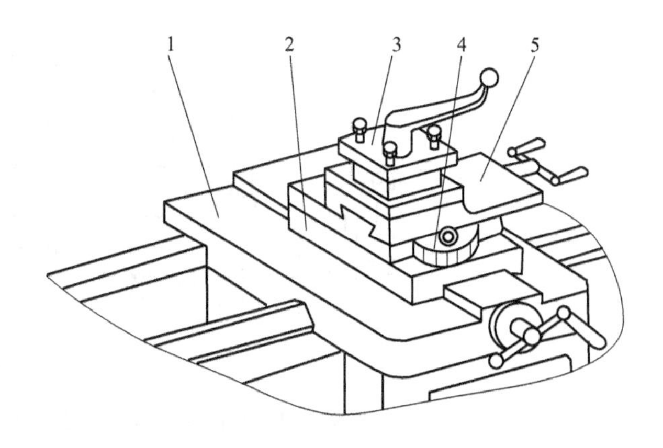

图9-3 刀架的组成

1—大拖板；2—中拖板；3—方刀架；4—转盘；5—小拖板

(3) 进给箱。进给箱（又称走刀箱）3固定在床身9的左前侧，内装进给系统的变速机构。进给箱可按所需要的进给量或螺距，改变手柄位置、调整变速机构、改变进给速度，并可将由主轴经挂轮箱传来的运动经过进给箱变速后，分别传递给光杠和丝杠。

(4) 光杠、丝杠。光杠8和丝杠7左端分别与进给箱连接，右端则分别固定在机床床身右侧骨架上，作用是将进给箱的运动传给溜板箱。光杠用于自动走刀时车削除螺纹以外的表面，丝杠主要用于车削螺纹。

(5) 溜板箱。溜板箱（又称拖板箱）11固定在刀架5的底部，是车床进给运动的操纵箱。它可将光杠传来的旋转运动变为车刀的纵向或横向的直线移动，也可通过开合螺母将丝杠的旋转运动直接转变为刀架的纵向移动以车削螺纹。

(6) 尾座。尾座6安装在床身9右端的尾座导轨上，其功用是用后顶尖支承长工件，还可以安装钻头、铰刀以及中心钻等孔加工工具以进行孔加工。尾座可沿床身导轨纵向调整位置并锁定在床身上的任何一个位置，以适应不同长度的工件加工。

(7) 床身。床身9通过螺栓固定在左、右床腿上，是车床的基本支撑件，用以支撑和连接各主要部件，并使他们保持准确的相对位置或运动轨迹，床身上的导轨用以引导刀架和尾架相对于床头箱进行移动。

(二) 卧式车床的主参数

卧式车床的主参数是床身上的最大工件回转直径，CA6140型卧式车床的主参数为400mm。但在加工较长的轴、套类工件时，由于受到横溜板的限制，刀架上最大工件回转直径为ϕ210mm，如图9-4所示，这也是CA6140型卧式车床的一个重要的参数。

卧式车床的第二主参数是最大车削工件长度。为了满足加工不同长度工件的需要，主参数值相同的卧式车床，往往有几种不同的第二主参数。CA6140型卧式车床的第二主参

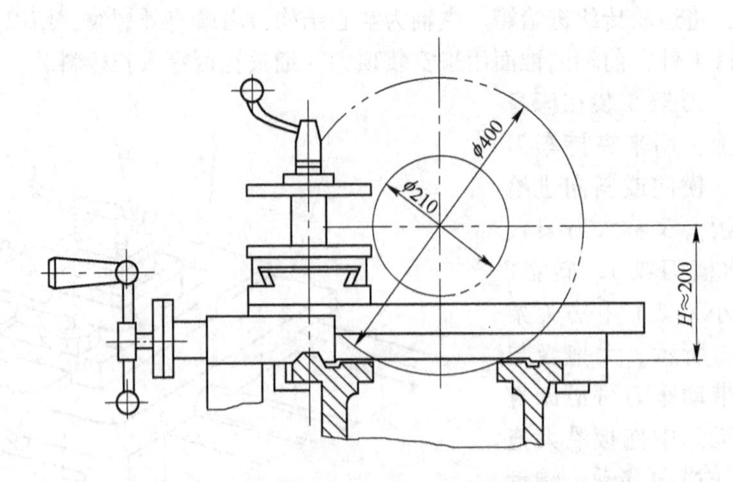

图 9-4　CA6140 型卧式车床最大工件回转直径

数有 750mm、1000mm、1500mm 和 2000mm 四种。机床除床身、丝杠和光杠的长度不同外，其他的部件均通用。

（三）卧式车床的传动系统

为了实现加工过程中机床的各种运动，机床必须具备三个基本部分：执行件、动力源和传动装置。

执行件是执行机床运动的部件，如主轴、刀架、工作台等，其任务是带动工件或刀具完成所要求的各种运动，并保证其运动轨迹的准确性。

动力源是为执行件提供动力的装置，如交流电动机、伺服电动机等。

传动装置是把动力源的动力和运动传给执行件的装置，完成变速、变向、改变运动形式等功能。

使动力源和执行件以及两个有关的执行件之间保持运动联系，并按一定顺序排列的一系列传动件就构成了传动链。

一台机床可以有多条传动链。

从性质上讲，传动链可分为外联系和内联系传动链两种：

1. 外联系传动链

外联系传动链是联系动力源与执行件之间的传动链，使执行件获得一定的速度和动力，但不要求动力源和执行件之间有严格的传动比关系。

外联系传动链只影响被加工零件的表面质量和生产率，但不影响被加工零件表面形状的性质。

2. 内联系传动链

内联系传动链是联系构成复合运动的各个分运动执行件的传动链。因此传动链所联系的执行件之间的相对运动有严格的要求。为了保证严格的传动比，在内联系传动链中不能有传动比不确定或瞬时传动比变化的传动机构（如带传动、链传动和摩擦传动等）。

CA6140 型卧式车床的传动系统如图 9-5 所示。整个传动系统由主运动传动链、车螺纹传动链、纵向进给传动链、横向进给传动链及快速移动传动链组成。

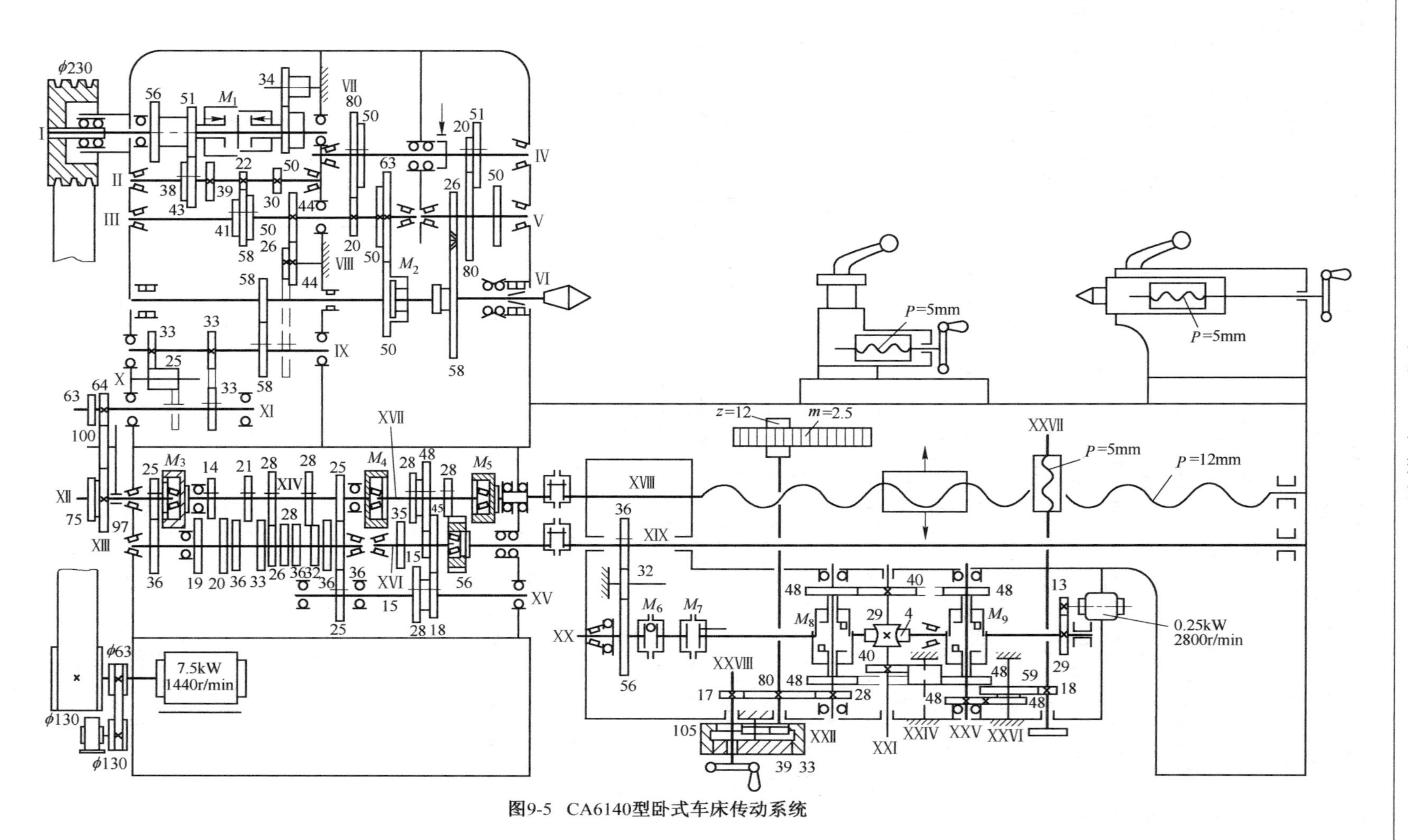

图9-5　CA6140型卧式车床传动系统

看懂传动路线是认识和分析机床的基础。通常的方法是“抓两端，连中间”。也就是说，在了解某一条传动链的传动路线时，首先应搞清楚此传动链两端的末端件是什么（“抓两端”），然后再找它们之间的传动联系（“连中间”），就可以很容易地找出传动路线。例如，要了解车床主运动传动链的传动路线时，首先应找出它的两个末端件——电动机和主轴；然后“连中间”，即从两末端件出发，从两端向中间，找出它们之间的传动联系。

机床的传动系统图是表示机床全部运动传动关系的示意图，在图中用简单的规定符号代表各种传动元件。机床的传动系统图画在一个能反映机床外形和各主要部件相互位置的投影面上，并尽可能绘制在机床外形的轮廓线内。在图中，各传动元件是按照运动传递的先后顺序，以展开图的形式画出来的。要把一个立体的传动结构展开并绘制在一个平面图中，有时不得不把其中某一根轴绘成用折断线连接的两部分，或弯曲成一定夹角的折线；有时，对于展开后失去联系的传动副，要用大括号或虚线连接起来以表示它们的传动联系。传动系统图只能表示传动关系，并不代表各元件的实际尺寸和空间位置。在图中通常还须注明齿轮及蜗轮的齿数（有时也注明其编号或模数）、带轮直径、丝杠的导程和头数、电动机的转速和功率、传动轴的编号等。传动轴的编号，通常从动力源（如电动机等）开始，按运动传递顺序，顺次地用罗马数字Ⅰ、Ⅱ、Ⅲ…表示。

（1）主运动传动链。

主运动传动链的功用是将电动机的旋转运动及能量传递给主轴，使主轴以合适的速度带动工件旋转。普通车床的主轴应能变速及换向。

主运动的传动路线是：运动由电动机经 V 形带传至主轴箱中的轴Ⅰ。在轴Ⅰ上装有双向多片式摩擦离合器 M_1，其作用是使主轴（轴Ⅵ）正转、反转或停止。离合器 M_1 左半部接合时，主轴正转；右半部分接合时，主轴反转；左右都不接合时，轴Ⅰ空转，主轴停止转动。轴Ⅰ的运动经 M_1—轴Ⅱ—轴Ⅲ，然后分成两条路线传给主轴：当主轴Ⅳ上的滑移齿轮 Z_{50}移至左边位置时，运动从轴Ⅲ经齿轮副$\frac{63}{50}$直接传给主轴Ⅵ，使主轴得到高转速；当滑移齿轮 Z_{50}向右移，使齿轮式离合器 M_2 接合时，则运动经轴Ⅲ—Ⅳ—Ⅴ传给主轴Ⅵ，使主轴获得中、低转速。主运动传动路线表达式如下：

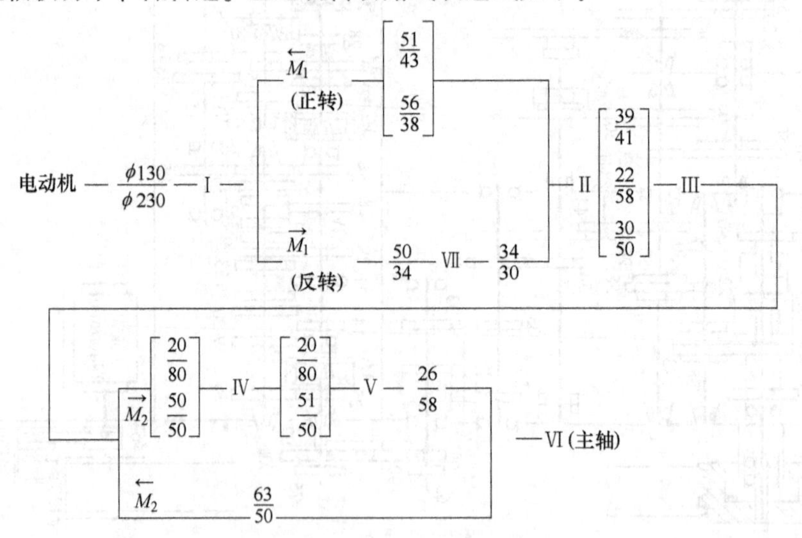

（2）车螺纹传动链。

CA6140 型卧式车床的螺纹进给传动链保证机床可以加工出米制螺纹、英制螺纹、模数制螺纹和径节制螺纹。除此之外，还可以加工大导程螺纹、非标准螺纹和较精密螺纹。它既可以车削左旋螺纹，也可以车削右旋螺纹。

无论车削哪一种螺纹，在加工中都必须要保证主轴每转一转，刀具准确地移动一个导程的距离。为此，在车削各种不同螺纹时，就必须适当调整车螺纹传动链中进给箱的变速机构，使其传动比根据车削不同种类螺纹的需要作相应改变。

车削米制螺纹时，进给箱中的齿式离合器 M_3 和 M_4 脱开，M_5 接合，运动由主轴Ⅵ经齿轮副 58/58，轴Ⅸ与轴Ⅺ之间的左、右螺纹换向机构及挂轮变速组$\frac{63}{100}\times\frac{100}{75}$传到进给箱上的轴Ⅻ，然后再经齿轮副，轴XⅢ－XⅣ间滑移齿轮变速机构（基本螺距机构），齿轮副$\frac{25}{36}\times\frac{36}{25}$，轴XV－XⅦ间的两组滑移齿轮变速机构（增倍机构）及离合器 M_5 传至丝杠XⅧ，丝杠通过开合螺母将运动传至溜板箱，带动刀架纵向进给。此时传动路线表达式为：

$$\text{主轴VI}-\frac{58}{58}-\text{IX}-\left\{\begin{array}{l}\frac{33}{33}\text{（右旋螺纹）}\\ \frac{33}{25}-\frac{25}{33}\text{（左旋螺纹）}\end{array}\right\}-\text{XI}-\frac{63}{100}\times\frac{100}{75}-\text{XII}-\frac{25}{36}-\text{XIII}-u_j-\text{XIV}-\frac{25}{36}\times\frac{36}{25}-\text{XV}-u_b-\text{XVII}-M_5-\text{XVIII（丝杠）}-\text{刀架}$$

表达式中 u_j 代表轴XⅢ至轴XⅣ间的 8 种可供选择的传动比$\left(\frac{26}{28},\frac{28}{28},\frac{32}{28},\frac{36}{28},\frac{19}{14},\frac{20}{14},\frac{33}{21},\frac{36}{21}\right)$，这 8 种传动比值近似按等差数列的规律排列，是获得各种螺纹导程的基本机构，故通常称之为基本螺距或基本组。

表达式中 u_b 代表轴XV至轴XⅦ间的 4 种可变传动比$\left(\frac{28}{35}\times\frac{35}{28},\frac{18}{45}\times\frac{35}{28},\frac{28}{35}\times\frac{15}{48},\frac{18}{45}\times\frac{15}{48}\right)$，这四种传动比值按倍数关系排列，用于扩大机床车削螺纹导程的种数，一般称之为增倍机构或增倍组。

通过 u_j 和 u_b 的不同组合，就可得到全部米制螺纹的螺距值。

（3）纵、横向进给传动链。

纵、横向进给运动传动链的两端件也是主轴与刀架，它们的运动关系是：主轴转一周，刀架纵向或横向移动一个进给量。其传动链与车螺纹时基本一致，为了减少丝杠的磨损，保证丝杠的精度，传动路线由进给箱经光杠传至溜板箱。CA6140 纵向和横向进给传动链，从主轴至进给箱XⅦ的传动路线与加工螺纹的传动路线相同，轴XⅦ上的滑移齿轮 Z_{28}处于左位，使 M_5 脱开以切断进给箱与丝杠的联系。其后经过齿轮副$\frac{28}{56}$及联轴节传至光杠XIX，再由光杠经溜板箱中的传动机构，分别传至齿轮齿条机构和横向进给丝杠XXⅦ，使刀架实现纵向或横向进给。其传动路线表达式如下：

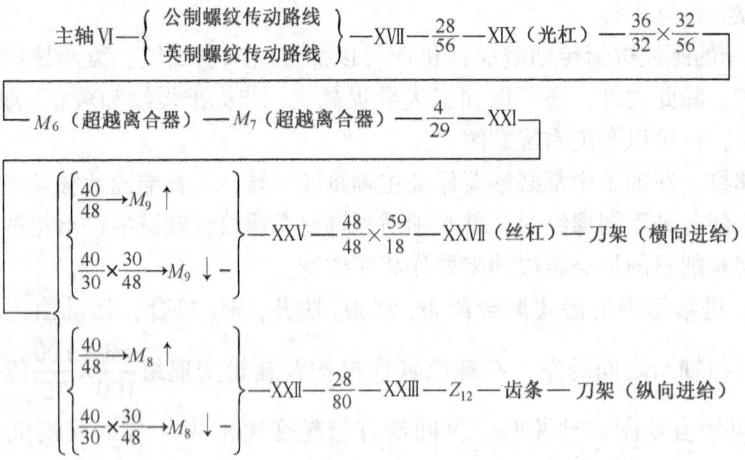

$$\text{主轴 VI}-\left\{\begin{array}{l}\text{公制螺纹传动路线}\\ \text{英制螺纹传动路线}\end{array}\right\}-\text{XVII}-\frac{28}{56}-\text{XIX（光杠）}-\frac{36}{32}\times\frac{32}{56}-$$

$$-M_6\text{（超越离合器）}-M_7\text{（超越离合器）}-\frac{4}{29}-\text{XXI}-$$

$$-\left\{\begin{array}{l}\left\{\begin{array}{l}\frac{40}{48}\rightarrow M_9\uparrow\\ \frac{40}{30}\times\frac{30}{48}\rightarrow M_9\downarrow\end{array}\right\}-\text{XXV}-\frac{48}{48}\times\frac{59}{18}-\text{XXVII（丝杠）}-\text{刀架（横向进给）}\\ \left\{\begin{array}{l}\frac{40}{48}\rightarrow M_8\uparrow\\ \frac{40}{30}\times\frac{30}{48}\rightarrow M_8\downarrow\end{array}\right\}-\text{XXII}-\frac{28}{80}-\text{XXIII}-Z_{12}-\text{齿条}-\text{刀架（纵向进给）}\end{array}\right.$$

溜板箱中的双向牙嵌式离合器 M_8、M_9 和齿轮副 $\frac{40}{28}$、$\frac{40}{30}\times\frac{30}{48}$ 组成的两个换向机构，分别用于控制横向进给和纵向进给运动的方向。

利用进给箱中的基本螺距机构和增倍机构，以及进给传动链的不同传动路线，可获得纵向和横向进给量各 64 种。

（4）刀架的快速移动。

刀架的纵、横向快速移动，由装在溜板箱右侧的快速电动机（0.25kW，2800r/min）传动。电动机的运动由齿轮副 13/29 传至XX，然后沿机动工作路线，传至纵向进给齿轮齿条机构或横向进给丝杠机构，使刀架在纵向或横向获得快速移动。轴XX左端的超越离合器保证了快速移动与工作进给不发生运动干涉。

课题 9.2　铣 削 加 工

一、铣削加工的工艺范围及其特点

铣削加工是在铣床上利用旋转的铣刀对工件进行切削加工的一种方法。在铣床上加工工件时，工件用虎钳或专用夹具固定在铣床工作台上，而铣刀安装在铣床主轴的前端刀杆上或直接安装在主轴上，铣刀的旋转运动是主运动，工件的直线运动是进给运动。

（一）铣削加工的工艺范围

铣削主要用于平面和沟槽的粗加工、半精加工。铣削尺寸公差等级一般可达到 IT9～IT7，表面粗糙度 Ra 值为 6.3～1.6μm。

铣床的加工范围很广，可以加工平面（按加工时所处位置又分为水平面、垂直面、斜面）、台阶面、各种沟槽（包括键槽、直角槽、角度槽、燕尾槽、T 形槽、圆弧槽、螺旋槽）、分齿零件（齿轮、链轮、棘轮、花键轴等）、螺旋形表面（螺纹、螺旋槽）及各种曲面，也可进行分度工作。此外，还可用于对回转体表面及内孔进行加工（钻孔、扩孔、铰孔、镗孔），以及进行切断工作等。如图 9-6 所示为铣削加工部分实例。

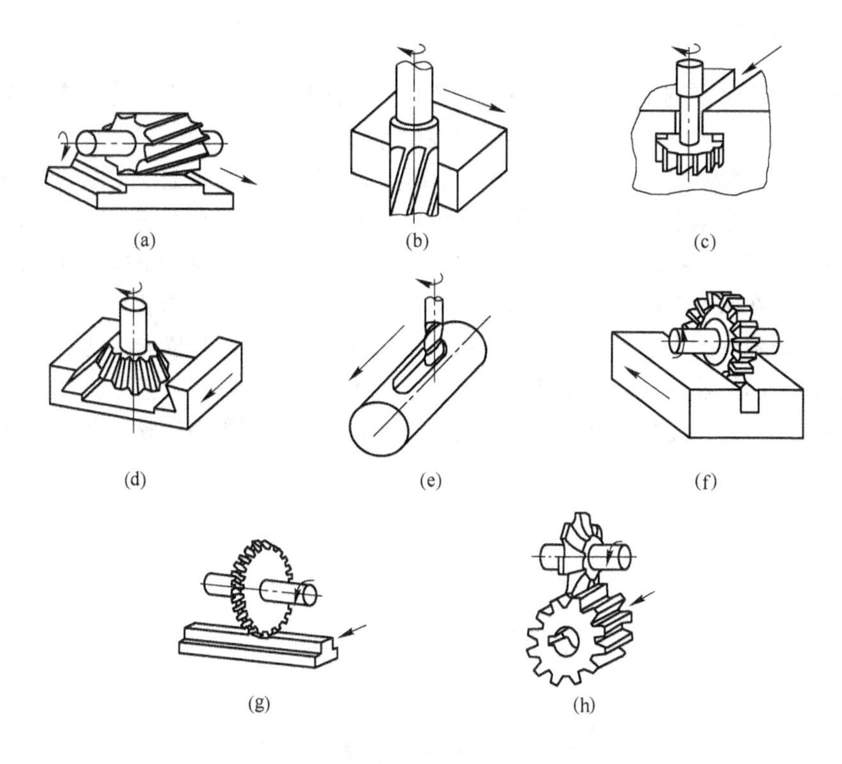

图9-6 铣削加工实例
(a) 铣水平面；(b) 铣垂直面；(c) 铣T形槽；(d) 铣燕尾槽；(e) 铣键槽；
(f) 铣直槽；(g) 切断；(h) 铣齿形

（二）铣削加工的特点

铣削加工的特点有：

(1) 生产率较高。铣刀是多刃刀具，在铣削加工中几个刀齿同时参与切削，所以铣削的生产率一般比较高。

(2) 刀齿散热性较好。铣刀为多刃刀具，铣削时每个刀齿周期性断续地参加切削，所以刀齿的散热性较好。

(3) 铣削过程不平稳。铣削时铣刀刀齿交替切削，产生冲击，刀具容易振动，影响表面加工精度，因而铣削主要用于粗加工或半精加工。同时，铣床在结构上要求有较高的刚度和抗振性。

(4) 铣刀磨损较快。由于铣削加工为断续切削，铣刀的每个刀齿的切削层参数随时都在变化，所以铣削力的大小和方向也在不断变化，使铣刀磨损较快，降低了铣刀的耐用度。

二、铣床

铣床的种类很多，根据结构和用途的不同可分为：卧式铣床、立式铣床、龙门铣床、仿形铣床、工具铣床、数控铣床以及各种专用铣床等，其中最常用的是卧式铣床和立式铣床。这两种铣床主要用于加工单件小批量生产的中小型零件，应用比较广泛。

（一）卧式铣床

卧式铣床具有水平的主轴，主轴轴线与工作台台面平行，其中万能卧式铣床的工作台还可以水平面内旋转一定的角度，以适应铣螺旋槽等加工工作。

如图 9-7 所示为卧式万能升降台铣床外形图。床身固定在底座上，用以安装和支撑其他部件。床身内装有主轴部件、主变速传动装置及变速操纵机构。悬梁安装在床身顶部，并可沿燕尾导轨作水平方向移动，调整前后位置。悬梁上的刀杆支架用于支撑刀杆，以提高其刚性。升降台安装在床身前侧面垂直导轨上，可作上下移动。升降台内装进给运动传动装置及其操纵机构。升降台的水平导轨上装有床鞍，可沿主轴轴线方向作横向移动。床鞍上装有回转盘，回转盘上面的燕尾导轨上安装有工作台。因此，工作台除了可沿导轨作垂直于主轴轴线方向的纵向移动外，还可通过回转盘，绕垂直轴线在±45°范围内调整角度，以便铣削螺旋表面等。

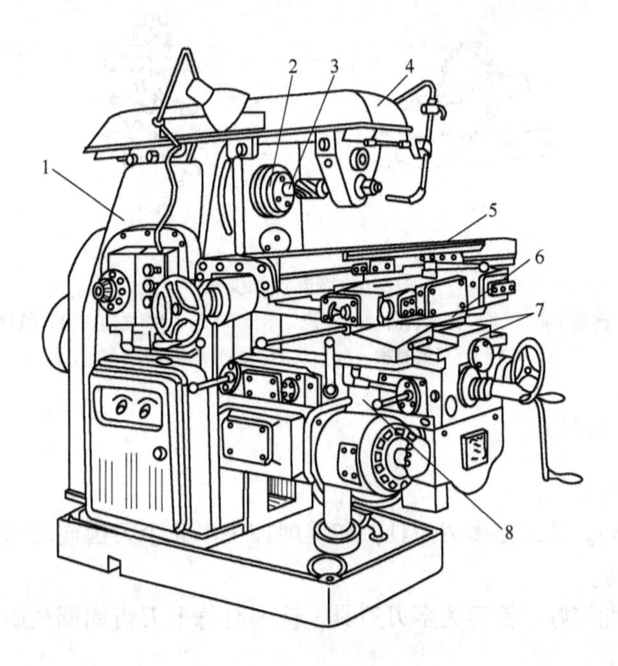

图 9-7 卧式铣床外形图

1—床身；2—主轴；3—刀杆；4—悬梁；5—工作台；6—回转盘；7—纵横滑板；8—升降台

（二）立式铣床

立式铣床与卧式铣床的主要区别在于立式铣床安装铣刀的机床主轴是垂直于工作台面布置的。它的立铣头与床身的连接有整体的，也有两部分结合而成的，立铣头可以根据加工需要在垂直面内扳转一个角度（≤45°），也就是主轴与工作台之间可以倾斜一个角度，并且主轴还能沿着轴向手动移动，作调节运动或进给运动，从而扩大了机床的应用范围，而工作台、横拖板和升降台均与卧式铣床相同，如图 9-8 所示。

立式铣床用于加工平面、沟槽、台阶，还可铣削斜面、螺旋面、模具型腔和凸模成形表面等。

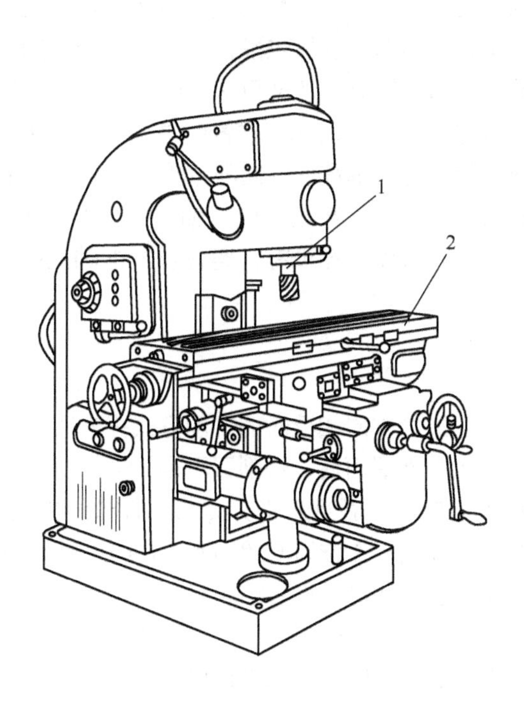

图9-8 立式铣床外形图
1—主轴；2—工作台

三、铣削方式

铣削平面时，可用端铣刀和圆柱铣刀加工，前者称为端铣法，后者称为周铣法。用圆柱铣刀铣削时，根据铣刀与工件垂直接触点处的旋转方向和工件进给方向相同或相反，又可分为顺铣和逆铣。

（一）顺铣

铣刀的旋转方向与工件的进给方向相同时的铣削方式称为顺铣，如图9-9（a）所示。

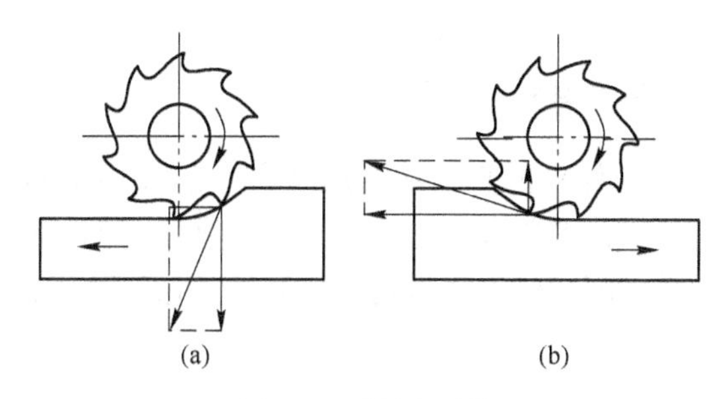

图9-9 顺铣和逆铣
（a）顺铣；（b）逆铣

顺铣时的垂直分力始终向下，方向不变。垂直分力有压紧工件的作用，故顺铣时较平稳。这对铣削是很有利的，尤其对不易夹紧的工件及细长和薄板形的工件更为适合。顺铣时切削刃切入工件是从切削厚处切到薄处，切削刃进入容易，而且在切削刃切到已加工面时，对已加工面的挤压摩擦也小，故切削刃磨损较慢，加工出的工件表面质量较高。顺铣时消耗在进给运动方面的功率较小。但顺铣时，切削刃从工件的外表面切入，因此当工件是有硬皮和杂质的毛坯件时，切削刃容易磨损和损坏。顺铣时进给方向的水平分力与进给方向相同，所以会拉动工作台。当丝杠与螺母、轴承的轴向间隙较大时，在工件台被拉动后，由于每齿进给量的突然增大，会造成刀齿折断，甚至造成刀轴弯曲、工件和夹具产生位移而使工件、夹具以至机床遭到损坏等后果。所以，在没有调整好丝杠的轴向间隙以及水平分力较大时，严禁用顺铣法进行加工。

（二）逆铣

铣刀的旋转方向与工件的进给方向相反时的铣削方式称为逆铣，如图 9-9（b）所示。

逆铣时，在铣刀中心进入工件端面后，切削刃不是从工件的外表面切入，故表面有硬皮的毛坯件对切削刃损坏的影响较小，而且水平分力与工件进给方向相反，故不会拉动工件台。但逆铣垂直切削力的变化较大，在铣刀开始切到工件时，垂直分力是向上的且较大，有把工件从夹具内翻起来的倾向，因此对工件必须装夹牢固。在铣刀中心进入工件后，切削刃开始时的铣削层厚度接近于零，由于切削刃有一定的圆弧，所以要滑动一小段距离后才能切入，此时的垂直分力是向下的。当切削刃切入工件以后，垂直分力就向上了，这对细长和薄形的工件而言，容易发生弹跳，影响加工质量。由于垂直铣削力在方向上的变化，铣刀和工件往往会产生振动，影响加工表面的粗糙度；切削刃开始切入时要滑移一小段距离，故切削刃易磨损，并使已加工面受到冷挤压和摩擦，影响工件已加工面的表面质量；工艺系统刚性差时，刀具易退让，影响切削效果；铣削时消耗在进给运动方面的功率较大。

综上所述，在铣床上用圆周铣时，在一般情况下，粗加工有硬皮的毛坯时，多采用逆铣。在精加工时，加工余量小，铣削力小，当把丝杠的轴向间隙调整到很小时或当水平分力小于工作台导轨间的摩擦力时，不易引起工作台窜动，可采用顺铣，尤其对不易夹紧的工件及细长和薄板形的工件加工，顺铣则更为适合。

课题 9.3　刨 削 加 工

一、刨削加工的工艺范围及其特点

刨削加工是以刨刀（或工件）的直线往复运动为主运动，以方向与之垂直的工件（或刨刀）的间歇移动为进给运动的切削加工方法。按照切削时主运动方向的不同，刨削可分为水平刨削和垂直刨削。水平刨削一般称之为刨削，垂直刨削则称为插削。

（一）刨削加工的工艺范围

刨削主要用于粗加工、半精加工各种平面和沟槽。在精度高、刚性好的龙门刨床上也可以用宽刃刨刀作细刨以代替刮研。通常，刨削的精加工公差等级可达到 IT9~IT7，表面粗糙度 Ra 值为 6.3~1.6μm。在龙门刨床上采用宽刃精刨时，表面粗糙度为 Ra 值为 1.6~0.8μm，直线度误差不大于 0.02mm/m。

刨削主要用来加工各种平面（水平面、垂直面和斜面）、沟槽（直槽、T形槽、燕尾槽和V形槽等），此外，还可以在刨床上加工一些简单的成形曲面，如图9-10所示。

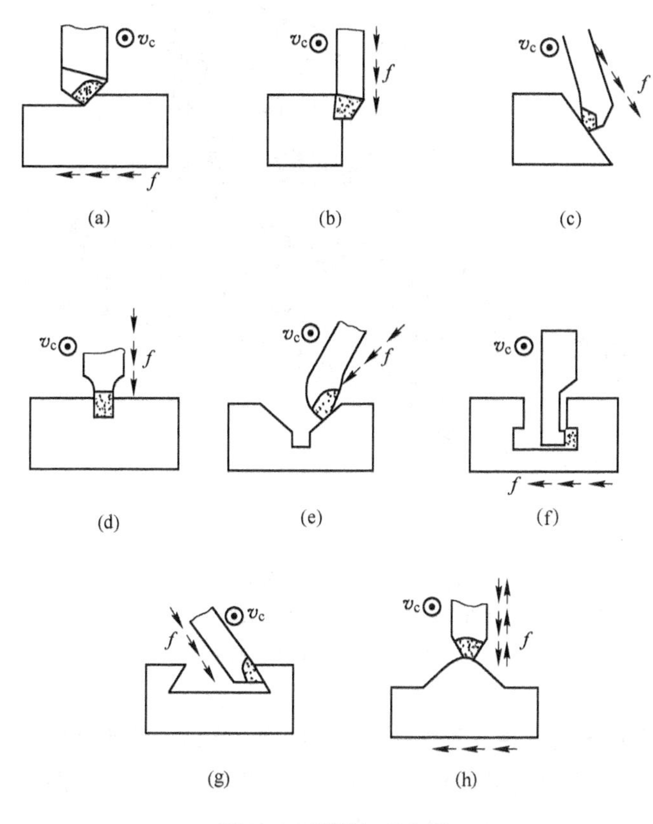

图9-10 刨削加工内容

(a) 刨水平面；(b) 刨垂直面；(c) 刨斜面；(d) 刨直槽；(e) 刨V形槽；(f) 刨T形槽；(g) 刨燕尾槽；(h) 刨成形面

（二）刨削加工的特点

刨削加工的特点：

(1) 由于刨床的结构较为简单，调整操作都较方便，加上刨刀的制造与刃磨也很容易，价格低廉，所以加工成本明显低于其他以平面加工为主的机床（如铣床）。

(2) 刨削时的主运动是直线往复运动，难免产生冲击与振动等不利影响，所以不仅加工质量较低，而且由于切削速度低与空行程的影响，生产率也不易提高。但在刨窄长平面（如导轨）或在龙门刨床上进行多件、多刀切削时，则有较高的生产率。

二、刨床

刨削加工类机床主要有龙门刨床、牛头刨床和插床三种类型。

（一）龙门刨床

如图9-11所示为龙门刨床的外形图。机床的主运动是工作台沿床身上的导轨作直线往

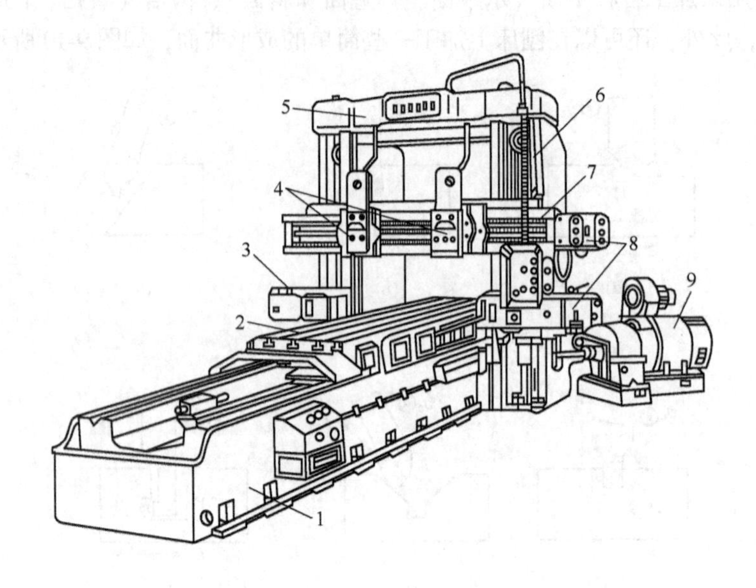

图 9-11　龙门刨床外形图
1—床身；2—工作台；3—侧刀架；4—垂直刀架；5—顶梁；6—立柱；
7—横梁；8—进给箱；9—电动机

复运动。床身的两侧固定有立柱，两立柱由顶梁连接，形成结构刚性较好的龙门框架。横梁上装有两个垂直刀架，可分别作横向和垂直方向间歇进给运动及快速调整移动。横梁可沿立柱垂直导轨作升降移动，以调整垂直刀架位置，适应不同高度工件的加工。横梁升降位置确定后，由夹紧机构夹紧在两个立柱上。左右立柱分别装有侧刀架，可分别沿垂直方向作自动进给和快速调整移动，以加工侧平面。

龙门刨床主要用于加工大型或重型零件上的各种平面、沟槽和导轨面，也可在工作台上一次装夹数个相同的中小型零件进行多件加工。大型龙门刨床往往还附有铣头和磨头等部件，以便使工件在一次安装中完成刨、铣、磨等平面加工工作，这种机床又称为龙门刨铣床或龙门刨铣磨床。

（二）牛头刨床

如图 9-12 所示为牛头刨床的外形图。牛头刨床因其滑枕刀架形似“牛头”而得名，主要用于加工中小型零件的各种平面及沟槽，适用于单件、小批生产的工厂及维修车间。机床的主运动机构装在床身内，由主运动机构带动滑枕沿床身顶部的水平导轨作往复运动。刀架可沿刀架座上导轨移动（一般为手动），以调整刨削深度，以及在加工垂直平面和斜面时作进给运动。调整转盘，可使刀架左右回转 60°，以便加工斜面或斜槽。加工时，工作台带动工件沿横梁作间歇的横向进给。横梁可沿床身的垂直导轨上下移动，以调整工件与刨刀的相对位置。

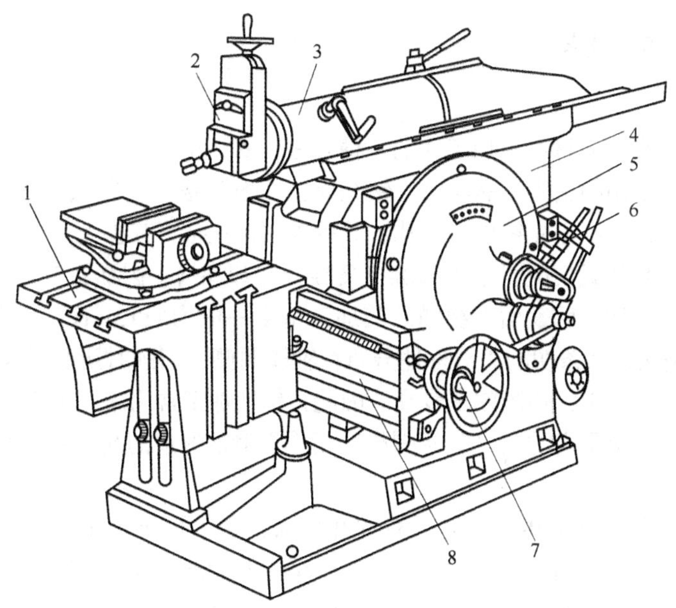

图 9-12　牛头刨床外形图

1—工作台；2—刀架；3—滑枕；4—床身；5—摆杆机构；6—变速机构；7—进给机构；8—横梁

课题 9.4　钻削和镗削加工

钻削和镗削是两种常用的孔加工方法。

一、钻削加工

钻孔和扩孔统称为钻削加工。钻削加工一般在钻床上进行。在钻床上除钻孔外，还可进行扩孔、锪孔、铰孔和攻螺纹等加工，如图 9-13 所示。

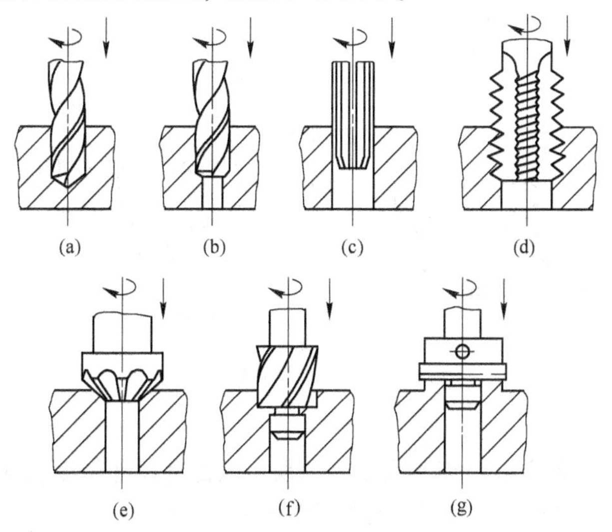

图 9-13　钻削的加工范围

(a) 钻孔；(b) 扩孔；(c) 铰孔；(d) 攻螺纹；(e) 锪锥面；(f) 锪沉头孔；(g) 锪凸台面

（一）钻削加工的特点

1. 钻孔

钻孔是用钻头在实体材料上加工孔的一种方法，属于粗加工，可作为攻丝、扩孔、铰孔和镗孔的预加工，常用的钻头是麻花钻。钻孔时，一般是根据孔径大小选择钻头，孔径小，可一次钻出；孔径大，则应先钻出一小孔，然后再用扩孔钻将其扩大。

钻削是一种半封闭式切削，排屑困难，又难于冷却润滑，因而在钻削时温度升高较快，钻头比较容易磨损，加工后表面较粗糙。其加工精度一般为 IT12～IT11，表面粗糙度 *R*a 值为 50～6.3μm。钻头的两条切削刃对称地分布在轴线两侧，切削时所受径向抗力相抵消，背吃刀量可达到孔径的一半，切削效率较高。因此，钻削加工常用来作为其他孔加工方法的预加工，也可对一些要求不高的孔（如穿螺栓和用作润滑油通道的孔）进行终加工。

2. 扩孔

扩孔是用扩孔钻（见图 9-14）对已有的孔扩大，为铰孔或磨孔作准备。扩孔钻与麻花钻相比，齿数较多（3～4 齿），钻心直径大，刀体刚性和强度高，工作时导向性好，故加工后质量较钻削高。扩孔后的精度可达 IT11～IT10，表面粗糙度为 *R*a 值为 6.3～3.2μm。直径 10～32mm 的扩孔钻，常制成整体结构；直径 25～80mm 的扩孔钻，常制成套装结构。切削部分为整体的常采用高速钢，套装的可采用高速钢或镶焊硬质合金。

扩孔可作为要求不高孔的最终加工，也可作为精加工（如铰孔）前的预加工。当扩孔钻作为终加工孔使用时，其直径应等于扩孔后孔的基本尺寸；作为铰孔前使用时，其直径应等于铰后孔的基本尺寸减去铰削余量。

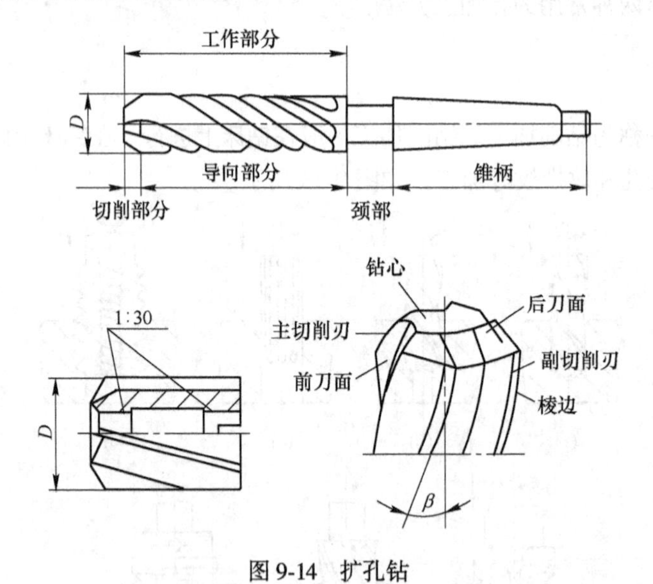

图 9-14 扩孔钻

3. 铰孔

铰孔是用铰刀从工件孔壁上切除微量金属层，以提高尺寸精度和减小表面粗糙度的方法。铰孔尺寸精度一般可达 IT8～IT6，表面粗糙度为 *R*a 值为 1.6～0.4μm。铰刀为定尺寸刀具，只能加工一种直径和对应公差等级的孔，孔形受到一定限制，大直径孔、非标准孔、台阶孔及盲孔均不适宜铰削加工，因而铰刀加工适应性差。铰孔能保证形状精度但不能校正位置误差。

铰刀可分为手动铰刀和机动铰刀两种。手动铰刀如图 9-15（a）所示，用于手工铰孔，其上的工作部分较长，柄部为直柄；机动铰刀如图 9-15（b）所示，多为锥柄，其上工作部分较短，装在钻床或车床上进行铰孔。

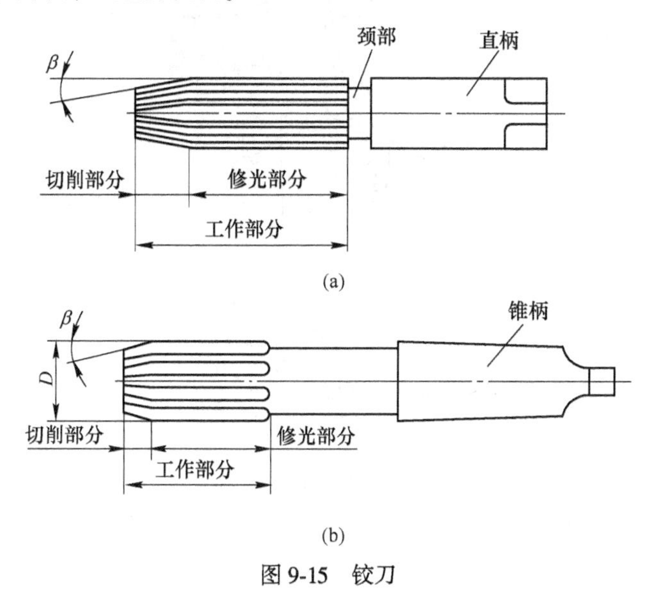

图 9-15　铰刀

（a）手动铰刀；（b）机动铰刀

4. 锪孔

锪孔是用锪钻加工各种埋头螺钉沉头座、锥孔、凸台端面等。常用的几种锪钻外形及应用如图 9-16 所示。如图 9-16（a）所示为锪圆柱形沉头孔，图 9-16（b）为锪圆锥形沉头孔（锥角有 60°、90°、120°三种），如图 9-16（c）所示为锪孔端面的凸台平面。锪钻上带有定位导柱，用来保证被锪孔或端面与原来孔的同轴度或垂直度。

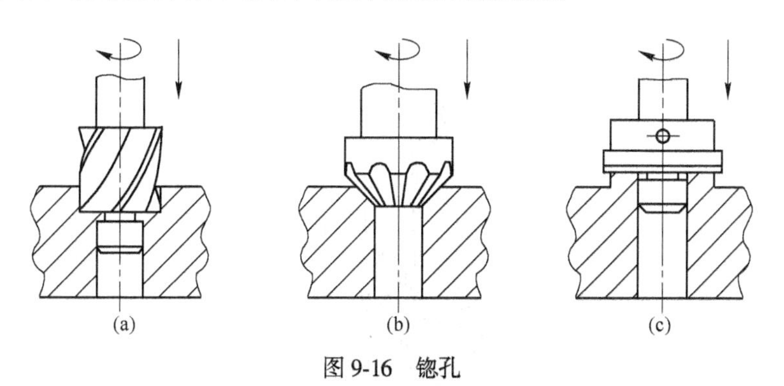

图 9-16　锪孔

（a）锪圆柱形沉头孔；（b）锪圆锥形沉头孔；（c）锪凸台面

（二）钻床

常用的钻床有台式钻床、立式钻床和摇臂钻床等。

1. 台式钻床

台式钻床简称台钻。这种台式钻床实质上是一种加工小孔的小型立式钻床，结构简单小巧，使用方便。台钻主轴的进给运动用手动操作，台钻结构简单，操作方便，适于加工小型零件上直径小于等于13mm的孔，如图9-17所示台式钻床外形图。

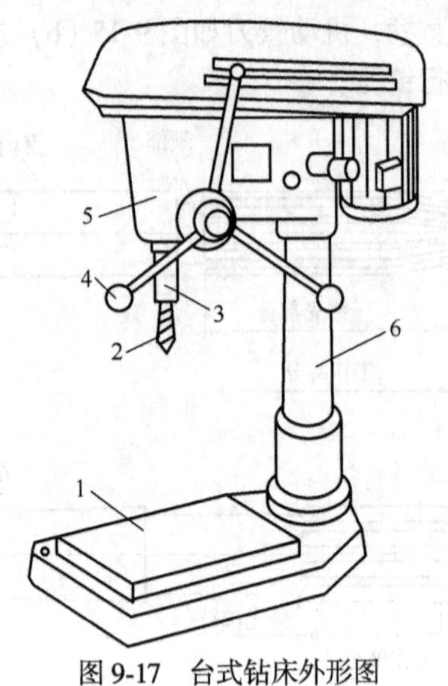

图9-17　台式钻床外形图

1—工作台；2—钻头；3—主轴；4—操作手柄；5—主轴箱；6—立柱

2. 立式钻床

立式钻床简称立钻，是钻床中应用较广的一种。立式钻床的规格以最大钻孔直径来表示，常用的有18mm、25mm、35mm、40mm、50mm等几种规格。

由于立式钻床的主轴固定，不能调整，因此在加工过程中，需要在工作台上调整被加工工件位置，使被加工孔中心线与刀具的中心线对齐，对于体积、质量比较大的工件，其加工操作很不方便。因此，立式钻床只适合加工中、小型工件。如图9-18所示为立式钻床外形图。

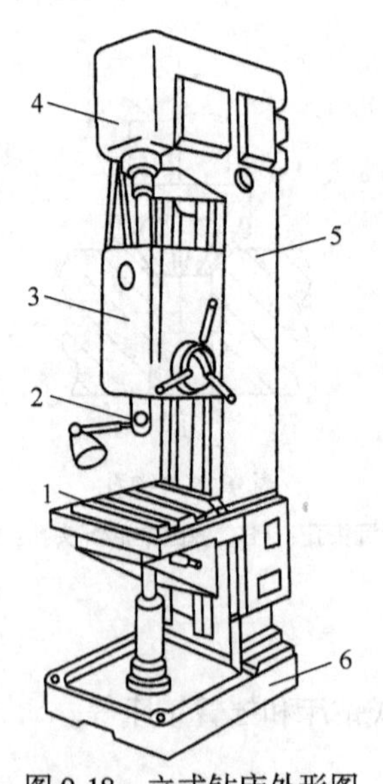

图9-18　立式钻床外形图

1—工作台；2—主轴；3—进给箱；4—主轴箱；5—立柱；6—底座

3. 摇臂钻床

如图 9-19 所示为摇臂钻床的外形图，它由底座、立柱、摇臂、主轴箱等部件组成。底座和工作台都可以安装工件；立柱为双层结构，内立柱固定在底座上，外立柱可绕内立柱回转，使摇臂随它一起摆动；主轴箱可在摇臂的水平导轨上移动；摇臂可在外立柱上作上下升降移动。为此，摇臂钻床可以使主轴方便地调整移动至工件所需加工位置。它适合对大型工件和孔系的加工。

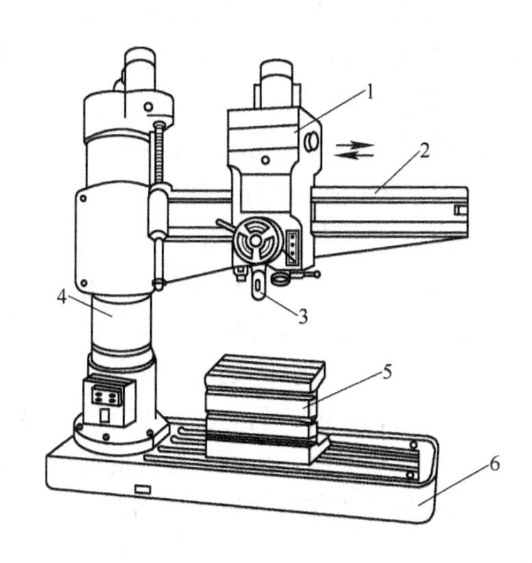

图 9-19 摇臂钻床外形图

1—主轴箱；2—摇臂；3—主轴；4—立柱；5—工作台；6—底座

二、镗削加工

（一）镗削加工的特点

镗削加工是用镗刀在已有孔的工件上使孔径扩大并达到加工精度和表面粗糙度要求的加工方法。镗孔时，镗刀旋转作为主运动，工件或镗刀作进给运动。与钻削相比较，镗削可加工直径较大、精度较高的孔。而且，各孔轴线间的同轴度、平行度、垂直度等位置精度和尺寸精度都较高。因此，镗削适宜加工箱体、机架等结构复杂和尺寸较大的工件上的孔及孔系。

在镗床上镗孔与在车床上车孔的方法不同，此时工件被安装在工作台上并随工作台作纵向进给运动，镗刀则通过镗杆安装在镗床主轴上并由它带动旋转来完成主运动。镗床主轴在旋转的同时，还可轴向移动，以取代工作台作进给运动。在镗床上不仅可以镗孔，还可钻孔、扩孔、铰孔。

镗削的工艺范围：

（1）镗孔常用于铰孔、磨孔前的预加工和孔的终加工。加工精度可达到 IT8~IT6，表面粗糙度 Ra 值达 6.3~0.8μm。

（2）适合于加工大直径孔。直径大于100mm的较大孔，镗孔几乎是唯一的加工方法。

（3）镗孔具有较强的误差修正能力。镗孔不但能修正上道工序所造成的孔中心线偏斜误差，而且能够保证被加工孔和其他表面（或中心要素）保持一定的位置精度，所以非常适合平行孔系、同轴孔系和垂直孔系的加工。但镗轴采用浮动连接时，孔的位置精度则由镗模来保证。

（二）镗床

镗床可分为卧式镗铣床、立式镗床、落地镗床、金刚镗床和坐标镗床等多种类型，其中应用最广的是卧式镗铣床。卧式镗铣床的外形如图9-20所示。图中，主轴箱8上装有主轴（镗杆）7和平旋盘6。主轴可作旋转运动（主运动），也可沿其轴线方向移动（进给运动）。主轴前端有莫氏5号锥孔，用来安装刀具、镗杆和刀夹。平旋盘6上有T形槽，用以安装刀夹来完成平面的加工。平旋盘上带有燕尾形导轨的刀架滑板，刀架滑板上的两条T形槽也可安装刀夹。在镗不深的大孔时，刀夹便安装在刀架滑板上，利用刀架滑板可调节背吃刀量。当加工孔边的端面时，还可利用刀架滑板作径向进给。主轴箱还可沿前立柱9的导轨上下移动，以便加工时能调节主轴的高低位置，或者提供沿立柱向上或向下的进给运动。工件安装在工作台5上，可与工作台一起随下滑座3和上滑座4作纵向和横向进给运动；此外，工作台还可以绕上滑座4上的圆导轨在水平面旋转一定的角度，以便适应互成一定角度的孔或平面的加工。在用长的镗杆横越工作台镗孔时，后立柱1上有后支架2可支撑镗杆尾端，以增加刚度。该后支架可沿后立柱上的导轨升降，以便对镗杆的高低位置进行调节。上述的各部件全部由床身来支撑，它上面有导轨为工作台的进给运动导向。

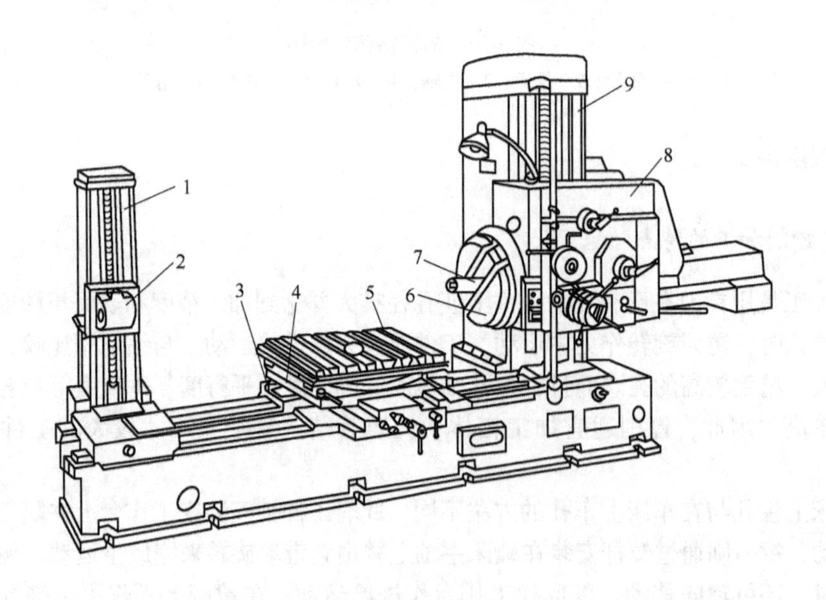

图9-20　卧式镗铣床

1—后立柱；2—支撑架；3—下滑座；4—上滑座；5—工作台；6—平旋盘；
7—主轴；8—主轴箱；9—前立柱

综上所述，镗床具有适应多种切削加工所需的运动，它的加工范围非常广泛，除镗孔外，还可完成平面、凸缘面、钻孔、锪孔、扩孔、铰孔、沟槽以及内外螺纹等的加工工作。如图9-21所示为卧式镗铣床的部分加工示例。

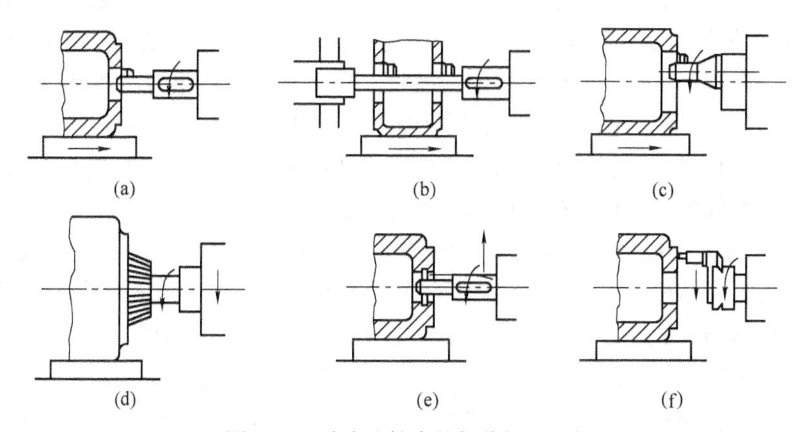

图9-21 卧式镗铣床的部分加工示例
(a) 镗孔；(b) 镗同轴孔；(c) 镗大孔；(d) 铣端面；(e) 镗内槽；(f) 镗端面

课题9.5 磨削加工

一、磨削加工的工艺范围及其特点

磨削加工是在磨床上用高速回转的磨具（如砂轮、砂带、油石、研磨料等）作为切削刀具，以给定的背吃刀量对工件进行加工的方法。它是对机械零件进行精加工的主要方法之一。

（一）磨削加工的工艺范围

砂轮表面的磨粒，其外露部分具有棱角，分布参差不齐。这些棱角相当于具有负前角的微小刀刃，有的尖锐、有的圆钝。砂轮高速旋转时，无数尖锐的磨粒以极高的速度从工件表面切下一条条极细微的切屑，已加工表面的残留面积高度极小。另外，圆钝的磨粒起挤光、熨压的作用，可使表面粗糙度值进一步降低。

对于淬硬钢件和高硬度特殊材料的精加工，常选用磨削。磨削加工易获得较高的精度和较小的表面粗糙度值。在一般的磨削加工条件下，精度可达IT6~IT5，表面粗糙度 Ra 值可达1.25~0.32μm；在高精度外圆磨床上进行精密磨削时，尺寸精度可达0.2μm，圆度可达0.1μm，表面粗糙度 Ra 值可控制到0.01μm以下。

（二）磨削加工的特点

与其他切削加工（车削、铣削、刨削）相比较，磨削加工具有如下特点：

（1）能较经济地获得较高的加工精度和表面质量。磨床具有较高的加工精度，并能精确控制微量吃刀，磨削量很小，所以能获得高的工件加工精度。但磨削加工切除能力低，零件在磨削加工之前应先切除毛坯上的大部分加工余量。

(2) 砂轮磨料具有很高的硬度和耐热性。能磨削一些用普通刀具难以切削的硬度很高的金属和非金属材料，如淬火钢、硬质合金、高强度合金、陶瓷材料等。但磨削不宜加工软质材料，如纯铜、纯铝等，因软质材料的磨屑易堵塞砂轮表面的孔隙，使之丧失切削能力。

(3) 砂轮具有自锐性。磨钝的磨粒在切削力的作用下会发生崩裂而形成新的锋利刃口，或自动从砂轮表面脱落下来，露出里层的新磨粒，从而保持了砂轮的切削能力。而普通刀具(如车刀、铣刀、钻头等) 用钝以后，必须重新刃磨才能继续使用。砂轮的上述特性称为自锐性。但是，单靠自锐性不能长期保持砂轮的准确形状和切削性能，在磨削一段时间后，应对砂轮进行必要的修整，以恢复砂轮的形状和切削性能。

(4) 磨削速度大、温度高。磨削时砂轮的圆周速度可达 35~50m/s，磨粒又具有负前角，切屑变形大，摩擦剧烈，磨削区在瞬间产生大量的切削热。砂轮的导热性又很差，在短时间内热量难以传出，故该处的温度可达 800~1000℃，有时高达 1500℃。磨削时看到的火花，就是炽热的微细切屑飞离工件时，在空气中急速氧化、燃烧的结果。过高的温度会使淬硬的工件表面退火，导热性差的材料会因此产生过大的磨削应力，导致表面出现细小的微裂纹，因此在磨削过程中必须加充足的冷却液。

(5) 径向磨削分力大。磨削时由于同时参加磨削的磨粒多、磨粒又以负前角切削，所以径向磨削分力很大，一般为切向力的 1.5~3 倍。因此磨削轴类零件时，通常用中心架支撑，以提高工艺系统的刚性，减少因变形而引起的加工误差。在磨削加工的最后阶段，通常进行一定次数的无径向进给光磨。

磨削加工主要用于零件的内外圆柱面、内外圆锥面、平面和成型面的精加工。如图 9-22 所示为常见的几种磨削加工。

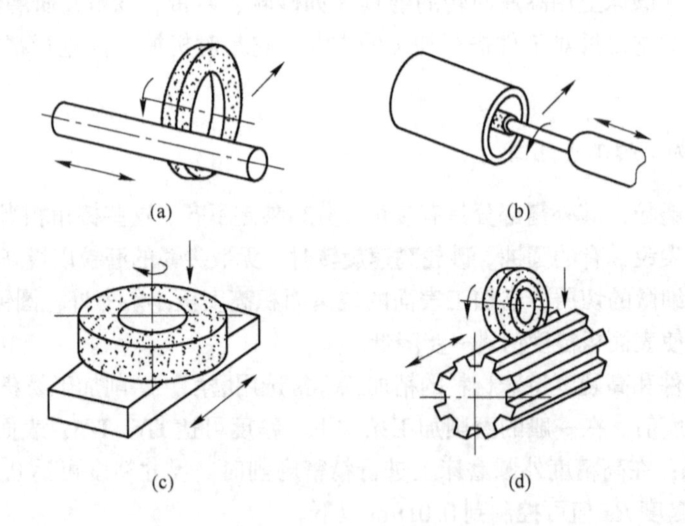

图 9-22　常见的几种磨削加工

(a) 磨外圆；(b) 磨内孔；(c) 磨端面；(d) 磨花键

二、磨床

用磨料、磨具（砂轮、砂带、油石和研磨料等）为工具进行切削加工的机床，统称为磨床，磨床主要应用于工件的精加工。通常，砂轮的旋转运动为主运动，而工件的旋转、移动或磨具的移动为进给运动。

磨床的种类很多。主要有：平面磨床、外圆磨床、内圆磨床、无心磨床和专用磨床。以上均为使用砂轮作切削工具的磨床。此外，还有以柔性砂带为切削工具的砂带磨床，以油石和研磨剂为切削工具的精磨磨床等。其中最为常用的是平面磨床和外圆磨床。下面以M1432A型万能外圆磨床为例，介绍其运动、传动及主要部件的结构。

如图9-23所示为M1432A型万能外圆磨床的外形图。它主要由床身、头架、工作台、内磨装置、砂轮架、尾座和脚踏操纵板等部件以及液压控制系统构成。

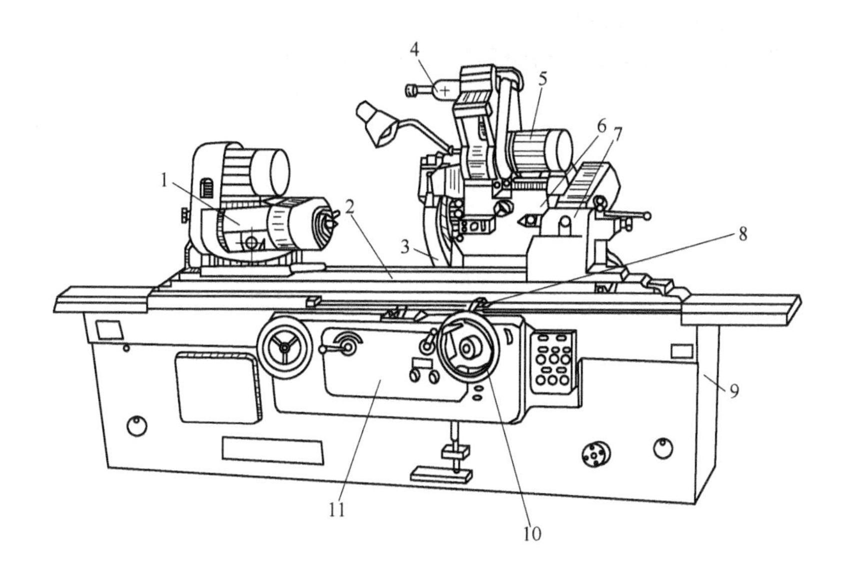

图9-23 M1432A型万能外圆磨床外形图

1—头架；2—工作台；3—砂轮；4—内磨装置；5—电动机；6—主轴箱；7—尾座；8—换向撞块；9—床身；10—横向进给手轮；11—液压操纵箱

在图9-23中，床身9是磨床的支撑部件，其上装有砂轮架、头架、尾座及工作台等部件，使它们在工作时保持准确的相对位置，床身的内部用作液压油的油池。头架1用于安装和夹持工件，并带动工件旋转完成圆周进给运动。头架的变速箱可使主轴获得不同的转速。头架和尾座可随工作台沿床身作纵向进给运动。头架可在水平面内逆时针方向转动。工作台2装在床身顶面前部的纵向导轨上，台面上装有头架1和尾座7，被加工工件支撑在头架和尾座顶尖上，或用头架上的卡盘夹持。上层工作台可相对于下层工作台在水平面内转动很小的角度（±10°），用以磨削锥度不大的长圆锥面。砂轮架安装在床身顶面后部的横向导轨上，用于支撑并传动高速旋转的砂轮主轴，可在滑鞍上转动±30°的角度以磨削短圆锥。内磨装置4装在砂轮架上，主要由支架和内圆磨具两部分组成。内圆磨具是磨内孔用的砂轮主轴部件，它做成独立部件，安装在支架的孔中，可以很方便地进行更换。

复习思考题

9-1 简述车削加工过程、加工范围及特点。

9-2 按照用途不同，常用车刀分为哪几类？

9-3 铣床加工范围有哪些？有哪些特点？
9-4 常用铣削方式有哪些？各有什么特点？
9-5 刨床加工范围有哪些？有哪些特点？
9-6 刨床有哪些类型？各适用于哪种零件表面的加工？
9-7 钻孔、扩孔、铰孔一般适用于哪些孔的加工？铰孔加工有什么特点？
9-8 常见的钻床有哪些类型？摇臂钻床加工方式有什么特点？
9-9 镗削加工范围有哪些？有何特点？
9-10 镗床由哪些部件组成？作用如何？其进给运动由哪些部件实现？
9-11 磨削加工范围有哪些？有什么特点？
9-12 在 M1432A 万能外圆磨床上有几种磨削外圆的方法？各有何特点？

项目十　特种加工

知识目标

1. 掌握特种加工的类型。
2. 掌握特种加工的特点。

能力目标

识别特种加工的方法。

课题10.1　特种加工的产生及特点

一、特种加工的产生

随着现代科学技术的高速发展，高、精、尖新产品的不断涌现，具有各种特殊力学性能的新材料越来越被广泛地采用，产品的特殊结构也越来越多，因此对机械加工工艺提出了许多新的课题。如难切削材料（高强度、高硬度、耐高温、耐腐蚀材料及某些非金属材料）的加工、复杂形状表面的加工、低刚度零件的加工以及细小孔的加工等。虽然常规的切削加工工艺也在不断发展，但在许多情况下，仍难以取得满意的效果，一些工艺课题使用传统的切削方法很难甚至根本无法解决。特种加工的飞速发展，在解决工艺新课题中发挥了极大的作用。目前，特种加工已在航空、航天、汽车、拖拉机、仪表、电子及轻工业等制造部门得到了广泛的应用，并已成为不可缺少的加工手段，而且新的特种加工方法还在不断研究、开发和发展。

二、特种加工及特点

特种加工是指利用电能、热能、光能、化学能、声能等进行加工的方法。主要用于高强度、高硬度、高韧性、高脆性、耐高温等难切削材料，以及精密细小和复杂形状零件的加工。

与传统切削加工工艺相比，特种加工具有以下特点：

（1）主要不是靠机械力和机械能切除金属，而是直接利用电能、光能、声能或几种能量的复合形式去除金属材料。

（2）工具材料的硬度可以低于工件材料的硬度。

（3）可在加工过程中实现能量转换或组合，便于实现控制和操作自动化，适合于二维或三维复杂面、微细表面、微小孔、窄缝和低刚度零件的加工。

（4）加工机理不同于一般金属切削加工，不产生金属宏观切削，不产生强烈的弹性和塑性变形，故可获得很低的表面粗糙度及较高的尺寸精度。

（5）以柔克刚，加工过程中无明显的机械力。多数特种加工不需要工具，有的即使采用工具，也不直接与工件接触，且几乎不承受加工作用力，工作稳定，消耗少。

（6）适应性强，加工范围广，一般不受工件材料的机械物理性能的限制，可以加工任何硬、脆、热敏、耐腐蚀、高熔点、高硬度、高强度、特殊性能的金属和非金属材料。

课题10.2　特种加工方法

常用的特种加工方法有电火花加工、电解加工、激光加工、超声波加工、电子束加工和离子束加工等。这些加工方法不是依靠机械运动能量及切削力进行的，而大多数是利用电能、热能、声能、化学能、电化学能来去除材料进行加工的。在这些方法中，大多数都贯穿着“以柔克刚”的基本原则。

一、电火花加工

电火花加工就是利用工具与工件之间脉冲性的火花放电产生的电腐蚀现象来除去工件上多余的金属。所以电火花加工又称为放电加工或电腐蚀加工。电火花加工是模具制造的主要手段，主要解决难切削加工以及复杂形状工件的加工问题，是特种加工方法中最常用的方法之一。

（一）电火花加工的基本原理

电火花加工原理如图10-1所示，加工时，脉冲电源的一极接工具电极（常用石墨或纯铜制成），另一极接工件电极。当两极在绝缘体介质（煤油及矿物油）靠近时，极间电压将两极间最近点处的液体介质击穿，形成脉冲放电。放电区域产生的瞬时高温，使金属局部熔化甚至汽化，形成一个小凹坑，如图10-2（a）所示。脉冲放电结束后，液体介质恢复绝缘，第二个脉冲又在两极间另一最近点处击穿放电。如此周而复始高频率地放电，工具电极逐渐向工件电极进给，就可将工具的形状复制到工件上，形成所需的加工表面，如图10-2（b）所示。

（二）电火花加工的特点

电火花加工是靠局部电热效应实现加工的，与一般切削加工比，有以下特点：

（1）电火花加工工具电极和工件不直接接触，可用较软的电极材料加工任何高硬度、难切削的导电材料，如淬火钢和硬质合金等。这点是其他加工方法不可比拟的。

（2）适合加工特殊和复杂形状的表面和零件。由于可以将电极的形状“复制”到工件上，故特别适合加工形状复杂的型腔和型孔、空间曲面和复杂形状的表面。

（3）加工过程中无明显的“切削力”，因此可以加工低刚度的工件及各种细微结构。如弹性薄壁件。

（4）可根据需要调节脉冲参数，在同一台机床上进行粗加工、半精加工和精加工。

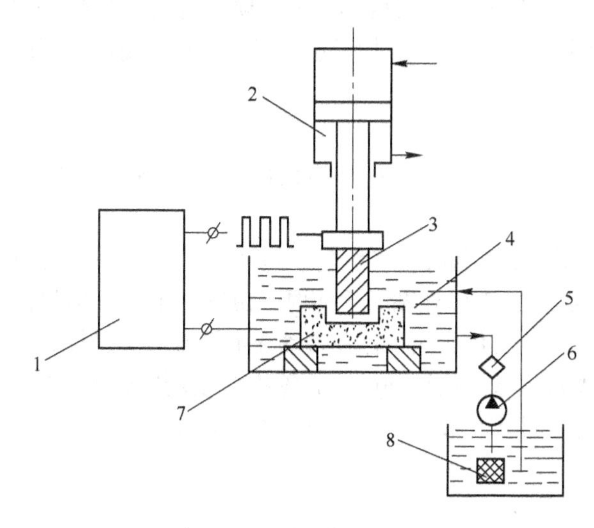

图 10-1　电火花加工原理图

1—脉冲电源；2—自动进给调节装置；3—工具电极；4—工作液；
5—过滤器；6—工作液泵；7—工件；8—过滤器

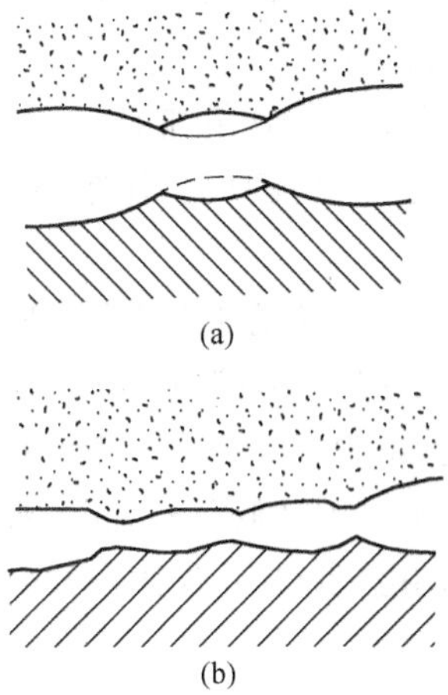

(a)

(b)

图 10-2　电火花加工表面局部放大图

(a) 一处放电；(b) 多处放电

(5) 主要用于导电材料的加工，因此也限制了它的应用。

(6) 存在电极损耗。放电过程有部分能量消耗在工具电极上，导致工具电极损耗，影响工件的形状精度，增加了加工成本。

(三) 电火花加工的应用

1. 电火花的成型加工

电火花成型加工包括电火花穿孔加工和电火花型腔加工两种。它们都是通过工具电极的形状和尺寸相对于工件作进给运动，将工具电极的形状和尺寸复制在工件上，从而加工出所需的零件。

(1) 电火花穿孔加工。电火花穿孔加工应用最为广泛，常用来加工冲裁模、复合模等冲模的凹模和固定板、卸料板等零件的型孔。如圆孔、方孔、多边形孔、异型孔、弯孔、螺旋孔、小孔和微孔的加工。如图 10-3 所示。

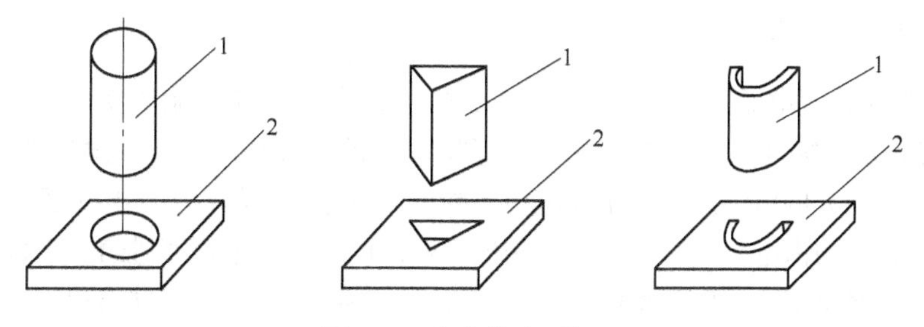

图 10-3　电火花成型加工

1—工具电极；2—工件

直径小于 0.2mm 的孔称细微孔。目前，国外已加工出深径比为 5，直径为 0.015mm 的细微孔。我国亦能稳定地加工出深径比为 10，直径为 0.05mm 的细微孔。

（2）电火花型腔加工。主要用于加工各类热锻模、压铸模、挤压模、塑料模和胶木模的型腔，以及各类叶轮、叶片等复杂曲面零件。电火花型腔加工包括三维型腔和型面加工以及电火花雕刻。

2. 电火花线切割加工

电火花线切割可以切割各种冲模和具有直纹面的零件，以及进行下料、截割和窄缝加工。

电火花线切割加工的基本原理：它是采用细的电极丝（铜丝、钨丝或钼丝）对工件进行切割成形的。如图 10-4 所示为电火花线切割加工原理图。工作时，由脉冲电源 4 提供能量，工具电极丝 3 和工件之间浇有工作液介质，工件 5 由工作台带动在水平面两个坐标方向各自按预定的控制程序，根据放电间隙状态作伺服进给移动而完成各种所需廓形轨迹。传动轮 7 带动电极丝作正反交替移动，并不断与工件产生放电，从而将工件切割成型。

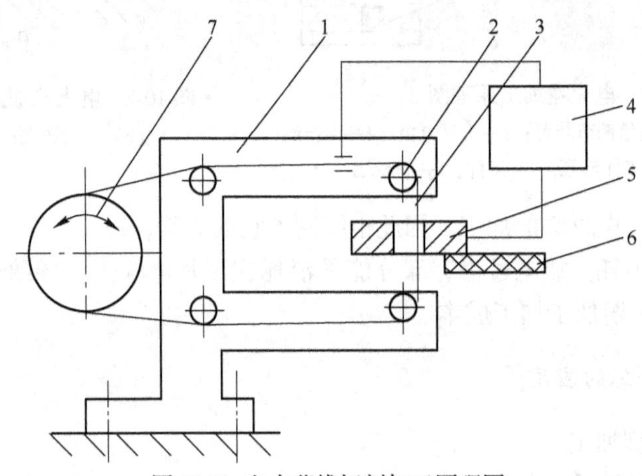

图 10-4　电火花线切割加工原理图

1—支架；2—导向轮；3—工具电极丝（钼丝）；4—脉冲电源；5—工件；6—绝缘底板；7—传动轮

二、电解加工

电解加工又称电化学加工，是继电火花加工之后发展起来的，广泛应用于枪炮、航空、汽车、拖拉机等制造工业和模具制造行业。

（一）电解加工的原理

如图 10-5 所示为电解加工原理图。加工时，工件始终接直流电源（10～20V）的正（阳）极，工具始终接负（阴）极，两极间保持较小的（0.1～1mm）间隙，间隙内通以高速（5～50m/s）流动的电解液。当工具电极不断向工件电极进给时，工件表面的金属逐渐被电解腐蚀，电解产物由电解液带走。工具阴极不断地向工件阳极恒速进给，工件表面的金属不断被溶解，从而将工具阴极的型面复制在工件上，得到所需要的零件形状。

（二）电解加工的特点

（1）加工范围广，凡是导电材料都可进行加工，能加工各种高硬度、高强度、高韧性的材料。如用于加工硬质合金、淬火钢、不锈钢、耐热合金等难加工材料。

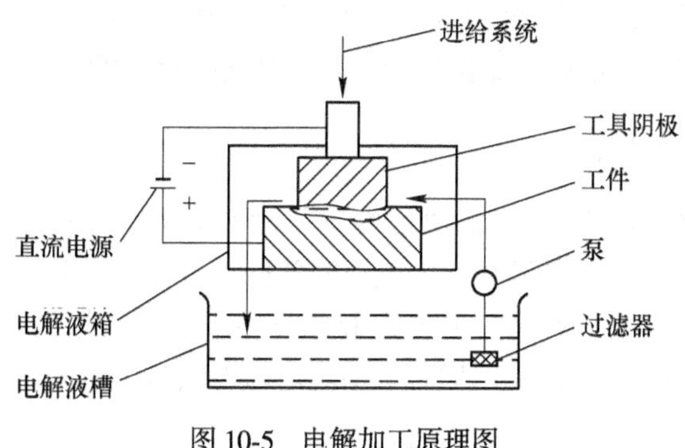

图 10-5 电解加工原理图

(2) 靠电流通过电解液时的电化学阳极溶解作用来蚀除金属，生产过程中不存在机械力。工件不承受力和热的作用，不会引起变形和残余应力，适用于加工易变形零件或薄壁件。

(3) 生产效率高，能以简单的直线进给运动，一次加工出复杂的型腔、型面和型孔，加工速度比电火花加工高 5~10 倍，直线进给加工速度可达 0.3~15mm/min，用于大批量生产。

(4) 加工表面的质量好。加工后表面无刀痕、飞边、毛刺、表面无残余应力，可以获得比较小的表面粗糙度值。

(5) 工具阴极无损耗，可以重复使用。

(6) 工艺装备简单、操作方便、对工人操作技术要求不高。

(三) 电解加工的应用

电解加工比电火花加工生产率高，加工精度低，所以电解加工适合于大批量生产中精度要求不高的机械零件，如矿山机械、汽车、拖拉机所需的锻模。

目前，运用电解加工还可进行小到仪表微细轴，大到几百千克的转轴，从各种型孔、深小孔、型腔到各种复杂型面，从各种模具、异形零件到花键、齿轮等加工。同时亦可进行电解车、磨、铣、切割等加工。图 10-6 列出了电解加工的几种应用。

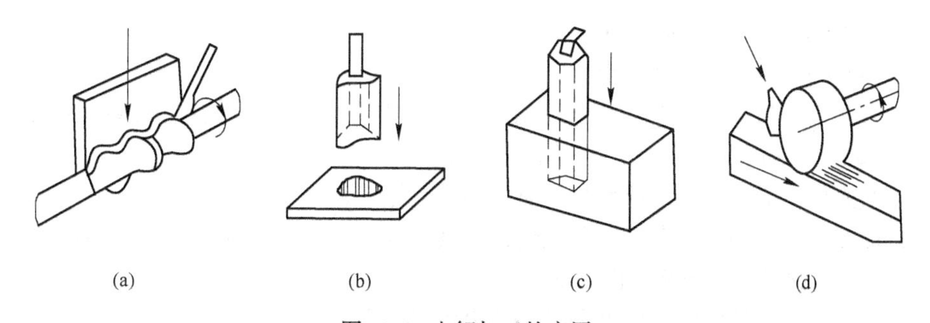

图 10-6 电解加工的应用

(a) 成型车削；(b) 薄板上钻型孔；(c) 钻深孔；(d) 铣削

三、激光加工

激光加工是利用能量密度很高的激光束照射工件的被加工部位，使工件材料瞬间融化或蒸发，并在冲击波作用下，将熔融的物质喷射出去，从而对工件进行去除加工或采用能量密度较小的激光束，使加工部位材料熔融黏合，对工件进行焊接的方法。

（一）激光加工的基本原理

固体激光器由激光工作物质2、激励能源3、全反射镜1和部分反射镜4构成的光谐振腔组成。当工作物质被激励光源照射时，在一定条件下可使工作物质中亚稳态粒子数反转，引起受激辐射，形成光放大，并通过光谐振腔的作用产生光的振荡，由部分反射镜输出激光，经透镜5聚焦到工件6的待加工表面，从而实现对工件的加工。如图10-7所示为固体激光器加工原理图。

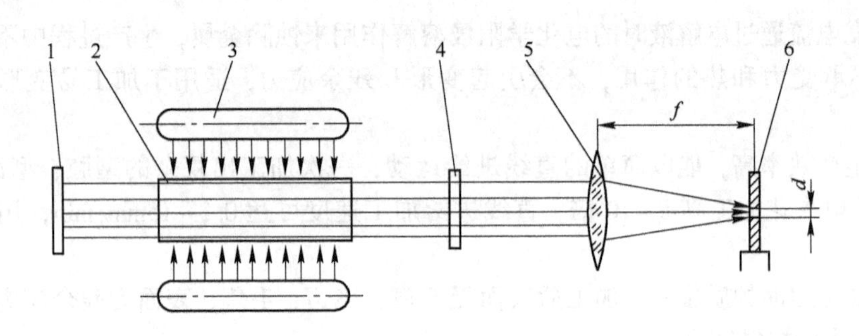

图10-7　固体激光器加工原理图

1—全反射镜；2—激光工作物质；3—激励能源；4—部分反射镜；5—透镜；6—工件

（二）激光加工的特点

（1）激光加工范围广。激光加工属高能束加工，其功率密度高，几乎能加工所有的金属和非金属材料。例如，高熔点材料、高温合金、钛合金等各种金属材料以及陶瓷、石英、金刚石、橡胶等非金属材料。

（2）激光加工属非接触加工，不需要刀具，几乎没有机械力，无机械加工变形和工具损耗问题。

（3）激光加工生产效率高。激光加工速度极高，打一个孔只需0.001s，切割20mm厚的不锈钢板切割速度可达1.27m/min。

（4）热影响区域小，热变形小。

（5）可在工件移动中加工，易于控制，便于与机器人、自动检测、计算机数字控制等先进技术相结合，易于实现加工过程的自动化加工。

（6）激光可以通过玻璃等透明材料对工件进行加工。

（7）能加工细微小孔、窄缝。激光经过聚焦，可以形成微米级的光斑，输出功率的大小可以调节，因此可以用于精密微细加工。

（8）可以达到很高的加工精度和较小的表面粗糙度。

但是，激光对人体有害，应采取相应的防护措施。

（三）激光加工的应用

激光加工主要用于各种材料的微细加工，目前已发展到大尺寸和厚材料的加工。如激光打孔、激光切割、激光焊接、激光表面热处理等。

（1）激光打孔。它主要用来加工特殊零件或特殊材料上的孔，目前已应用于火箭发动机和柴油机的燃料喷油嘴加工、化学纤维的喷丝头、仪表及钟表中宝石轴承金刚石拉丝模加工等方面。

（2）激光切割。金属材料和非金属材料是激光切割加工的最主要的应用领域，激光切割具有切割范围广、切割速度高、切缝窄，热影响区小，加工柔性大等优点，在现代工业中得到了广泛的应用。

（3）激光焊接。与传统焊接相比，激光焊接无需焊料和焊剂，只需将工件的加工区域“热熔”在一起即可。激光焊接时间较短，热影响区小，焊缝质量高，既可焊接同种材料，也可焊接异种材料，还可透过玻璃进行焊接加工。目前，激光焊接技术已广泛应用于航空航天、武器制造、船舶工业、汽车制造、压力容器制造、民用和医用等多个领域。

（4）激光淬火。激光淬火主要应用于交通、纺织机械、重型机械、精密仪器的制造等，尤以在汽车制造业内的应用最为广泛，创造的经济价值最大。在许多汽车的关键件上，如缸体、缸套、曲轴、凸轮轴、排气阀、阀座、摇臂、铝活塞环槽等几乎都可以采用激光处理。

（5）激光存储。激光存储就是利用激光进行视频、音频、文字资料以及计算机信息的存取。它是近代激光技术、光学系统、精密机械、电子控制和信息处理等多方面技术综合应用的产物。

四、超声波加工

超声波是指频率超过人耳频率上限的一种振动波，通常频率在 16kHz 以上的振动声波就属于超声波。超声波加工是利用超声波作为动力，带动工具作超声振动，通过工具与工件之间加入的磨料悬浮液冲击工件表面进行加工的一种成型方法。

（一）超声波加工原理

超声波加工原理如图 10-8 所示。工具 4 的超声频振动是通过超声换能器 1 在高频电源作用下产生的高频机械振动，经变幅杆 2 使工具沿轴线方向作高速振动。工具的超声频振动，除了使磨粒获得高频撞击和抛磨作用外，还可使工件液受工具端部的超声振动作用而产生高频、交变的液压正负冲击波。正冲击波迫使工作液钻入被加工材料的细微裂缝处，加强机械破坏作用；负冲击波造成局部真空，形成液体空腔，液体空穴闭合时又产生很强的爆裂现象，而强化加工过程，从而逐步地在工件上加工出与工具断面形状相似的空穴。如图 10-8 所示。

（二）超声波加工的特点

（1）适应范围广。超声波加工不仅能加工硬质合金、淬火钢等淬硬材料，而且更适合于加工玻璃、陶瓷等不导电的非金属脆硬材料。

（2）能加工各种形状复杂的型孔、型腔、成型表面等。

（3）加工精度和表面质量较高。因超声加工工件表面切削力较小、切削热较小，不会引起变形和表面灼伤等质量问题。

（4）超声加工生产效率一般较低。

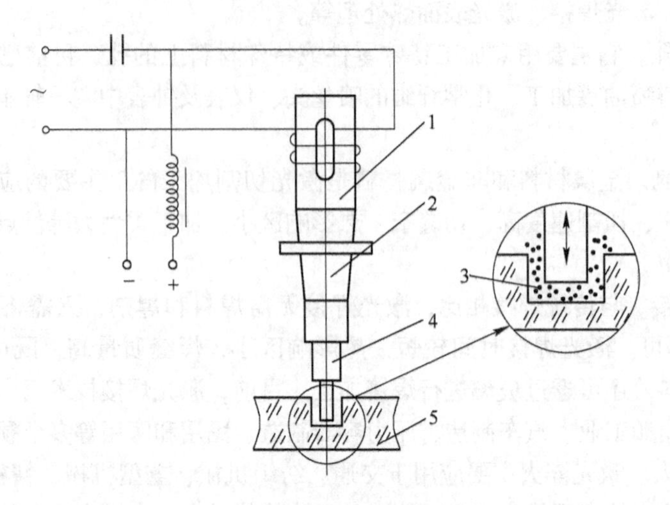

图 10-8　超声波加工原理图

1—超声换能器；2—变幅杆；3—磨料悬浮液；4—工具；5—工件

五、电子束加工

电子束加工是在真空条件下，利用电子枪中产生的电子经加速、聚焦，形成高能量大密度的细电子束以轰击工件被加工部位，使该部位的材料融化和蒸发，从而进行加工，或利用电子束照射引起的化学变化而进行加工的方法。

（一）电子束加工的原理

电子束加工的原理如图 10-9 所示。在真空条件下，用电流加热阴极 1，产生的电子在高能电场的作用下加速，并经电磁透镜 4 聚焦成高能量、高速度的电子束流，冲击工件 7 表面极小的面积，冲击过程中其动能转化成热能加工工件，在冲击处形成局部高温，使材料融化甚至汽化，实现加工。电磁透镜实质上是一个通以直流电源的多匝线圈，电流通过线圈形成磁场，利用磁场力的作用使电子束聚焦，其作用与光学玻璃镜相似。偏转器也是一个多匝线圈，当通以不同的交变电流时，产生不同的磁场方向，使电子束按照加工需要作相应的偏转。

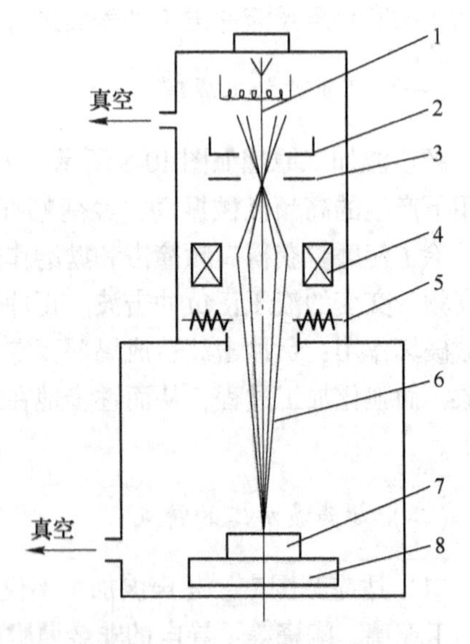

图 10-9　电子束加工原理图

1—阴极；2—控制栅极；3—阳极；4—电磁透镜；5—偏转器；6—电子束；7—工件；8—工作台及驱动系统

（二）电子束加工的特点

（1）电子束加工材料的范围较广。对脆性、韧性、导体与非导体都可以进行加工。

（2）电子束加工是一种精密细微的加工方

法。能加工细微深孔、窄缝等。

（3）加工速度快，效率高。如每秒可以在 2.5mm 厚的钢板上钻 50 个直径为 0.4mm 的孔。

（4）加工工件不易产生宏观应力和变形。因为电子束加工不受机械力的作用。

（5）电子束加工设备价格较贵，成本高，同时应考虑 X 射线的防护问题。

复习思考题

10-1 与传统的切削加工方法相比，特种加工有何显著特点？

10-2 特种加工主要有哪些方法？

10-3 简述电火花加工的原理及特点。

10-4 简述电解加工的原理及特点。

10-5 简述激光加工的特点及应用。

参 考 文 献

[1] 栾学钢．机械设计基础［M］．北京：高等教育出版社，2003.
[2] 安美玲．机械基础［M］．西安：西安电子科技大学出版社，2007.
[3] 张海，于辉．机械制造基础训练［M］．北京：中国标准出版社，2007.
[4] 魏康民．机械制造技术［M］．北京：机械工业出版社，2006.
[5] 倪兆荣，张海．机械工程材料［M］．北京：科学出版社，2007.
[6] 刘天模，徐幸梓．工程材料［M］．北京：机械工业出版社，2004.
[7] 刘美玲，雷振德．机械设计基础［M］．北京：科学出版社，2005.
[8] 程时甘，黄劲枝．机械设计基础［M］.2版．北京：机械工业出版社，2007.
[9] 吴建容．工程力学与机械设计基础［M］．北京：电子工业出版社，2005.
[10] 杨柳青．机械加工常识［M］．北京：机械工业出版社，2003.
[11] 吴志清，李培根．机械基础［M］．北京：机械工业出版社，2004.
[12] 蔡鹏飞．机械设计基础［M］.2版．北京：机械工业出版社，2004.
[13] 张宏友．液压与气动技术［M］.3版．北京：大连理工大学出版社，2009.
[14] 黄志昌．液压与气动技术［M］．北京：电子工业出版社，2006.
[15] 王慧．液压传动［M］．沈阳：东北大学出版社，2001.
[16] 李新德．液压与气动技术［M］．北京：中国商业出版社，2006.
[17] 朱琦．机械设计基础［M］．北京：机械工业出版社，2007.
[18] 黄森彬．机械设计基础［M］．北京：高等教育出版社，2008.
[19] 王栋梁．机械基础［M］．北京：中国劳动出版社，1992.
[20] 于兴芝．机械设计基础［M］．北京：中国人民大学出版社，2008.
[21] 张梦欣．机械制造工艺基础［M］．北京：中国劳动社会保障出版社，2008.
[22] 赵慧欣．机械制造工艺基础［M］．北京：电子工业出版社，2008.
[23] 周亚焱．机械设计基础［M］．北京：化学工业出版社，2008.